发酵调味品酿造技术丛书

酱油风味与酿造技术

赵国忠　主　编

李　沛　赵建新　副主编

中国轻工业出版社

图书在版编目（CIP）数据

酱油风味与酿造技术/赵国忠主编．—北京：中国轻工业出版社，2020.8
（发酵调味品酿造技术丛书）
ISBN 978-7-5184-3027-7

Ⅰ.①酱…　Ⅱ.①赵…　Ⅲ.①酱油-酿造　Ⅳ.①TS264.2

中国版本图书馆 CIP 数据核字（2020）第 092663 号

责任编辑：钟　雨　　责任终审：劳国强　　封面设计：锋尚设计
版式设计：锋尚设计　　责任校对：朱燕春　　责任监印：张　可

出版发行：中国轻工业出版社（北京东长安街 6 号，邮编：100740）
印　　刷：北京君升印刷有限公司
经　　销：各地新华书店
版　　次：2020 年 8 月第 1 版第 1 次印刷
开　　本：710×1000　1/16　印张：16.5
字　　数：320 千字　插页：1
书　　号：ISBN 978-7-5184-3027-7　　定价：60.00 元
邮购电话：010-65241695
发行电话：010-85119835　传真：85113293
网　　址：http://www.chlip.com.cn
Email：club@chlip.com.cn
如发现图书残缺请与我社邮购联系调换
200353K1X101ZBW

序

酱油是一种重要的发酵调味品，几乎是中国每家每户佐餐的必需品，不仅可以提供丰富的营养物质，还带给人以味觉享受。酱油风味物质包括香气与滋味两个部分，两者共同作用构成了酱油独特的风味。酱油风味的形成极为复杂，由多种微生物共同参与，与酿造技术息息相关，风味提升是酱油酿造的核心。

“传世酱油香，香飘千万家”，中国的烹饪技术离不开酱油，酱油发展潜力巨大。随着社会发展和人民生活水平的改善，人们对于酱油产品的需求不仅局限于普通酱油，对于高端酱油的需求也更加广泛。由于餐饮市场多样化、多元化的发展，生产新型的、高营养价值的酱油产品将成为企业发展的方向。因此，我们需要专注于酱油品质的提升策略研究，开发具有中国特色的功能性酱油产品，丰富高端酱油的品种。

天津科技大学赵国忠博士是中国调味品协会科学技术委员会委员，他主持编写的《酱油风味与酿造技术》，从酱油酿造原料、工艺和微生物等方面详细地分析了酱油风味物质的形成原理，结合鲜味剂、呈味核苷酸、鲜味肽等阐述了强化酱油风味的手段。同时，本书还介绍了酱油理化指标、微生物和风味物质的检测技术，并从生产和安全的角度列举了常见的问题及对策，指导消费者正确地选择酱油。

本书是一本系统介绍酱油酿造与风味的专著，有助于读者系统地、科学地了解酱油。作者详细介绍了酱油标准的变化、酱油微生物的基因图谱以及酱油的未来发展方向等内容，有助于提高酱油酿造从业人员的素质，促进行业健康、快速发展。

现如今，我国调味品市场集中度不断增长，行业龙头表现优异，酱油行业表现突出，行业规模持续稳健增长，祝愿我国的调味品事业蒸蒸日上！

中国工程院院士

江南大学校长

陈卫

2020年7月

前　言

酱油起源于我国，是一种在亚洲国家盛行的具有咸味和独特风味的大豆类传统发酵调味品。经过发酵而成的酱油，经过了复杂的生物化学作用，具有其独特的风味，营养价值丰富，主要用于菜肴的增香、增味、增色，几乎是中国每家每户佐餐的必需品，担当着基础调味料的重要角色。

随着人们生活水平的逐步提高，对于酱油的需求越来越高。另外，国家对食品安全问题高度重视，2019 年 12 月 21 日新的国家标准 GB 2717—2018《食品安全国家标准　酱油》正式实施，配制酱油彻底退出了历史的舞台。重新认识酱油，有助于提升企业员工的认知能力，以指导企业生产；有助于消费者增加其对酱油产品品质的辨识度，提高自己对健康的认知。

酱油风味的形成是一个极为复杂的过程，与酿造技术息息相关。本书以酱油酿造技术为主线，贯穿全文，同时介绍风味与酿造技术的相关性。第一章介绍酱油风味与酿造技术的发展现状，并对酱油风味的未来发展进行了预测。第二章详细叙述了酱油的新型原料，使读者对于花色酱油的制作有所了解。第三章介绍酱油的传统工艺。第四章重点介绍酱油酿造重要微生物的基因图谱及酱油增香机制。第五章系统讲述了酱油的各种增鲜手段，使读者更加全面地了解酱油的后期增鲜技术。第六章总结了酱油生产的主要检测技术。第七章介绍了酱油风味的检测技术。第八章介绍了酱油的生产问题及应对方法。第九章为读者详细地对比了普通调味汁与酱油，使读者能够正确挑选自己需要的产品。第五章的酵母抽提物部分由安琪酵母股份有限公司的李沛总监撰写，玉米酿造酱油和鲜味肽部分由江南大学赵建新教授撰写，其余部分为赵国忠所著（大于 25 万字）。书中内容大部分都是作者长年研究和实践经验的总结，内容新颖，前瞻性较强。本书可供高等院校食品科学与工程、发酵专业师生参考，也可供酱油酿造行业从业人员参考。

随着国家“一带一路”倡议的提出，中国的烹饪技术、调味技术发展潜力巨大，相信在不久的将来，世界对酱油的需求会呈现爆发式的连续增长。市场对于酱油产品的需求不仅限于普通酱油等常规产品，高端酱油的品种亟待跟上国家的发展脚步。当今世界正经历百年未有的大变局，酱油消费市场正在从亚洲走向世界，在世界各地广泛使用，并逐步实现酱油的国际化。

由于作者水平所限，若有不足之处，欢迎读者批评指正。

赵国忠

2020 年 4 月

目　录

第一章

酱油风味与酿造技术发展

第一节　酱油的由来

一、酱油的起源

酱油起源于中国，是具有东方特色风味的调味品之一，具有悠久的历史。酱古时称为醢，意为肉酱。早在三千多年前的商周时期，就已经出现醢的相关记载。那时候，人们的生活方式仍以原始的狩猎为主、农耕为辅。为了解决大量的动物蛋白质保存的困境，人们以各种动物性蛋白质为原料，进行发酵制成具有特殊风味的酱产品。在《周礼·天官》中记载有专司醢制作的官员——醢人。“醢人掌四豆之实，朝事之豆，其实韭菹、醓醢、昌本、麋臡、菁菹、鹿臡、茆菹、麇臡。馈食之豆……共醢六十瓮，以五齐、七醢、七菹、三臡实之。宾客之礼，共醢五十瓮。”酱种类和产量之丰富，令人咂舌。有多汁的肉酱、带骨麋鹿的肉酱、带骨的鹿肉做的酱、带骨的獐肉做的酱、蜗牛肉酱、牛肚酱、蛤肉酱、大蛤肉酱、蚁卵酱、小猪两肋的肉酱、鱼肉酱、兔肉酱、鹅肉酱……先秦时期《诗经·大雅·行葦》中记载：“醓醢以荐，或燔或炙”，意为送上肉酱请客人品尝。醢及其制作方法亦有说明，东汉著名学者郑玄给《周礼》作注时说道：“作醢及臡者，必先膊干其肉乃后莝之，杂以粱、麴及盐，渍以美酒，涂置甀中百日则成矣。”首先将各种肉料加工处理为丁末状，拌上上好的米饭、曲、盐，然后用优质酒腌渍，装进坛子中封存一百天后，醢就自然形成了。三国时期的《广雅》也曾说到：“醢，酱也。醢，从酉，从肉。”指利用鱼、肉等动物性蛋白，经过发酵而得的半固态产品。而酱油一词，首次出现在南宋林洪所著的食谱《山家清供》中，该书在“山家三脆”中写道：“嫩笋、小蕈、枸杞头入盐，汤焯熟，用香熟油、胡椒、盐少许，酱油滴醋拌食……”

随着农耕的不断发展，豆类作为优质蛋白质来源，逐渐替代动物性原料作为制酱的大宗原料，成为可能。这也为酱的诞生奠定了物质基础。豆酱，最早见书于西汉时期的《急就篇》：“芜荑盐豉醯酱”，唐代颜师古作注曰：“酱以豆合面为之也，以肉为醢，以骨为臡，酱之为言将也，食之有酱。”这是以豆类为原料制酱的记载。而最明确的，当属东汉王充著《论衡·四讳篇》中：“世讳作豆酱恶闻雷。一人不食，欲使人急作，不欲积家逾至春也。”这是我国现存史籍文献中最早、最明确出现“豆酱”文字的记载。至少在东汉以前，豆酱已经出现，而且制作豆酱的工艺已经相当成熟。在1972年马王堆汉墓的发掘中，出现至今可以辨别的食物遗存，其中就有大量酱制品。到了南北朝时期，贾思勰编撰的《齐民要术》详细记载了豆酱生产工艺，影响了后世制酱技术。到了明朝，李时珍《本草纲目》中关于酱油的记载更加详细，书中记载“用大豆三斗，水煮糜，以面二十四斤，拌罨成黄。每十斤，入盐八斤，井水四十斤，搅晒成油，收取之”。

新造的“酱”字，从字形来看则是从酉，从皿。王国维先生考证曰：“春秋战国秦人编纂的《史籀篇》中的酱字作酱形，从既往的酱字中脱颖而出的新造的酱字，则特意指出它不是以肉为原料酱，而是脱胎于器皿形态。”然而，我国酱及酱油的衍化史，不只如此。从醢→酱→豆酱→酱清→酱油，不仅是名称的改变，还有其内在衍化规律，更多地折射出社会生产力的变革和人民饮食方式的变化，正是基于此，才掀起生产方式及工艺的长足进步和发展。

二、酱油的传播

酱油酿造技术，随着海上丝绸之路，与中国文化一同传播至日本、韩国、泰国等东南亚国家，对该地区的生活方式及饮食文化影响颇深。酱油酿造技术最早由中国传播至日本，但是酱油何时传入日本，至今说法不一。

1. 鉴真东渡说

唐朝国力强盛，文化发达，处于中国封建社会的全盛时期，各邻国争相学习。在唐朝，僧人非常有名，除了我们熟知的唐僧之外，鉴真法师也非常出名（图 1-1）。当时，邻国日本佛教传播受阻，想在中国找个大法师宣传佛法，而鉴真法师在佛教建筑、雕塑等方面颇有建树，受到日本僧人的盛情邀请，日本僧人经过几年的努力，终于感动了鉴真法师。鉴真法师经历数次东渡失败，历时 12 年，终于在公元 753 年，第六次东渡成功，在日本萨摩地带登陆日本。日本天皇派专使迎接鉴真，授予他“传灯大法师”的法号。鉴真东渡的主要目的是弘扬佛法，传律受戒。鉴真是日本佛教律宗的开山始祖，日本人民称他为“天平之甍（meng）”，意为天平时代文化的屋脊。除此之外，鉴真还将唐朝的医学、文学、雕塑、书法、绘画等文化知识以及制糖、缝纫、制酱等技术带到了日本，为中日两国的文化交流做出了积极的贡献。

2. 南宋径山寺味噌说

据报道，日本纪伊半岛的西南部，有一地名为和歌山县，此地有个面向太平洋的小渔村，名叫汤浅。附近的鹫峰山兴国寺的开山祖师心地觉心学习佛法，向往中国佛教。径山寺为中国五山十刹之首，心地觉心在此圣地修行期间，学会了

图 1-1　鉴真坐像（弟子思托塑）

豆酱的制作技艺。回到日本，心地觉心成为了和歌山县鹫峰山西方寺（后更名为兴国寺）的开山第一代住持，传播中国普化宗，是日本禅门普化宗的始祖，功绩卓著，后被天皇谥赐“法灯圆明国师”。此外，心地觉心还将豆酱制作技艺传承下来，制作成了“径山寺味噌”，并在酿造过程中，发现槽底沉淀液的味道更加鲜美，经其调味后的食物尤为可口。汤浅古镇是酱油从中国传到日本的第一站。酱油也成了汤浅的特产。汤浅古镇的“径山寺味噌”已经成为闻名全日本的特产。

3. 明代说

日本《易林本节用集·跋》中有酱油一词的记载，该书于日本庆长二年所著，相当于中国明朝万历二十五年，即公元 1597 年。后来经日本学者川上行藏博士考证，发现《言继卿记》和《多闻院日记》中也有“酱油”记载，时间为公元 1559 年（明嘉靖三十八年）和公元 1568 年（明隆庆二年）。也有人认为，酱油技术是在镰仓时代（1185—1333 年）从中国引进，并且进行了修改，江户时代（1603—1867 年）拥有了自己的原创酱油。

4. 酱油的全球化

在近现代全球化的进程中，日本亀甲万酱油公司及雅玛沙酱油公司已先后在美国建成相当规模的酱油厂。苏联从我国引进酱油生产技术，于 1957 年在莫斯科、敖德萨等地进行酱及酱油的生产。目前，法国及意大利等地也已建立酱油工厂，所以说酱油已不是局限于东亚地区的特产，已变成世界性的调味品，引起了世界范围内饮食方式深刻而有益的变革。

第二节 酱油风味与酿造技术发展现状

一、酱油风味与酿造技术的发展

我国酱油酿造技术历史悠久，但是进步缓慢。1949 年新中国成立以后，尤其是改革开放以来，国家重视酱油工业的发展，不断采用新技术，改变了过去生产落后的面貌，我国的酱油工业步入了现代化大工业的行列。

1. 原材料发展情况

原材料是酱油酿造的基础，新中国成立以前，我国酱油企业延续古法传承，几乎全部使用大豆和面粉制酱油。新中国成立以后，由于粮食短缺，全国大力推广使用豆饼、豆粕和麦麸酿造酱油的方法。1958 年，北京作为试点，进行第一次酿制酱油。同年，北京作为试点，进行第二次酿制，采用无盐固态发酵工艺。从此，我国开启了新的酿造时代。由于豆粕的使用，酱油成本大大降低，且节约了大量的食用油。豆粕不仅氮含量较高，水解率也比大豆高。麦麸替代面粉，则可以增加通气性，有利制曲。但是使用麦麸后，酱油糖分含量降低，香味和鲜味成分减少。经研究发现，豆粕与麦麸的比例为 6∶4 时发酵效果最佳。随着我国社会经济的发展，人民温饱问题已经得到解决，且生活水平不断提高，不少企业又重新开始使用大豆和面粉酿制酱油，也有一些企业引进日本酿造技术，使用大豆和炒小麦进行控温发酵酿制酱油。

原料的处理是酱油酿造的重要工序，处理适当与否直接影响酱油风味的优劣。现代酱油的酿造，非常注重原料的处理，原料处理手段是前人经过不断地探索和实践而保留下来的。原料处理工艺主要包括原料润水、粉碎、蒸煮和炒制等。原料润水要适度，水分过大，营养物质流失过大，增大染菌概率；水分过小，后期达不到糊化的目的，不利于曲霉菌生长。原料的粉碎粒度也很有讲究，应该大小一致，吸水均匀。粉碎粒度太大，曲料不易吸收水分，蒸煮效率变低，后期曲霉菌生长繁殖的表面积减小，最终导致成曲酶活力低下，酱油风味不佳；粉碎粒度太细，制曲阶段容易结块，通风不畅，不易散热，容易烧曲，或酶活力变低，酱醅发黏，影响酱油风味。原料的润水、粉碎与蒸煮的最优工艺，都应该根据曲料酶活力来判定。随着工业技术的发展，有一些工厂，采用膨化、炒制等工艺替代蒸煮工艺。经过膨化处理，酱油的原料利用率可以提高到 94.5%，成曲的蛋白酶、淀粉酶、谷氨酰胺酶、脂肪酶，和酱油氨基酸含量也都相应升高。日本酿造工艺的引进，改为焙炒小麦，香气突出，成曲酶活力高、杂菌少、酱油酱色较深。

2. 制曲技术的进步

由于传统采黄子接种的方法，生产周期较长，且存在污染的不确定性，不适合现代工业生产。20 世纪 30 年代，我国酱油制曲已经进步为纯种发酵。1958 年北京第二次试点，选用的菌株有米曲霉 3. 863，天津光荣酱油厂使用的米曲霉 3. 800，对于我国结束采黄子的落后面貌起了很大的作用。至此，开启了我国纯种制曲的新时代。1955 年，上海市酿造科学研究所林祖申工程师以米曲霉 3. 863 为母本，紫外线诱变得到米曲霉沪酿 3. 042（编号 AS3. 951）。该菌株分生孢子多，酶系丰富，蛋白酶活力高，生长较快，产孢子量大，被推广至全国范围使用。制曲阶段，温度控制在 30℃左右，随着曲霉菌的生长，品温升高，应适当通风降温。制曲设备也从竹扁改为了曲池。近年来，许多企业也开始使用我国自行设计制造的圆盘制曲机。杂菌污染率大大下降，劳动效率大大提高，曲料的酶活力大大提高。

3. 酱醪发酵技术的变化

我国的酱醪发酵方式有天然发酵、稀醪发酵、固态发酵、固稀发酵四种。天然发酵法即日晒夜露方法，是我国酱油生产的传统发酵工艺。该方法多采用大缸酿造，盖草席。酿造的酱油，成本较高，味道浓郁，现在常被用于制作精品酱油。纯种发酵技术应用以来，开始产生稀醪发酵，日本为典型，在我国没有普及开来。20 世纪 50 年代，我国开始推行无盐固态发酵工艺，但是由于发酵时间短，风味不足，后来加入低盐，时间适当延长，低盐固态发酵工艺诞生，酱油生产也更加安全。20 世纪 80 年代，我国成功开发了后发酵的多菌种发酵技术，前发酵采用低盐固态发酵，后发酵采用稀醪发酵技术。自从国家标准 GB 18186—2000《酿造酱油》颁布以来，将固稀发酵纳入了高盐稀态发酵工艺。21 世纪以来，高盐稀态酿造工艺逐渐被企业所接受。

4. 淋油技术的进步

酱油的淋油技术，最早采用竹篦编制的竹筒，从中舀取汁液（图 1-2）。也有人采用在发酵缸底部孔洞通过假底流油的方法获取酱油。后有人采用压榨法，用杠杆式木榨，后来在此基础上开发出螺旋压榨机。目前我国采用稀发酵工艺的企业，多购置了压榨设备，采用布袋压榨，分离效率高。而采用固态发酵法的企业，多采用浸出法淋油。浸出法采用加热至 80℃的二淋油浸泡成熟酱醅 20h 左右，淋出的酱油即头油；再加入 80℃的三淋油，浸泡 12h，淋出的酱油即为二淋油，作为下次浸泡成熟酱醅备用；再加入 80℃的热水浸泡 2~3h，淋出的为三淋油，作为下批浸泡获取二淋油所用。该法为我国特有，设备简单，回收率高，被酱油企业广泛使用。

图 1-2 竹筒淋油

二、酱油风味的非酿造手段

1. 勾调技术

新中国成立以来，社会经济飞速发展，科技创新突飞猛进。随着味精、核苷酸等鲜味物质的发现，以及人们对于鲜味酱油的追求，酱油产品也在随着历史逐渐演变，2003 版的《酱油卫生标准》也允许生产配制酱油。因此，原酿酱油勾调成了几乎所有酱油企业的重要工序之一。食品中共有五种基本的味道，分别是酸、甜、苦、咸和鲜。对食品口味有贡献的化合物通常具有低分子质量和非挥发性等特征。通过使用外源添加物，可以平衡酱油的风味及营养。不同添加物的浓度及相互比例等都可调和出不同风味的酱油。因此要平衡好诸多因素才能调制出风味上佳的酱油产品。

目前酱油产品中的调色剂，主要为焦糖色素；主要的鲜味剂有：味精（谷氨酸钠）、呈味核苷酸（I+G）即肌苷酸和鸟苷酸、干贝素等；主要的甜味剂有：蔗糖、三氯蔗糖、白砂糖、安赛蜜、蔗糖素、甘草酸一钾、甘草酸三钾等。酱油调色剂、鲜味剂和甜味剂的使用，掩盖了原酿酱油本来色泽和味道，甚至沦为个别不法商家的惯用伎俩。尽管美国食品和药物管理局（FDA）将它们认定为安全物质，但是这些人工助剂很可能成为疾病的辅助因子或加重因子，对人体健康不利。随着 GB 2717—2018《食品安全国家标准　酱油》标准的发布，配制酱油被移除，而且人们不再单纯追求鲜味，对于健康的追求日益显著。相信不久的将来，会有越来越多的原酿酱油被推入市场，人们的生活也会越来越健康。

2. 灭菌工艺

加热杀菌技术是商业应用最为广泛的一种灭菌技术。加热主要目的是杀灭酱油中的微生物，加热对于酱油风味的影响也极其重要。适度加热可以调和酱油的香气与口感，破坏酱油中的酶类，使酱油产品质量趋于稳定。加热温度失控，反而会对酱油的质量造成负面影响。温度过高，酱油产生焦煳味严重，色泽偏黑，氨基酸损失严重，风味变差；温度过低，灭菌不彻底，达不到卫生标准，风味也不饱满。目前文献中报道，灌装前酱油的最适灭菌工艺为：板式灭菌加热至70~80℃，保温30min。在此条件下，产品风味和氨基酸含量正常，酱油卫生指标控制良好，货架期质量风险最低。灭菌前酱油头香中的烟熏香更突出，而灭菌后酱油香气强度大，留香时间更长。其中灭菌后酱油的头香中青香和甜香、体香和基香中的酱香与焦甜增强。灭菌不利于酚类物质的保持，可以降低酱油中愈创木酚和4-乙基愈创木酚的含量，使其产生的烟熏香气减弱。灭菌可以增加己醛、3-甲硫基丙醛、香兰素、麦芽酚、5-乙基-4-羟基-2-甲基-3(2*H*)-呋喃酮（酱油酮）和4-羟基-2，5-二甲基-3(2*H*)-呋喃酮（菠萝酮）等香味物质的含量。

三、酱油风味的功能特性

1. 抗氧化活性

发酵酱油，不论是体内还是体外试验都证明其具有很强的抗氧化功能。目前有很多研究报告是关于酱油的抗氧化活性的。体外试验通常用2，2′-联氨-双（3-乙基苯并噻唑啉-6-磺酸）（ABTS）方法和1，1-二苯基-2-苦基肼（DPPH）方法检测其抗氧化活性。通过乙酸乙酯提取发现3-羟基-2-甲基-4*H*-吡喃-4-酮（麦芽酚）是酱油发酵产生的几种活性化合物之一。也有人通过电喷射离子化飞行时间质谱的测定方法发现含碳水化合物的色素如类黑精是使酱油具有抗氧化能力的最主要因素。酱油中的抗氧化剂还有4-羟基-2(或5)-乙基-5(或2)-甲基-3(2H)-呋喃酮（HEMF），4-羟基-2，5-二甲基-3(2H)呋喃酮（HDMF）和4-羟基-5-甲基-3(2H)-呋喃酮（HMF）。HEMF可以很容易地在戊糖和丙氨酸的混合物中检测到，而HDMF可以在戊糖和甘氨酸的混合物中检测到。

还有一些肽类和氨基酸液被证实是抗氧化剂。如通过硫氰化铁测得肽链亮氨酸-亮氨酸-脯氨酸-组氨酸-组氨酸是一个抗氧化小肽。有一些氨基酸如酪氨酸、甲硫氨酸、组氨酸、赖氨酸、色氨酸在某些过程中具有过氧化的作用，也被认为是抗氧化物质。这些是通过检测酱油渣发酵过程中蛋白质的水解产物得到的结论。

此外，F_2-异前列烷（脂质过氧化的一种生物标志物）是类花生酸家族一员，它由花生四烯酸非酶促氧化为磷脂。测定血浆或尿液中的 F_2-异前列烷，是目前被认为最好最实用的检测脂质过氧化的方法。通过对照试验可以看出，酱油对降低血浆 F_2-异前列烷有很重要的作用。酱油在体内对脂质过氧化具有快速（3~4h）的抗氧化作用，并且伴随着血管舒张血流动力学的改变，酱油同样在血管内皮细胞和血管平滑肌上具有抗氧化作用。

2. 抗高血压活性

酱油中发现的血管紧张素转换酶 I（ACE）抑制性的化合物，可以降低大鼠的血压。把酱油中的血管紧张素转换酶 I 抑制活性的馏分分馏成高的分子质量和低分子质量的两类。实验证明只有高分子质量的具有降低血压的作用，而低分子质量的对降低血压没有任何作用。高分子质量中的血管紧张素转换酶 I 抑制活性的馏分被证实是烟酰胺抑制剂。

有报道称无盐酱油中短的肽链，如缬氨酸-脯氨酸-脯氨酸、异亮氨酸-脯氨酸-脯氨酸和异戊氨酰基-酪氨酸对高血压患者有轻度降压功能。酱油的摄入可以明显减缓自发性高血压大鼠高血压的发展。此外，多肽也被证实具有防止高血压发展的趋势。

每人每天酱油平均消耗量为 8.9mL 左右，酱油含盐量按 16%计算，每人每天食盐摄入量小于 2g，不会增加人体心血管疾病的风险。

3. 抗癌活性

在酱油发酵过程中通过反相高效液相色谱法发现酱油中三异黄酮衍生物（非挥发性成分）有抗癌作用。他们被定义为酱油黄酮 A、B、C 的相对分子质量分别是 386、402 和 418。三异黄酮衍生物是在酱油的生产过程中产生的。然而，酱油中异黄酮的浓度只有约 5mg/L。HEMF 也被认为是一种有效的缓解老鼠患胃瘤的抑制剂。他们在酱油中有很高的浓度（>100mg/L）。酱油还含有其他结构相似的风味成分，如 HMF 和 HDMF。表 1-1 所示为酱油中物质的不同功能特性。

表 1-1 酱油的功能特性

功能效果	活性物质	方法	成分
抗氧化活性	甲基麦芽酚	ABTS	挥发性（乙酸乙酯提取物）
抗氧化活性	类黑精	质谱	酱油颜色成分
抗氧化活性	HEMF、HDMF、HMF	体内	挥发性物质

续表

功能效果	活性物质	方法	成分
抗氧化活性	亮氨酸-亮氨酸-脯氨酸-组氨酸-组氨酸	硫氰酸铁法	非挥发性物质
抗氧化活性	酪氨酸、蛋氨酸、组氨酸、赖氨酸、色氨酸	DPPH	非挥发性物质
抗高血压活性	烟草胺	体内	
抗高血压活性	小肽	体内	非挥发性物质
抗癌活性	HEMF、HDMF、HMF	体内	挥发性物质
抗癌活性	酱油黄酮	反相 HPLC	非挥发性物质
抗血小板活性	1-甲基-1，2，3，4-四氢-β-咔啉、1-甲基-β-咔啉	HPLC	
抗菌活性	NaCl、乙醇、pH、防腐剂和温度的混合效果	体外	包含挥发性物质
抗白内障活性	HEMF、HDMF、HMF	体内	挥发性物质
抗过敏活性	大豆细胞壁多糖（SPS）	体外和体内	非挥发性物质

四、酱油标准的变化

为贯彻《中华人民共和国食品安全法》及其实施条例，中华人民共和国国家卫生健康委员会和国家市场监督管理总局于2018年6月21日发布新的酱油国家标准GB 2717—2018《食品安全国家标准　酱油》，于2019年12月21日正式实施。新标准的发布实施代替了GB 2717—2003《酱油卫生标准》。

1. 名称的修改

酱油标准名称由之前的《酱油卫生标准》修改为《食品安全国家标准　酱油》，可以看出，国家已经把酱油上升到食品安全国家战略层面。酱油遍及千家万户，与老百姓的生活息息相关，酱油安全问题不容忽视。

2. 范围的修改

《酱油卫生标准》范围规定了酱油的指标要求、食品添加剂、生产加工过程的卫生要求、包装、标识、储存及运输的要求和检验方法，适用于酿造酱油和配制酱油。而新版《食品安全国家标准　酱油》规定了标准适用范围为酱油，配制酱油被移除，新标准实施以来，配制产品一律不得用“酱油”的称谓。

3. 术语和定义的修改

《酱油卫生标准》对酱油、酿造酱油、配制酱油、烹调酱油、餐桌酱油分别进行了定义，而 GB 2717—2018《食品安全国家标准　酱油》只是对酱油进行了定义。GB 2717—2018《食品安全国家标准　酱油》标准明确了酱油是以大豆和/或脱脂大豆、小麦和/或小麦粉和/或麦麸为主要原料，经微生物发酵制成的具有特殊色、香、味的液体调味品。今后不存在酿造酱油、配制酱油、烹调酱油、餐桌酱油等术语（表 1-2）。

表 1-2　GB 2717—2003《酱油卫生标准》与 GB 2717—2018《食品安全国家标准　酱油》术语及定义

术语	GB 2717—2003	GB 2717—2018
酱油	以富含蛋白质的豆类和富含淀粉的谷类及其副产品为主要原料，在微生物酶的催化作用下分解热成并经浸滤提取的调味汁液。酱油按生产工艺分为酿造酱油和配制酱油，按食用方法分为烹调酱油和餐桌酱油	以大豆和/或脱脂大豆、小麦和/或小麦粉和/或麦麸为主要原料，经微生物发酵制成的具有特殊色、香、味的液体调味品
酿造酱油	以大豆和/或脱脂大豆、小麦和/或麸皮为原料，经微生物发酵制成的具有特殊色、香、味的液体调味品	无
配制酱油	以酿造酱油为主体，与酸水解植物蛋白调味液、食品添加剂等配制而成的液体调味品	无
烹调酱油	不直接食用的，适用于烹调加工的酱油	无
餐桌酱油	既可直接食用，又可用于烹调加工的酱油	无

4. 感官要求的修改

《酱油卫生标准》对感官要求的描述：具有正常酿造酱油的色泽、气味和滋味，无不良气味，不得有酸、苦、涩等异味和霉味，不混浊，无沉淀，无异物，无霉花浮膜。由于酱油的产品特性，货架期可能出现沉淀，因此 GB 2717—2018《食品安全国家标准　酱油》删除了“无沉淀”，增加了具体的感官品评方法；将“无不良气味，不得有酸、苦、涩等异味和霉味”修改为“无异味”；将“无异物”修改为“无正常视力可见外来异物”；将“具有正常酿造酱油的色泽、气味滋味”修改为“具有产品应有的色泽，具有产品应有的滋味和气味”（表 1-3）。

表 1-3　GB 2717—2018《食品安全国家标准　酱油》感官要求

项目	要求	检验方法
色泽	具有产品应有的色泽	取混合均匀的适量试样置于直径 60~90mm 的白色瓷盘中，在自然光线下观察色泽和状态，闻其气味，并用吸管吸取适量试样进行滋味品尝
滋味、气味	具有产品应有的滋味和气味，无异味	
状态	不混浊，无正常视力可见外来异物，无霉花浮膜	

5. 理化指标的修改

《酱油卫生标准》规定如表 1-4 所示。

表 1-4　《酱油卫生标准》理化指标

项目		指标
氨基酸态氮/(g/100mL)	≥	0.4
总酸[①]（以乳酸计）/(g/100mL)	≤	2.5
总砷（以 As 计）/(mg/L)	≤	0.5
铅（Pb）/(mg/L)	≤	1
黄曲霉毒素 B_1/(μg/L)	≤	5

①仅适用于烹调酱油

GB 2717—2018《食品安全国家标准　酱油》仅保留了氨基酸态氮的理化指标，删除了关于总酸含量的质量指标，且指定了对应的理化指标检验方法 GB 5009.235—2016《食品安全国家标准　食品中氨基酸态氮的测定》。污染物限量和真菌毒素限量单独规定。污染物限量应符合 GB 2762—2017《食品安全国家标准　食品中污染物限量》的规定，真菌毒素限量应符合 GB 2761—2017《食品安全国家标准　食品中真菌毒素限量》的规定。

6. 微生物限量的修改

《酱油卫生标准》直接规定菌落总数和大肠菌群的最大值，致病菌包括沙门氏菌、志贺氏菌、金黄色葡萄球菌，均不得检出。且菌落总数仅针对餐桌酱油（表 1-5）。

表 1-5 《酱油卫生标准》微生物指标

项目		指标
菌落总数[①]/(CFU/mL)	≤	30000
大肠菌群/(MPN/100mL)	≤	30
致病菌（沙门氏菌、志贺氏菌、金黄色葡萄球菌）		不得检出

①仅适用于餐桌酱油。

新版《食品安全国家标准 酱油》对于微生物限量规定不再单独列出，采样和处理按照 GB 4789. 1—2016《食品安全国家标准 食品微生物学检验 霉菌和酵母》执行，致病菌限量应符合 GB 29921—2013《食品安全国家标准 食品中致病菌限量》（表 1-6）。GB 2717—2018 删除了志贺氏菌的限量要求，微生物和致病菌限量都按照最新的采样方案进行，且规定了检验方法，规定更加灵活。例如，大肠菌群，$n=5$，$c=2$，$m=10$，$M=100$。含义是从一批酱油产品中采集 5 个样品，若 5 个样品的检验结果均≤m 值（≤10CFU/g），则这种情况是允许的；若≤2 个样品的结果（X）位于 m 和 M 之间（10CFU/g<X≤100CFU/g），则这种情况是允许的；若有 3 个及以上样品的检验结果位于 m 和 M 之间，则这种情况是不允许的；若有任一样品的检验结果大于 M（>100CFU/g），则这种情况也是不允许的。

表 1-6 GB 2717—2018《食品安全国家标准 酱油》微生物和致病菌限量

项目	采样方案及限量				检验方法
	n	c	m	M	
菌落总数/(CFU/mL)	5	2	5×10^3	5×10^4	GB 4789. 2—2016《食品安全国家标准 食品微生物学检验菌落总数测定》
大肠菌群/(CFU/mL)	5	2	10	10^2	GB 4789. 3—2016《食品安全国家标准 食品微生物学检验大肠菌群计数》平板计数法
沙门氏菌/(CFU/mL)	5	0	0	—	GB 4789. 4—2016《食品安全国家标准 食品微生物学检验沙门氏菌检验》
金黄色葡萄球菌/(CFU/mL)	5	2	100	10000	GB 4789. 10—2016《食品安全国家标准 食品微生物学检验金黄色葡萄球菌检验》第二法

7. 其他修改

GB 2717—2018《食品安全国家标准 酱油》增加了食品营养强化剂的使用要求，

应符合 GB 14880—2012《食品安全国家标准　食品营养强化剂使用标准》的规定。现行 GB 14880—2012 标准中规定酱油中铁作为营养强化剂的使用量为 180~260mg/kg。

GB 2717—2018《食品安全国家标准　酱油》删除了酱油生产加工过程的卫生要求，因为 GB 8953—2018《食品安全国家标准　酱油生产卫生规范》，已经有关于酱油生产加工过程卫生要求的规定。

GB 2717—2018《食品安全国家标准　酱油》删除了对包装、标识、贮存及运输的要求，相关事项遵循 GB 7718—2011《食品安全国家标准　预包装食品标签通则》等各类通用基础标准和法律法规的要求。

第三节　酱油风味与酿造技术未来发展

一、酱油的高端化

随着社会的发展，人们的生活水平不断地提高，对于健康的认识也逐渐清晰，对于食物的追求也在不断地提高，人们更加注重天然化、营养化、功能化。现阶段，70 后已经成为厨房主力军，80 后、90 后消费者也渐渐登上历史的舞台，厨房消费者更加年轻化，具有更高的受教育程度和认知能力，人们更加关注酱油是否安全，有何营养，如何酿造。高端酱油的需求在不久的将来会逐步攀升。高端酱油生产需满足以下几个条件。

1. 优质选材，纯粮酿造

原材料的选择至关重要，应该杜绝杂质、霉变、真菌毒素超标、农药残留超标、转基因等问题，从源头上控制，保证食品安全。酱油酿造的原材料，主要是大豆和小麦。挑选优质原材料，杜绝食品安全风险，最终实现有机原材料如有机大豆、有机小麦的真正使用。

2. 工艺精准，现代化酿造

近年来，回归原始、发扬光大传统工艺成为一种时尚，甚至成为一个地区的名片。但是，传统工艺所需人工成本较高，与时代发展相悖。传统酿造工艺，环境开放，如果管控不严，极易污染有害微生物，加之环境变化的不确定性，也存在不明微生物污染的可能性。有害微生物可以产生氨基甲酸乙酯、生物胺等有害物质，甚至产生致癌物，危害人类健康。因此，开发传统工艺条件下优势风味形成的微生物，实现微生物复合酶的有效分泌，探索优势微生物及其组合微生物的最优发酵工艺条件，组建现代化智能工厂，实现优势风味物质的精准控制发酵，是大势所趋。

3. 色泽红润，营养均衡

高端酱油，微生物充分发挥作用，蛋白类和淀粉类物质适度降解，工艺条件控制理想，无杂菌滋生，酿造过程统一和谐，美拉德反应适度，酿造彻底。不添加任何着色剂、人工添加剂、人工鲜味剂等物质。酱油中蛋白、多肽、短肽、氨基酸、多糖、寡糖、还原糖等物质的含量比例结构合理，营养均衡，呈现完美的红棕色，符合酿造自然规律。

二、酱油的多样化

随着时代的发展与人们多样化、便捷化生活的需求，酱油的品种会不断增多，以满足不同人群的需求。酱油的发展会更有针对性，更加多样化。例如，精品酱油、无盐酱油、特定菜系酱油、特殊风味酱油等。

1. 精品酱油

精品酱油是指延续古人传统的酿造工艺，经现代先进工艺的改良，日晒夜露，微生物繁衍生息，经 360d 以上的自然醇酿，使酱油的营养成分发挥到极致，精品酿造酱油醇厚、酱香味道更浓。例如，在《齐民要术》的发祥地——临淄，即山东巧媳妇食品集团有限公司一带，该公司生产的龙缸酱油（图 1-3），完美再现古人酿造技艺，传承古典，酿制精品。

图 1-3　山东巧媳妇龙缸精品酱油生产基地

2. 无盐酱油

在某种情况下，为了给菜肴增味增鲜，在无须增咸条件下，无盐酱油首当其冲。无盐酱油即在酿造过程中不添加食盐，在发酵菌种的最适条件下，进行发酵酶解，由于没有食盐的影响，发酵速度相对较快。无盐酱油，对于环境的要求很高，需要在发酵罐中进行酶解，成本较高。

3. 特定菜系酱油

近年来，高科技水平日益提高，劳动力得到逐步解放，快节奏生活有所缓和，适当回归生活，享受幸福，是未来生活导向。人们对于舌尖上的需求较高，喜欢尝试不同菜系的烹饪，特定菜系酱油根据国内不同菜系需要，进行特定配制，在一定程度上可以满足人们的需求。特定菜系酱油也属于复合调味料的一种。

4. 特殊风味酱油

由于部分人群对于平淡生活的厌倦，喜欢尝试新鲜事物。寻求舌尖味蕾的刺激，也成为其生活的一部分。为了满足此类人群的需求，开发不同蘸料类怪味酱油也是今后的一种发展方向。

三、酱油的低盐化

研究发现，食盐摄入量过多与高血压、心脏病、肾脏病及诱发性脑出血等疾病的发生有直接关系。高盐饮食对健康不利已经成为一种社会共识。而酱油作为一种“隐藏盐”的调味品，是增高人类食盐摄入量的一种方式。现如今，各大酱油企业也开始掀起“减盐”风潮，不同种类的低盐、减盐酱油已经纷纷亮相，占据商超货架的显著位置。酱油减盐将会是未来很长一段时间的研究方向。酱油减盐策略如下。

1. 调配型酱油产品的发展

在酿造酱油的基础上，通过无盐发酵物、少盐发酵物、蛋白酶解物等的添加，保证酱油风味口感的前提下，以实现酱油的减盐，最常见的如酵母抽提物及玉米酿造酱等。无盐发酵物、少盐发酵物、蛋白酶解物，低盐状态下发酵彻底，味道鲜美，在减盐的同时，还可以起到提鲜的效果。

2. 低盐固态发酵法的应用

低盐固态发酵工艺，是我国酱油生产的传统酿造工艺，是我国劳动人民智慧的结晶，极具中国特色。低盐固态发酵工艺，酱醪酿造过程含水少，呈固态状，表层进行了盐封，而不易染杂菌。由于其难以实现自动化搅拌等工序操作而被企业淘汰，但是，低盐固态发酵工艺具有发酵周期时间短，盐度低等优点，且随着酱油行业内工业化、自动化程度的不断提高，相信不久的将来，低盐固态发酵工艺会重新登上历史的舞台。

3. 减盐工序的增加

在高盐酱油的基础上，采用渗析等技术，实现减盐的目的。例如，流动水的渗析处理，应用溶胀度为 1.1~1.8 的聚乙烯醇系渗析膜处理酱油，可以分离出一部分食盐，使酱油的食盐浓度降到 9%以下。

四、酱油包装形式丰富多彩

随着生活水平和生活质量的提高，家庭厨房环境大大改善。人们越来越注重厨房环境卫生。适合不同含量、不同人群的各种包装瓶会不断涌现，酱油包装不再拘泥于单一的包装模式。例如：李锦记黑科技小鲜瓶，瓶身采用双层构造，挤压瓶身后内袋缩小，能有效阻隔酱油与氧气的接触，让香味和鲜味保持更持久。其还特别设计了“挤挤装”瓶口，能够使酱油在使用过程中“不洒漏、控用量”。

第二章

酱油酿造原料与风味

第一节　蛋白质原料与风味

酿造酱油的蛋白质原料以大豆为主。使用大豆酿造的酱油，油脂含量高，不利于后期布袋压榨，部分企业也使用豆粕作为蛋白质原料。为提升酱油的功能性，大豆或豆粕为主要蛋白原料的同时，也可以辅以其他蛋白原料，以实现酱油品质的提升。

一、大豆

1. 大豆

大豆是豆科植物中最重要的谷物之一，与其他传统蛋白质来源相比，成本低、营养价值高，并且大豆蛋白中富含人体必需的八种氨基酸，且呈味氨基酸谷氨酸及天冬氨酸含量较高，易于被人接受。除蛋白质外，大豆还含有基本的营养成分，例如，脂质、维生素、矿物质、游离糖，并含有异黄酮、类黄酮、皂角苷和多肽，这是与一般谷物的最大区别，大豆成分见表2-1。大豆中的水溶性蛋白含量非常高，大约占总蛋白含量的90%，水溶性蛋白可以被蛋白酶有效分解，有利于酱油的酿造。现在，高档酱油的生产多采用优质有机大豆为蛋白原料，酿造的酱油有光泽，滋味鲜美，有独特酱香。利用不同微生物发酵大豆，可实现优势互补，提高大豆中游离异黄酮和多肽的含量，从而提高大豆的生物功能。发酵还可导致抗营养成分的减少，如蛋白酶抑制剂、植酸、脲酶、草酸等。利用特定微生物进行大豆的发酵也可减少免疫反应活性成分。

表2-1　　大豆成分含量

名称	水分	粗蛋白质	粗脂肪	碳水化合物	纤维素	灰分
含量/%	7~12	35~40	12~20	21~31	4.3~5.2	4.4~5.4

2. 豆粕

豆粕是大豆榨油后的副产物，主要含有蛋白质、淀粉、纤维和少量的残油（表2-2），这些成分通过相互交联和缠绕产生淀粉蛋白复合体。豆粕颗粒相比大豆较小，供应稳定，成本低，较易蒸煮，可再生和可生物降解，蛋白质含量高（43%~48%），氨基酸含量均衡，同时豆粕中的大豆蛋白和肽在抗氧化、抗高血压和减肥等生理活性方面影响显著。豆粕根据榨油后大豆脱溶工艺处理温度的差异分为高温豆粕和低温豆粕，低温豆粕脱溶过程中温度保持在60~70℃，由于蛋白质变性温度低，使得蛋白质分散指数和氮溶解指数高；高温豆粕脱溶过程中温度较高，一般保持在100~120℃，使得蛋白变性过度。高温豆粕更多的应用于酿造行业。

表2-2　　豆粕成分含量

名称	水分	粗蛋白	粗脂肪	碳水化合物	灰分
含量/%	7~10	46~51	0.5~1.5	19~22	5左右

陈杰等研究发现豆粕颗粒度为20~40目，经循环热风150℃处理30min后，采用低盐固态发酵法酿造酱油，曲料中的中性蛋白酶活力值和酱油氨基态氮含量分别是普通酱油的1.57倍和1.72倍。酚类化合物和吡喃（酮）类化合物的含量随着豆粕含量的增加而增加。随着豆粕含量的增加，酱油中的含硫化合物，如3-甲硫基丙醛和3-甲硫基丙醇的含量逐渐增加。

豆粕发酵酱油，米曲霉更易生长，水解酶更容易发挥作用。但是豆粕发酵酱油，一定要注意通风，防止曲料品温升高过快，散热慢而造成烧曲。大豆酿造的酱油整体滋味协调，醇香、酱香浓郁，色泽棕红亮，豆粕酿造的酱油不如大豆酿造酱油。豆粕酿造的酱油，酯类、酸类、酮类、酚类、吡咯类化合物和其他类化合物的相对含量均比大豆酿造酱油低。采用不同比例的大豆和豆粕制备高盐稀态酱油，随着大豆比例的增加，样品的整体香气、酸香、醇香、果香和麦芽香评分不断增加，挥发性酸和酯含量不断增加。可见，大豆油脂对酱油风味的影响很大。

二、黑豆

黑豆是一种外皮黑色内部黄色或绿色的豆类，可用于丰富蛋白原料酿造酱油。我国的黑豆种质资源丰富，尤以山西、河北、陕西等地栽培较多，目前全国共搜集保存黑豆约2980份，占全部大豆种质资源的13.2%。著名中医科学家李时珍在《养老书》中说："每晨吞黑豆27粒，到老不衰。大豆五色，各治五脏，唯黑豆属水性寒，为肾之谷，入肾功多。"黑豆富含蛋白质、脂肪、不饱和脂肪酸、维生素、蛋黄素、微量元素、黑色素、花青素及卵磷脂等物质（表2-3），其中B族维生素和维生素E含量很高，其具有降低人体胆固醇含量、血液黏滞度，调理血脂蛋白，预防血脂、高血压升高、血管硬化、心脏病发生，提高免疫调节等多种功能。黑豆中含有的大豆异黄酮是一种植物雌激素，可以调节人体激素水平，对雌激素水平下降的女性有很大的益处。

表 2-3　　黑豆中常规营养成分

成分	蛋白质	可溶性糖	还原性糖	多糖	脂肪	多肽	游离氨基酸	灰分
含量/%	32.00	0.69	3.78	12.95	14.17	1.13	0.19	4.93

以黑豆和黄豆为蛋白原料，采用高盐稀态发酵酱油制备法制备酱油，经测定发现黑豆酱油的总氮、氨基态氮、还原糖、总酸、总固形物含量均显著高于黄豆酱油，黑豆酱油主要挥发性化合物为醇类 34.73%、酯类 28.67%、醛酮类 27.64%、酸类 3.72%，挥发性成分较均衡，风味协调。经研究发现，黑豆酱油中的乙酸乙酯、油酸乙酯、苯甲醇和苯乙醇含量高于黄豆酱油。可见，添加一定比例的黑豆酿造酱油，可以提高酱油的营养价值。

三、其他豆类

豆类营养丰富且富含蛋白成分，都可以作为辅助性蛋白原料进行酱油酿造。除了大豆、黑豆，还有如花生、蚕豆等原料。

花生营养价值很高，在世界农业生产和贸易中占有重要地位。花生蛋白质含量为 25%~30%，极易被人体吸收。花生中氨基酸含量适中，其中赖氨酸含量丰富，能防止人体过早衰老、促进人体脑细胞发育。花生含有 37 种人体需要的营养素。花生还可增强人体的排泄功能，对促进血小板新生、加强毛细血管收缩也有一定的作用。

蚕豆富含蛋白质，氨基酸的种类也比较齐全，特别是赖氨酸含量丰富，有健脾养胃、清热止血、降血压的功效。蚕豆酿造的酱油氨基酸总量较高；色泽方面以鲜亮的棕红色为主，澄清度高，透光性好，无沉淀；体态较普通的黄豆酱油更稀薄；风味以酱香型为主，与普通黄豆酱油相比，蚕豆酱油酯香更为圆润，醇香不足，但整体滋味调和，口感佳。

四、肉类

我国制酱技术历史悠久，最早出现的酱类产品即是以肉类为蛋白原料发酵制成，称为醢。随着现代农业的发展，出现了大豆为蛋白原料的酱油。但是，人们对于高品质酱油如肉类酱油的追求，一直没有停止。GB 2717—2018《食品安全国家标准　酱油》标准颁布之前，发酵型肉酱油出现最多的为海鲜类酱油，如鱼露、虾露等。

鱼露，风味独特，在我国也将其称为鱼酱油，它是某些国家和地区必备的调味佳品，拥有较广的消费市场。鱼露一般利用鱼体所含的蛋白酶及其他酶类，以及多种微生物的作用下，对鱼中的蛋白质、脂肪进行发酵而成。鱼露中苦味和甜味氨基酸比例高于传统生抽，生抽中必需氨基酸的含量远低于鱼露。鱼露的一级品为橙红至棕红色，二级品橙黄色，较透明，无悬浮物和沉淀。鱼露中含有活性成分，尤其是小分子肽的作用，不但易于肠道吸收，还具有抗高血压功能的血管紧张素转化酶抑制肽。常见的鱼露快速发酵生产工艺技术包括保温发酵法、外加酶发酵法、加曲发酵法，如表 2-4 所示。

表 2-4 鱼露发酵生产工艺

发酵方法	过程	优缺点
保温发酵法	采用一定的措施维持适宜的发酵温度，利用鱼体自身的蛋白酶和其他酶类在最适温度下具有最高活力，加快鱼体的水解速度	发酵速度快、容易实现，蛋白质和脂肪水解的速度越快，对风味的影响越大
外加酶发酵法	在鱼露的酿制过程中，通过外加蛋白酶加速鱼体内蛋白质和脂肪的酶解	简便、酿造速度快，外加适量的酶可以制得风味较好的鱼露
加曲发酵法	将经过培养的曲种，在产生大量繁殖力强的孢子后，接种到待发酵的鱼上，通过曲种繁衍产生的蛋白酶和其他酶类加速鱼体内蛋白质脂肪的水解	工艺复杂，酿造的酱油风味独特

现有研究除使用鱼作为额外原料发酵酱油之外，还有虾、牛肉、鸭肉等作为辅助蛋白原料的报道。由于 GB 2717—2018《食品安全国家标准 酱油》的颁布，使用大豆和/或脱脂大豆、小麦和/或小麦粉和/或麦麸为主要原料，经微生物发酵制成的具有特殊色、香、味的液体调味品，才可以称之为酱油。因此，采用传统保温、酶解工艺生产的鱼露、虾露等不能被称为鱼酱油、虾酱油。

第二节 淀粉质原料与风味

酱油酿造的淀粉质原料是提供酿造微生物生长所需碳源的重要来源，是酱油中糖分、醇类、酸类、酯类等风味成分及色泽的重要来源，对酱油的发酵形成至关重要。酱油的淀粉质原料多为小麦、麸皮、面粉，也有添加大米、米渣、碎米、黑小米、糯米等作为淀粉质原料辅料的相关报道。

一、小麦

1. 小麦

小麦是世界上种植最多的作物之一，发达国家和发展中国家都视其为主食。

按照粒色可分为红皮小麦和白皮小麦，以质粒可分为硬质小麦、软质小麦和中间质小麦。硬质小麦蛋白含量较高，适合酱油生产使用。小麦为人类的饮食提供了大量的碳水化合物和蛋白质（表 2-5），并且是多种生物活性化合物的重要来源，这些生物活性成分主要包含在谷物麸皮和胚芽组织中，其中包括膳食纤维，酚酸和微量营养素。小麦籽粒还是微量营养素的良好来源，例如，硒（Se），铁（Fe）和锌（Zn）等，主要位于糊粉层和胚芽中，而在籽粒胚乳中却很稀缺。这些矿物质可以为人体提供必需的微量元素。

表 2-5　麦粒各组成部分化学成分的相对分布

组成部分	各组成部分的平均含量/%	占整个麦粒含量/%				灰分含量/%
		淀粉	蛋白质	纤维素	酯类化合物	
麦皮	15.0	0.0	20.0	88.0	30.0	8.0~15.0
胚乳	82.5	100.0	72.0	8.0	50.0	0.35~0.50
胚	2.5	0.0	8.0	4.0	20.0	5.0~7.0

南方高盐稀态酱油淀粉原料以小麦粉为主。小麦粉中含有 70%的淀粉，并含有 10%~14%的蛋白质和 2%~3%的蔗糖、葡萄糖和果糖，小麦粉中的蛋白质如麸蛋白和谷蛋白经酶分解后，谷氨酸含量最多，可以使酱油提鲜。小麦中含有木质素，经过大曲发酵之后可产生阿魏酸，再经过球拟酵母可生成 4-乙基愈创木酚（4-EG）。小麦经过焙炒后，香气突出，进行制曲后，成曲酶活力高、氨肽酶活力高、纤维素酶活高、杂菌少、酱色深。且有报道称焙炒后酿造的酱油中的乙酸含量增幅较大，乙酸可以缓和酱油香气中强烈的咸味，也可与乙醇反应生成乙酸乙酯，对酱油风味影响重大。

2. 麸皮

麸皮是小麦加工面粉后的副产品，又称麦皮。由于麸皮成本低，维生素种类丰富，表面积大，质地疏松，体积小，碳氮比较好，含有足够的霉菌生长繁殖所需的营养成分，在制曲过程中还能起到通风和散热的作用，是制曲的良好原料，又利于发酵阶段淋油，能提高酱油的原料利用率和出品率，所以现在工厂用麸皮代替或部分代替小麦粉作为淀粉原料用来酿造酱油。

北方低盐固态酱油淀粉原料以麸皮为主。麸皮粗淀粉中多缩戊糖含量高达 20%~24%，与蛋白质水解所得的产物结合，产生酱油色素，另外，麸皮本身还含有 α-淀粉酶和 β-淀粉酶，因此麸皮也是我国深色酱油生产的重要原料。麸皮类酱油中以酮类、酚类、呋喃（酮）类、杂环类化合物为主。

3. 面粉

面粉是一种由小麦磨成的粉状物，其质量常因小麦原料品种、质量等因素而不同。在大豆发酵食品中，面粉质量的不同也往往影响到产品的色、香、味等方面。面粉的主要成分如表 2-6 所示。面粉酿造的酱油，酸香、麦芽香、马铃薯香较明显，而焦糖香、焦烤香、烟熏香较弱，主要以酸类、醛类、醇类、含硫化合物为主。

表 2-6　　面粉的主要成分　　单位：g/100g

品名	粗蛋白	粗淀粉	粗脂肪	灰分	水分
标准面粉	9.31	72.75	1.84	0.92	12.86
全麦粉	11.98	70.75	3.54	1.85	11.89

二、玉米

玉米又名苞谷、六谷和珍珠米等，为禾本科玉米属植物，是世界上仅次于小麦和水稻的第三大粮食作物，世界上有 1.77 亿 hm^2 土地种植玉米。玉米胚中的营养物质能够增强人体的新陈代谢，调整人的神经系统，起到润泽皮肤、舒缓皱纹、延缓衰老的作用。玉米中的维生素会加速致癌物质和其他有毒物质的排出。玉米蛋白产生的特定蛋白质水解物或肽在清除自由基或螯合过渡金属离子方面发挥了重要的抗氧化性能。

天津科技大学研究酱油酿造原料中添加玉米，豆粕：玉米：麸皮=6：2：2，加水量为原料总量的 110%，蒸料时间为 40min，低盐固态工艺酿造酱油。添加玉米的酱醪，其总酸含量相对于未添加玉米的酱醪有所增加，还原糖及无盐固形物含量明显升高，氨基酸态氮含量增加，酱油的鲜味升高。添加了玉米的酱醪中，乳酸、酒石酸、HEMF、乳酸乙酯、乙酸乙酯等风味成分的含量明显增加，对于改善酱油口感十分有利。

第三节　功能性原料与风味

功能性原料，是在传统酱油酿造原料的基础上，添加橘皮、菇类、花类等物质，酿造出具有不同功效的酱油，适应时代的发展，以满足世界消费者的不同需求。

一、橘皮

橘皮中含有大量的酚类化合物，其抗氧化能力与黄酮的含量呈正相关。橘皮还含有功能性类黄酮成分，包括柚皮苷、橙皮苷、诺比素等，具有抗癌、抗炎症、抗心血管疾病等多种生理功效。橘皮精油还有较强的自由基清除能力。橘皮在一定程度上可以抑制腐败微生物的生长。

在制曲阶段添加橘皮，能够显著增强酱油的抗氧化活性和亚硝酸盐清除能力。制曲阶段添加橘皮，可以产生双戊烯、D-柠烯、β-萜品烯、石竹烯、香橙烯等烯烃类物质，使酱油具有柑橘风味。添加橘皮酿造酱油，氨基酸态氮和总氮含量无显著变化，但总酸和还原糖的含量明显增加。橘皮粉末中挥发性活性成分在发酵过程中不断释放至酱油中，从而增加酱油风味物质的种类和含量，其中酸类、酚类、酯类和烯烃类挥发性风味物质的含量显著提高，更有利于酱油风味的形成。制得的酱油具有浓郁的酯香味，酱油中总黄酮和总多酚的含量升高，提高了橘皮的附加值。橘皮酿造的酱油，乳酸含量升高，有助于减轻酱油的咸味，使酱油鲜味、甜味和酸味提升，并散发出清淡的果味和花香，口感绵润。

二、菇类

1. 草菇

草菇又名麻菇、兰花菇等，由于起源于我国广东南华寺，被称之为“中国蘑菇”，也是世界上第三大栽培食用菌（图 2-1）。

图 2-1　草菇子实体

我国每年的草菇产量约为 33 万 t，占世界总产量的 80%以上。草菇中蛋白质的含量为 2.7%~5.1%，脂肪的含量为 2.2%，还原糖 1.7%。在其蛋白质中，含有 18 种氨基酸，其中必需氨基酸 8 种，非必需氨基酸 10 种（表 2-7）。此外，还含有丰富的钙、铁、磷、钠、钾等矿质元素和维生素 C、维生素 B 等多种维生素。草菇还具有较高的药用价值。其中大量的维生素 C 可促进人体新陈代谢的正常进行，增强机体对传染病的抵抗力，加速伤口愈合，并防止坏血病的发生。草菇中含有一种叫异种蛋白质的物质，具有抗癌的作用。草菇是一种天然增鲜剂，现在多将草菇汁加入到酱油中，以增加鲜味，如草菇老抽。

表 2-7　草菇中各种氨基酸含量占总氨基酸含量的比例

必需氨基酸	含量	非必需氨基酸	含量
异亮氨酸（Ile）	4.2	精氨酸（Arg）	5.3
亮氨酸（Leu）	5.5	天冬氨酸（Asp）	5.3
色氨酸（Trp）	1.8	谷氨酸（Glu）	17.6
赖氨酸（Lys）	9.8	甘氨酸（Gly）	4.5
缬氨酸（Val）	6.5	组氨酸（His）	4.1
蛋氨酸（Met）	1.6	脯氨酸（Pro）	5.5
苏氨酸（Thr）	4.7	丝氨酸（Ser）	4.3
苯丙氨酸（Phe）	4.1	酪氨酸（Tyr）	5.7
		丙氨酸（Ala）	6.3
		胱氨酸（Cys-Cys）	未测

2. 杏鲍菇

杏鲍菇是食药两用的食用菌，也是日常生活中常见的菌类，因有杏仁香味和鲍鱼的口感，故称为“杏鲍菇”（图 2-2）。杏鲍菇营养价值很高，富含多种人体必需氨基酸、蛋白质、单糖等营养元素，能够有效提高人体抗氧化能力和免疫力，还具有降血压、降血脂、抗病毒、降低机体胆固醇含量、防止动脉硬化及抗癌的作用。本课题组以大豆和炒小麦为主要原料，添加杏鲍菇粉酿造酱油，检测发现异戊醇含量在发酵 90d 时提高 3 倍，醇类含量大幅度提升，促进后期酯类含量的增加。

图 2-2　杏鲍菇子实体

三、花类

1. 桂花

桂花又称木樨、山桂、岩桂、九里香，是我国的特产，为我国传统的园林花木，作为中国十大名花之一，具有美观性、功能性和实用性。不仅栽培历史悠久，在我国也有悠久的食用历史。作为食品的桂花主要被用来制作桂花糕、桂花糖等食品。开花时采摘的鲜花，经适当储存可用于泡茶、配制药膳。采摘后浸泡在白酒内，制得的桂花酒具有活血化瘀、化痰止咳、开胃、助消化的功效。桂花中提取的桂花精油在食品添加剂、保健和化妆品等方面具有广泛的应用。

本课题组以麦麸、豆粕为主要酿造原料，将桂花加入大曲发酵，酿造出富含吡嗪类物质的桂花酱油。与传统酱油相比，桂花酱油除了酱油本身带有的独特酯香，更增添了桂花的香气，味道纯正。产品中醛酮类、有机酸、酯类、杂环化合物种类均高于普通酱油，尤其是吡嗪类物质，使酱油风味更丰富。

2. 油菜花

油菜花别名芸薹，属于十字花科芸薹属一年或两年生的草本植物。油菜花原产欧洲和中亚地区，在我国南部地区广泛栽培，开花后所结种子，是我国第一大食用植物油原料。除此，油菜花的嫩茎及叶也可以当作蔬菜食用。经常食用油菜花对预防高血压、预防伤风感冒都有一定的作用，且具有调节肠胃、防衰老、增强免疫等功效。本课题组以豆类、小麦为主要原料，添加油菜花酿造酱油，还原糖含量、酯类风味物质明显增高。

第三章

酱油酿造工艺与风味

酱油的酿造生产主要包含制曲、发酵、精炼。制曲是指在蒸熟的原料上接种曲霉，生产出酱油发酵所需的前体发酵剂。曲霉分泌的蛋白水解酶可以将蛋白质水解成肽和氨基酸，淀粉酶将淀粉转化为单糖，在后期发酵过程中这些底物可以作为营养物质被酵母和细菌利用，转化为风味物质。发酵是将上述大曲置于食盐溶液中（拌入少量的盐水，呈不流动的混合物称为酱醅；拌入多量的盐水，呈流动态的混合物称为酱醪），大曲中的酶继续水解蛋白质和糖类物质，通过进一步发酵代谢，产生风味物质。精炼是将发酵混合物中的有效成分提取分离出来。

酿造酱油按照发酵工艺的不同主要分为低盐固态发酵酱油、高盐稀态发酵酱油和高盐恒温发酵酱油。低盐固态发酵酱油在生产时发酵温度相对较高，拌入大曲中的盐水量少且浓度低，具有非常短的陈化期。高盐稀态发酵酱油是在15~30℃动态温度条件下进行的，拌入大曲中的盐水量大且浓度高，具有较长的陈化期。而高盐恒温发酵酱油是在高盐稀态发酵酱油的基础上将发酵温度保持在某一温度范围直至发酵结束的一种工艺。

第一节　低盐固态发酵工艺与风味

低盐固态发酵工艺是我国20世纪60年代普遍推行的一种工艺，根据日本1955年前后介绍的酱油固体发酵堆积速酿法，结合我国酱油生产的实际情况而改进的方法。目前低盐固态发酵酱油占我国酱油产量的80%左右，是酿造酱油的主要工艺。此工艺通常以脱脂大豆（豆粕）和麸皮为原料，经蒸煮、冷却，米曲霉制曲后与盐水混合成固态酱醅，42~46℃保温发酵。该工艺是在无盐发酵的基础上改进而成，由于其拌曲盐水浓度较低，盐含量为12%，故称为低盐。而其加水量与原料比例为1∶1，为固态酱醅，发酵温度在40℃以上，故称为低盐固态发酵。

一、工艺流程

低盐固态发酵工艺流程如图3-1所示。

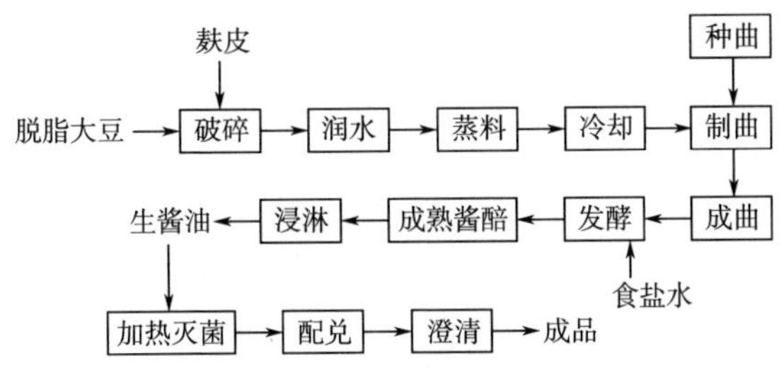

图3-1　低盐固态发酵酱油工艺流程图

1. 原料处理

豆粕与麸皮混合蒸料时，豆粕先以 80℃左右热水进行浸润适当时间后，再混入麸皮，豆粕：麸皮=6：4，拌匀，蒸料。蒸料要求达到一熟、二软、三疏松、四不黏手、五不夹心、六有熟料固有的色泽和香气。蒸料压力：0.1~0.2MPa；蒸料温度：121~130℃；保压时间：5~15min。

熟料质量要求：呈淡黄褐色，有香味及弹性，无硬心及浮水，不黏，无其他不良气味。水分在 46%~50%，消化率 80%以上，无 N 性蛋白沉淀。

2. 制曲

（1）制曲过程

①种曲。酱曲的种子微生物，一般为米曲霉，在适宜条件下由试管斜面菌种经逐级扩大培养而成，培养过程包括孢子发芽、菌丝生长、菌丝蔓延、孢子生长和孢子成熟。种曲的目的是为了获得制曲时所需要的大量优良纯菌种。

②大曲。种曲在曲料上进一步扩大培养并产生大量水解酶的过程。曲层厚度 25~30cm，曲料松散，厚度一致，控制品温 28~32℃，最高不超过 40℃，室温 28~30℃，曲室相对湿度在 90%以上，制曲时间 24~28h。在制曲过程中应进行 2~3 次翻曲以疏松曲料降低内部积攒的温度，同时可以为米曲霉提供生长繁殖所需要的氧气。

③成曲要求。菌丝丰满、质地均匀、表面布满黄绿色的孢子、没有杂色和夹心；气味方面无霉臭及其他异味，有曲香味；手感蓬松柔软，具有弹性，无糙感；成曲水分 26%~33%，其中春冬季节水分含量多为 28%~32%，夏秋季节多为 26%~30%；成曲蛋白酶活力：每克曲（干基）不得少于 1000 蛋白酶活力单位（福林法）；细菌数不超过 5×10^9 个/g（干基）。

大曲成熟后，最好将成品曲温降低，迅速拌盐水入池，从出曲至拌盐水结束，时间越短越好，以免堆积升温过度，使酶活下降，造成损失，特别是在炎热季节更应注意。

（2）大曲酶活作用　酱油在发酵过程中形成的风味特征离不开一系列酶的作用，包括蛋白酶、淀粉酶、脂肪酶、纤维素酶等。这些酶主要在制曲时由米曲霉分泌产生，在发酵期间继续作用诱导一系列生物化学反应的进行，将蛋白质、淀粉等大分子水解成各种副产物和小分子产物。副产物经过一系列的生化反应，包括蛋白质水解、酒精发酵、有机酸发酵和脂肪形成，形成营养和风味物质。酶的本质是蛋白质，它们的活性受温度、pH 等条件影响。

根据最适 pH 的不同，蛋白酶可分为碱性蛋白酶、中性蛋白酶和酸性蛋白酶。蛋白酶包括蛋白水解酶和肽酶（内肽酶、氨基肽酶、二肽酶和三肽酶）在蛋白质降解的后续步骤中发挥特定的作用。蛋白酶不仅降低了大豆蛋白的苦味，而且还决定了酱油的味道，因为它能裂解大豆中的蛋白质，释放氨基酸或肽，并相应地增加可溶性部分中的总氮浓度。此外，谷氨酰胺酶可以把 L-谷氨酰胺转化为 L-谷氨酸，提高鲜味。米曲霉在酱曲形成过程中分泌大量水解酶。然而，物理因素 pH 和盐水混合物的浓度，会降低酱油发酵过程中的水解酶活性。如米曲霉分泌的主要蛋白酶（特别是中性蛋白酶）表现出较差的耐盐性，在 18% NaCl 溶液中的残余蛋白酶活性仅为 3%。

淀粉酶分为 α-淀粉酶和糖化酶，α-淀粉酶又称 α-1，4 糊精酶，能够从淀粉分子的内部断裂 α-1，4 糖苷键，生成葡萄糖、麦芽糖和一些寡糖。糖化酶又称 α-1，4-葡萄糖水解酶，能够从淀粉分子的非还原性末端依次断开 α-1，4 糖苷键，生成葡萄糖。生成的这些小分子糖能够为微生物的发酵代谢提供糖源，可以为美拉德反应提供所需的还原糖，葡萄糖、麦芽糖等还可以为酱油提供甜味。

脂肪酶可以将甘油三酯水解生成甘油和脂肪酸。脂肪酸在发酵期间被降解或氧化成一些短链脂肪酸、单不饱和脂肪酸、多不饱和脂肪酸及烃类化合物，这些化合物进一步氧化或环化可生成醛类、酮类及环化合物，这些物质是酱油风味的重要来源。此外，脂肪酸与醇类物质经由酯化反应生成的脂肪酸酯类物质，为酱油提供特征风味。

3. 发酵

为避免酱醅表面过度氧化，可用食盐覆盖酱醅，这样可以在一定程度上阻隔空气，防止环境中的杂菌污染，还可以起到保水保温的效果。在酱油酿造的过程中有三种微生物对酱油品质有着巨大贡献，这三种微生物分别是霉菌、乳酸菌和酵母。当发酵进行到不同阶段时，这些微生物的群落构成也会随之变化。盐水的高盐浓度抑制了腐败微生物和病原菌的生长，而有利于在风味形成中起重要作用的耐盐物种的生长。由于盐浓度过高，曲霉的生长被终止，乳酸菌在盐水发酵初期繁殖迅速，由于乳酸发酵和其他代谢产物的影响，pH 逐渐降低，当盐水混合物的 pH 达到 4.0~5.0 时，细菌数量开始减少，而酵母数量开始增加。

4. 浸淋

浸淋即将酱醅中的有效成分提取出来的过程，这个工序可分为两个过程。

（1）发酵过程中产生的有效酱油成分从固体酱醅中向浸提液中转移过程 此过程主要与浸提液的性质，浸提时间和浸提温度有关。浸提液的温度为 80~90℃以确保浸淋温度可达到 65℃，浸淋时间不少于 8h。

（2）含有效酱油成分的浸提液与固体酱醅渣的分离过程 此过程主要与酱醅渣的厚度、黏度及体系的温度有关。酱醅的厚度多控制在 40~50cm，但如果酱醅黏度较大，可适度降低其厚度。

5. 加热灭菌

生酱油加热灭菌温度视方法不同而异。间歇式加热 65～70℃维持 30min；连续式加热的热交换器出口温度控制在 85℃。

二、工艺特点

低盐固态发酵工艺成熟、投资较小、生产周期短、劳动强度小、流程简单、操作方便、成本较低。由于采用了低盐发酵，对酶的活性抑制不明显，发酵的温度较高，发酵周期较短，所以酱油颜色深，滋味鲜美、后味浓厚，质量较稳定，多少年来一直受到酿造行业人士的欢迎。但是，它也存在工艺本身所带来的缺点，即酵母和乳酸菌等有益微生物受到发酵条件的限制，除米曲霉外的其他有益微生物含量都较低，酱油风味不够浑厚、圆润，使得其风味和香气不及高盐稀态发酵酱油。

三、风味特点

低盐固态发酵酱油挥发性风味成分主要为醇类、酯类、酸类和含硫化合物等直接影响风味的化合物，但重要的风味呋喃酮类在低盐固态发酵酱油中的含量相对很低。低盐固态发酵酱油表现出较高的酸味和焦味特征强度。感官对酸涩属性的感知超过了其他属性。

在检出的醇类化合物中，以乙醇为代表，约占醇类物质总质量的 50%，它能产生使人愉快的气味，这是糖类物质在耐盐酵母作用下所生成的。另外检出的1-辛烯-3-醇和苯乙醇对酱油风味也起着重要作用，1-辛烯-3-醇被报道为具有蘑菇香气，带有浓重药草香韵，近似于薰衣草、玫瑰和干草的香气，甜的药草似的味道，可能是原料中不饱和脂肪酸如亚油酸和亚麻酸的热降解产物。苯乙醇具有的玫瑰样的香气，气味比较清淡，有先苦后甜的桃子样的味道，以游离态或酯化结合态存在于某些天然产物中，在发酵酒类中也曾检出。醇类还对其他物质具有调香作用。

低盐固态发酵酱油中酯类含量较低，这一结果可以用低盐固态发酵酱油的成熟时间较短来解释，不适合酯类的积累。此外，低盐固态发酵酱油中挥发性酸所占比例约为总挥发物的一半。这些酸性化合物可能是低盐固态发酵酱油中强烈酸味的主要贡献者。低盐固态发酵酱油中苯乙醛含量比较高，醛类化合物一般可与醇类发生反应，产生与本身不同的香气，使酱油的风味更加复杂化。

第二节　高盐稀态发酵工艺与风味

高盐稀态发酵酱油又叫高盐稀醪发酵酱油，因为在酱醪发酵前加入高浓度的食盐溶液，使酱曲呈流动的稀态而得名。高盐稀态发酵酱油兴起于改革开放后，在生产技术上继承了我国传统发酵工艺。高盐稀态发酵酱油采用现代化科技手段改造传统的蒸料、制曲等发酵工艺及发酵设备，形成现有的高盐稀态发酵酱油，酱香和酯香浓郁。

一、工艺流程

高盐稀态发酵酱油工艺流程如图3-2所示。

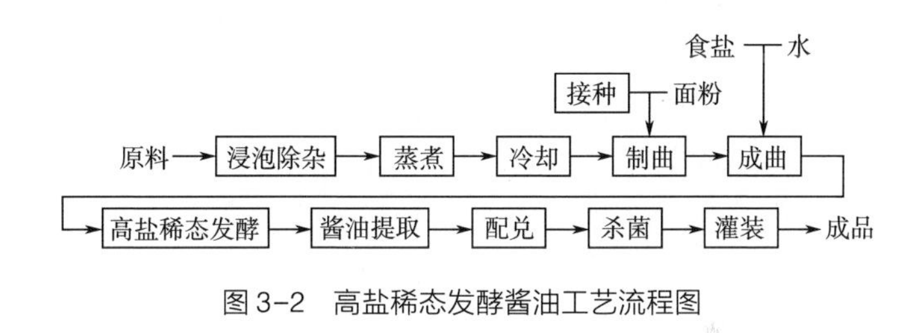

图3-2　高盐稀态发酵酱油工艺流程图

1. 原料处理

高盐稀态发酵酱油的原料一般由大豆：面粉=7：3组成，面粉在制曲时加入。应选择无杂物，颗粒饱满的大豆，面粉的含水量控制在10%~14%。蒸煮可以使大豆蛋白发生一定程度的变性，变性后的蛋白有利于微生物利用和降解，益于酱油风味和口感的形成。蒸熟的大豆在冷却时需注意冷却时间，防止微生物大量繁殖，同时要避免有异物进入。

2. 制曲

接种米曲霉时，接种数控制在6×10^9个/g以上，孢子发芽率不低于90%。制曲多采用圆盘制曲机，湿度90%左右，并控制温度为32~35℃。

3. 发酵

加入相当于混合原料总量2~2.5倍，含盐量为18%~20%的食盐水，使酱醪的水分含量为65%，呈流动的稀态。大曲与盐水的比例及盐水的浓度对整个发酵过程有着非常大的影响，适当的高盐环境能够抑制有害微生物的生长繁殖。盐水浓度过高会抑制蛋白水解酶的活力，延缓水解进程，同时还会过度抑制一些有益微生物的生长繁殖，从而影响酱油产品的最终风味；而盐水浓度过低，渗透压不足易造成一些腐败微生物的生长繁殖，产生不良风味，甚至代谢有毒有害物质。高盐稀态发酵可以通过高盐环境筛选出多种天然存在的耐盐菌株，这些耐盐菌株连同大曲中的酶而将原料中的大分子降解为小分子糖类、肽及氨基酸等，从而产生风味物质。有时也可以额外添加乳酸菌、耐盐酵母等菌株代谢有机酸、醇、酯来改善酱油风味物质的形成。

高盐稀态发酵酱油发酵的周期较长，为 3~6 个月，发酵温度在 15~30℃范围内波动。发酵温度的起伏可以让在不同温度范围内有最佳活性的酶充分发挥作用，使得原料中的大分子降解得更透彻。另外，3~6 个月长时间的发酵能够提供更长久的微生物群落更替，有利于发酵进行得更彻底，产生更加丰富的风味物质。

不同发酵工艺下微生物所处的环境有所不同，如温度、渗透压、pH、氧气含量等条件的影响，从而致使其数量和种类也存在差异。总体来说，高盐稀态发酵工艺下的微生物菌群在数量上要高于低盐固态发酵工艺。主要是因为①高盐稀态发酵工艺的发酵温度较低，适合多数微生物的生长繁殖；而低盐固态发酵工艺的发酵温度较高，酱醅内部温度高达 40℃，不适合微生物的生长繁殖，但微生物可以在短期时间内分泌大量的酶。②高盐稀态发酵工艺多采用日晒夜露式发酵，且发酵时间长，可以让更多空气中的微生物有机会在酱醪表面接种；而低盐固态发酵工艺由于需要控制温度，而在室内进行发酵，且发酵时间短，这样接种空气中野生菌株的机会要小得多。

4. 提取

高盐稀态发酵工艺除浸淋法外还可以采用压滤法，需要庞大的压滤机，设备成本较高。

5. 灭菌

高盐稀态酱油的杀菌方式多为巴氏杀菌法，巴氏杀菌能够在降低微生物含量、钝化酶活性的同时去除悬浮物，并促进美拉德反应的进行从而进一步提升酱油的风味和口感，少数有条件的厂方还会使用超高温瞬时灭菌法，即 135~150℃条件下加热 2~8s，这样可以较大程度地保护热敏性营养物质。

二、工艺特点

与低盐固态发酵相比，高盐稀态发酵存在发酵周期长，使用设备复杂，占地面积大，资金投入大等特点，目前采用的厂家不多，其产量占我国酱油总产量的

10%左右。但高盐稀态发酵工艺有利于实现机械化生产，且生产的酱油酱香浓郁、颜色较淡、氨基态氮含量高、风味浓厚、味道鲜美。随着人民生活和消费水平的不断提高，高盐稀态发酵势必成为未来酱油发展的主要方向，而高盐稀态发酵酱油结合发酵代谢调控技术将成为未来高品质、高档次酱油的主要生产方式。

三、风味特点

高盐稀态发酵酱油检测到300多种香气物质，包括烃类、醇类、酯类、醛类、酮类、有机酸、酚类、呋喃类、内酯类、吡啶、吡嗪、烯萜、含氮杂环类、含硫化合物等，其中酯类、醇类、有机酸是主要的挥发性物质，醇和酸在不同等级的高盐稀态发酵酱油中比例不同，一般情况下，酱油品质等级越高，醇、酮、呋喃和吡嗪类风味物质的占比越高。还有一些化合物的含量虽然不高，但由于阈值低而可以为酱油风味做出显著贡献，如苯乙醇、2-甲基丁醛、3-甲基丁醛、2-甲基-1-丁醇、3-甲基-1-丁醇、异丁酸乙酯、3-甲硫基丙醛、苯乙醛、3-羟基-2-甲基-4-吡喃酮（麦芽酚）、3-羟基-4，5-二甲基-2(5H)呋喃酮(sotolone)、4-羟基-2(5)-乙基-5(2)-甲基3(2H)-呋喃酮（HEMF）、4-羟基-2，5-二甲基-3(2H)-呋喃酮（HDMF）和愈创木酚等是高盐稀态发酵酱油的重要香气活性化合物。与低盐固态发酵酱油相比，高盐稀态发酵酱油含有更复杂的关键香气活性物质，表现出更丰富的风味特征。

醇类是酯类的重要前体之一，通过酵母代谢、艾氏（Ehrlich）途径以及由大豆中的不饱和酸通过酶介导的脂质氧化反应生成的，它们可以给人类带来宜人的气味。乙醇是酱油中的主要醇类物质，是糖类物质在酵母作用下形成的。苯乙醇、2-甲基-1-丁醇、3-甲基-1-丁醇等高级醇是高盐稀态发酵酱油中的关键性香味物质，它们的生产有两种途径：一条途径涉及氨基酸的降解，也就是通过氨基酸的脱氨及脱羧反应而生成少一个碳原子的醇类物质。另一条途径涉及碳水化合物代谢和氨基酸生物合成过程。

酯类是高盐稀态发酵酱油的重要挥发性化合物，与低盐固态发酵酱油不同的是，高盐稀态发酵酱油除了要求有酱香外还应具备酯香，可以作为酱油分级的重要指标。一般来说，酯类赋予酱油一种水果甜、椰子和蜡质的气味，还可以令苯乙醇和麦芽酚等关键香味物质风味显得更加醇厚，并掩盖一些难闻气味的刺激性。酯类物质由一个酸元和一个醇元通过非酶促酯化反应生成，酱醪中本就富含各种酸和醇，再经过长时间的发酵陈化，因而能够形成丰富的酯类物质。

支链醛类物质主要由酵母产生的支链氨基酸（如异亮氨酸和亮氨酸）通过艾氏途径产生。2-甲基丁醛和3-甲基丁醛是关键的风味醛类物质，赋予酱油麦芽香气。假丝酵母作用下，可以反应生成4-乙基愈创木酚和4-乙基苯酚等风味物质。

第三节 高盐恒温发酵工艺与风味

一、工艺流程及特点

高盐恒温工艺是在高盐稀态发酵工艺的基础上，将发酵温度保持在一定范围水平上直至发酵结束，发酵时间为 5~10 个月。高盐稀态发酵多采用日晒夜露式的常温发酵，在平均气温高的南方具有优势，但北方的冬天时间长且温度低，高盐恒温发酵则更显优势。另外，高盐恒温发酵避免了敞口的日晒夜露模式，能够更有效地适应现代化的工业生产管理。

根据对温度控制的不同，高盐恒温发酵可细分为消化型、发酵型、一贯型、低温型四种。消化型是在酱醪发酵期间温度先高（42~45℃）后低的方式，发酵液中先进行蛋白质分解，之后发生酒精发酵；而发酵型则是先低温再高温（42~45℃），蛋白质分解在酒精发酵之后；一贯型的发酵温度始终保持在 42℃，酒精发酵与蛋白质分解同步进行；低温型发酵则是先低温（15℃）后高温（30℃），发酵液依次进行蛋白质分解、乳酸发酵和酒精发酵的生化过程。

二、风味特点

由于高盐恒温发酵的原料、盐水浓度及酱醪含水量与高盐稀态发酵工艺相同，因此两种工艺下的酱油风味具有一定的相似性。高盐恒温发酵酱油酱醪中亚油酸乙酯、油酸乙酯含量高，能够贡献果香。高盐恒温发酵酱油样品中 HEMF、酯类物质含量高，而低盐固态发酵酱油中吡嗪和醇类物质含量很高。

在高盐恒温发酵工艺下，发酵温度越高蛋白降解越快，氨基酸态氮的含量越高，酱油的红色指数也越高，这是因为在一定范围内（15~40℃）温度越高，水解蛋白质的酶活性越高，致使发酵进程加快，氨基酸态氮的含量增高，另外温度的升高也加快了美拉德反应的进程，导致酱油呈色产物增多，氨基酸和还原糖的消耗也因此加快。

第四节 酿造过程重要反应途径

一、艾氏（Ehrlich）途径

由相关的支链氨基酸通过脱氨基或转氨基反应生成相应的 α-酮酸，再由一个去羧基反应生成相应的醛，醛类通过还原反应产生醇类，称为 Ehrlich 途径，又称艾氏途径（图 3-3）。α-酮酸是形成高级醇的关键中间体，也可在各自的氨基酸合成途径中直接合成，并直接转化成高级醇。艾氏途径是酱油在发酵过程中产生风味物质的重要途径，如苯乙醇就是苯丙氨酸在相关酶的作用下通过转氨、脱羧、还原生成的，具有麦芽的香味（图 3-4）。另外酱油中的 2-甲基丙醇、2-甲基丁醇、3-甲基丁醇、3-(甲硫基)-丙醇等杂醇也可由缬氨酸、异亮氨酸、亮氨酸、蛋氨酸通过酵母的 Ehrlich 途径获得，相应的醛和酸类物质也可以通过这个途径得到。

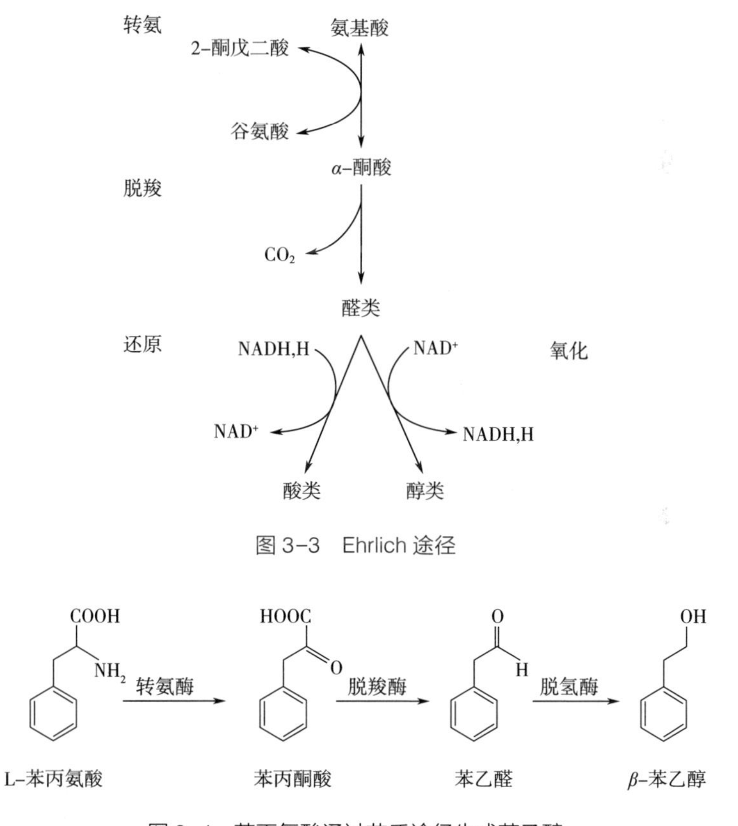

图 3-3　Ehrlich 途径

图 3-4　苯丙氨酸通过艾氏途径生成苯乙醇

二、美拉德反应

美拉德反应又称羰胺反应，是指蛋白质或氨基酸上的氨基与还原糖上的羰基在常温或加热条件下发生聚合、缩合等反应，经过复杂的过程最终生成棕色或棕黑色的大分子物质类黑素，此外还会生成一些还原酮、醛和杂环化合物，这些物质是酱油色泽和风味的来源之一（图 3-5）。在发酵过程中一直存在着各种氨基酸和还原糖，因此整个发酵期间美拉德反应都在缓慢地进行着，如酱油中两种最重要的香气化合物，HDMF 和 HEMF 这两种物质是由鲁氏酵母利用美拉德反应的中间体作为前体物质产生的，吡嗪类物质也可以通过糖和氨基酸残基之间的美拉德反应生成。美拉德反应的快慢受体系温度、pH、水分含量及羰基和氨基结构的影响。温度在 20~25℃时，氧化可发生美拉德反应，大于 30℃时反应速度加快，当温度高于 80℃时，反应速率受温度的影响较小；当 pH 大于 3 时，反应速率随着 pH 的升高而加快；对于基团结构方面，氨基酸的反应速率大于蛋白质，碱性氨基酸（赖氨酸、精氨酸）的反应速率大于其他氨基酸，还原糖中五碳糖的反应速率是六碳糖的 10 倍。

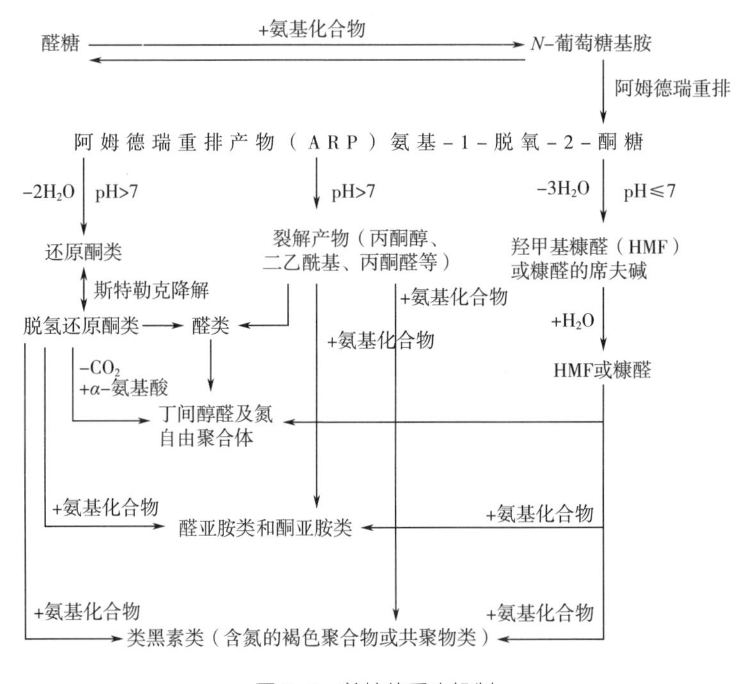

图 3-5 美拉德反应机制

三、斯特勒克降解反应

斯特勒克降解反应是由美拉德反应初级阶段产物 α-二羰基化合物与氨基酸作用发生的反应。当 α-二羰基化合物作为氧化剂来实现氨基酸的脱羧时，被称为斯特勒克降解。通常随后生成的亚胺水解以产生游离氨或伯胺，如 α-酮胺或醛被称为斯特勒克醛。α-二羰基类化合物与氨基酸反应首先形成席夫碱，然后经过重排、脱羧和水解生成 α-氨基酮和醛，产物斯特勒克醛比原料氨基酸少一个碳原子。斯特勒克降解的重要性在于它能够产生斯特勒克醛和 2-氨基羰基化合物，这两种物质都是美拉德反应中香气产生的关键中间体，但它们也可以独立于斯特勒克降解途径而形成。由于斯特勒克降解反应过程中能够产生许多对食品香味具有重要贡献的醛类产物，如吡嗪类物质就可以通过 α-氨基酸和还原酮的斯特勒克降解得到。

第四章

酱油酿造微生物与风味

微生物在酱油酿造过程中分解原料中的蛋白质及淀粉形成氨基酸、单糖及寡糖，这些物质本身可对酱油风味产生影响，还可进一步代谢产生如醇类、醛类、酯类、酮类、有机酸类、呋喃酮类、杂环类化合物等构成酱油的风味物质。传统酿造酱油的微生物主要来源于自然界，例如，古代制曲称为采“黄子”。这些成曲中含有米曲霉、黄曲霉、黑曲霉、根霉以及细菌、酵母等。现代酿造手段，必须传承经典，挖掘有益微生物，多菌种发酵，相互竞争，相互依赖，是提高酱油品质和改善酱油风味的有效手段。

第一节　米曲霉与风味

一、米曲霉

米曲霉（*Aspergillus oryzae*）属于半知菌亚门，丝孢纲，丝孢目，从梗孢科，曲霉属真菌的一个常见种。米曲霉菌丝有隔膜、无色、多分枝。有营养菌丝和基内菌丝，基内菌丝可以分化成粗大而壁厚的足细胞，上面分生出分生孢子梗，尖端膨大成顶囊，呈圆形或椭圆形，为分生孢子头。分生孢子头上着生小梗和分生孢子，小梗多单层，上面有成串的分生孢子，一开始呈黄色，后逐渐变绿，老熟后呈绿色或带褐色（图 4-1）。孢子变色深浅常因培养温度而有差异。

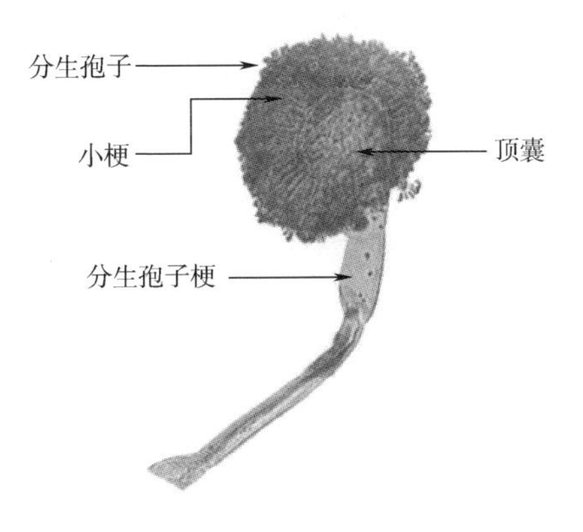

图 4-1　米曲霉分生孢子梗形态

米曲霉可以产复合酶，如蛋白酶、糖化酶、淀粉酶、植酸酶、纤维素酶等，不产毒素，是食品工业中一株安全的工业菌株。米曲霉有 135 个蛋白酶基因，分泌的蛋白水解酶类起重要的作用，各种蛋白酶在发酵的过程中可以将原料大豆和小麦中的大分子蛋白分解为小分子多肽和多种氨基酸，构成酱油呈味物质、风味物质或其前体物质。研究表明，米曲霉分泌的二肽基肽酶、二肽氨基肽酶、亮氨酸氨基肽酶、天冬氨酸蛋白酶 Pep1、细胞外金属蛋白酶在大曲发酵阶段起主要作用。而亮氨酸氨基肽酶 A 和细胞外金属蛋白酶 Np1 在酱醪发酵阶段发挥重要的酶解作用。米曲霉产生的淀粉酶、糖化酶、纤维素酶和植酸酶综合作用下，多糖类物质和植酸也进行了充分的分解。由这些复合酶分解后的原料易被人体吸收，营养价值大大提高，多种发酵食品中都用米曲霉来分解原料，酱油中也是如此。米曲霉的作用除了分泌酶之外，在进入酱醪发酵阶段，高盐抑制了米曲霉的生长。在高盐带来的高渗透压下，米曲霉不能利用营养成分，饥饿状态下，米曲霉死亡。其核酸自溶后变成游离核苷酸，蛋白和糖类自溶后生成氨基酸、还原糖、有机酸等风味物质。米曲霉菌体发生自溶，对酱油的风味有重要的贡献。由此可见，米曲霉在酱油发酵中占有非常重要的作用。

二、米曲霉选育与风味

米曲霉虽然有诸多优点，但是却满足不了发酵生产中的特殊要求。例如，蛋白质水解率低，原料分解不彻底；大豆蛋白转化鲜味肽困难；酱油中鲜味氨基酸含量低；多糖类物质的分解力不够，导致酱油在滤袋压榨过程中透过性差、过滤性能差等问题。因此，采用优良的育种手段，开发特征米曲霉菌种资源成为企业生存发展的必经之路。

微生物诱变的方法很多，主要为物理诱变法和化学诱变法。物理诱变法主要指使用紫外线、激光、离子、超声波、γ-射线、x-射线、α-射线、快中子等。而化学诱变是指利用一些化学试剂如五氯苯酚、吖啶黄、4-亚硝基喹啉、N-硝基吡啶-N-氧化物等加速微生物 DNA 的变异。还有物理和化学方法结合的诱变方法。近年来，关于米曲霉菌株的诱变方法主要有：紫外诱变、γ-射线诱变、氮离子注入诱变和常压室温等离子体诱变等。

1. 紫外诱变和 γ-射线诱变

紫外辐射可以引起微生物遗传物质中碱基的转换、颠换、移码突变或缺失，从而使微生物产生变异。紫外诱变原理：微生物 DNA 和 RNA 中的嘌呤和嘧啶吸收紫外光后，DNA 分子形成嘧啶二聚体，即两个相邻的嘧啶共价连接，二聚体出现会减弱双键间氢键的作用，并引起双链结构扭曲变形，阻碍碱基间的正常配对，以引起突变甚至死亡。二聚体产生后妨碍 DNA 双链的解开，从而影响 DNA 的复制和转录。γ-射线是一种高能电磁波，其射线计量与其诱发的突变率有关，能产生电离作用，直接或间接改变 DNA 的结构。研究者通常采用这些变化方法，筛选分泌糖化能力、分泌蛋白酶能力、降解农药能力更强的米曲霉菌株。

2. 氮离子注入诱变

离子注入技术最初是一种材料表面改性技术。其基本原理是：用能量为100keV量级的离子束入射到材料中去，离子束与材料中的原子或分子将发生一系列物理的和化学的相互作用，入射离子逐渐损失能量，最后停留在材料中，并引起材料表面成分、结构和性能发生变化，从而优化材料表面性能，或获得某些新的优异性能。由于其独特而突出的优点，在半导体材料掺杂，金属、陶瓷、高分子聚合物等的表面改性方面获得了极为广泛的应用。后被用于农作物、工业微生物等的诱变育种领域，且取得了丰硕成果。

酱油发酵后期，有机酸不断积累，中性蛋白酶和碱性蛋白酶的酶活力下降，造成了酱油的发酵困难。米曲霉沪酿3.042产偏酸性蛋白酶低，不利于酱油的发酵。为了解决米曲霉产偏酸性蛋白酶低的问题，酿造出更优质的酱油，本课题组采用安全有效的N^+注入诱变的方法对米曲霉的孢子进行诱变，注入能量为20keV的N^+，注入剂量为20、60、100、140、180单位，大量筛选。并分别在酪素平板、纤维素平板和淀粉平板上交叉点板，通过比较形成菌落周围的透明圈直径和菌落直径的比值（K），快速筛选到几株蛋白酶、纤维素酶和糖化酶酶活较高的酱油生产菌株，其中诱变菌株A100-8优越性最大，选做生产放大试验，菌株代号为TK-2，发酵的酱油风味得到明显改善。另外，本课题组经过优选米曲霉A100-8的自然突变菌株，获得了分泌偏酸性蛋白酶能力更强的米曲霉菌株100-8，酱油生产效率和产品风味大幅度提高（图4-2）。

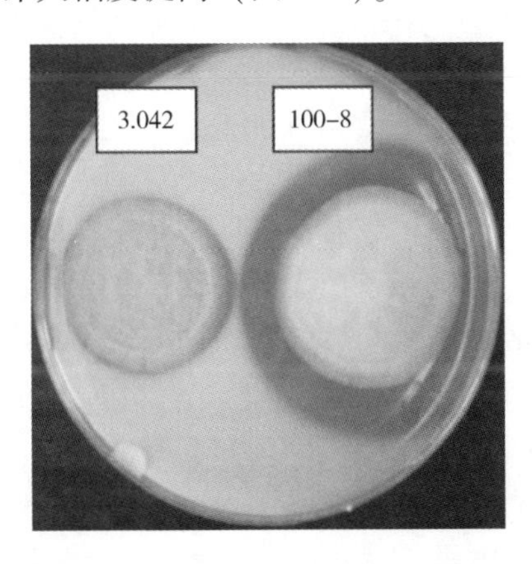

图4-2　产偏酸性蛋白酶米曲霉的蛋白分解能力比较

3. 常压室温等离子体诱变

常压室温等离子体（atmospheric and room temperature plasma，ARTP）是近年来发展起来的一种新的突变系统，在微生物育种中显示出巨大的潜力。ARTP

诱变育种仪（图 4-3）工作原理：工作气体流经等离子体发生器的两电极之间，外加射频电场作用，其中的自由电子从外电场获得足够的能量，弹性和非弹性碰撞过程与中性粒子发生能量交换，发生分解、激发及电离，形成一定电离度的等离子体，并通过发生器口喷出，形成等离子体射流。等离子体射流对微生物进行诱变处理，与传统方法相比，具有很多显著优点，不仅设备简单、操作便捷、突变高效、条件温和、处理快速、适用范围广、使用安全、环境友好，而且 ARTP 的 DNA 损伤能力更强，导致微生物的突变率更高，突变库容大，是一种方便、高效、绿色的突变体文库。ARTP 诱变育种仪的工作气源种类、流量、放电功率、处理时间等条件均可控，通过改变仪器的工作条件，可优选突变强度和突变库容量，结合高通量筛选技术，ARTP 显示出巨大的潜力。

图 4-3　清华大学研发的常压室温等离子体诱变育种仪

米曲霉产蛋白酶耐盐性差是造成酱油质量低的关键原因之一，提高米曲霉分泌蛋白酶的活性，尤其是耐盐蛋白酶的活性，对于生产酱油至关重要。2019 年，江苏大学高献礼团队利用 ARTP 技术对米曲霉进行诱变以筛选高产耐盐蛋白酶新菌株。该团队从 ARTP 处理 180s 的米曲霉孢子再生菌株中筛选到一株遗传稳定（传代 15 次），生长速度及中性蛋白酶、碱性蛋白酶和天冬氨肽酶酶活显著提高的诱变菌株 H8。转录分析表明耐盐碱性蛋白酶和天冬氨肽酶表达水平分别显著提高 30%和 27%，且两种酶相关基因序列并未发生变化，证明两种酶酶活性提高可能仅与其表达量提高有关。酱油发酵试验表明诱变菌株 H8 能够显著提高酱油中 1k～5ku 鲜味肽、天冬氨酸、丝氨酸、苏氨酸和半胱氨酸含量。

三、米曲霉基因图谱

1. 米曲霉 RIB40（第一代测序）

全基因组测序是对未知物种生物体内所有遗传密码进行测定的一个方法。全基因组学的概念自从1986年被提出以来，受到了越来越多研究者的关注，全基因组早期对人类基因组进行了测序研究。人类基因组计划以来，全基因组测序取得了突飞猛进的发展，随着越来越多的生物全基因组测序的不断完成，发现了大量新的基因和功能因子。从全基因组测序的发展来看，基因组的测序能力也得到了不断地提高。新的测序仪器设备不断更新，测序方法不断改进，测序精度大幅提高，测序费用大大降低。

日本米曲霉菌株RIB40基因组最早在2005年由日本研究人员采用第一代测序技术成功破译。米曲霉RIB40全基因组序列（GCA_000184455.2）包含了3800万个碱基对，1.2万个基因，共发现了8条染色体（图4-4）。在曲霉菌中，米曲霉与已经破译基因组的曲霉菌株比较后，碱基对数是最多的，而且基因数量也多出了30%左右。例如，米曲霉RIB40基因组中有135个蛋白酶基因，而烟曲霉和构巢曲霉分别只有99个和90个蛋白酶基因；米曲霉RIB40基因组中有149个细胞色素P450基因，而烟曲霉和构巢曲霉分别只有65个和102个细胞色素P450基因。这些特征使米曲霉附有了一些独特的生物学特征。米曲霉RIB40菌株的全基因组测序工作，不仅为食品发酵行业米曲霉发酵带来了基因学的研究基础，提高生产效率和成品质量，同时也为研究真菌曲霉病提供了重要的线索。

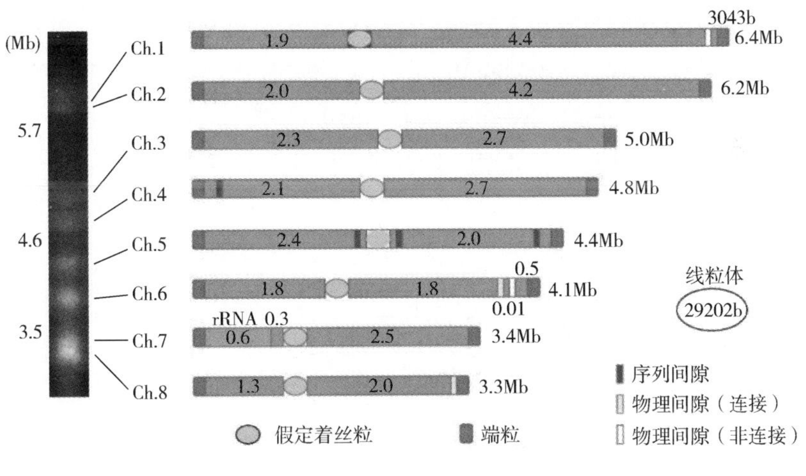

图4-4 米曲霉RIB40全基因组图谱

2. 米曲霉3.042和米曲霉100-8（第二代测序）

高通量基因组二代测序技术，可以在较短时间内获得微生物菌株的全部基因组信息，与第一代测序比较，工作量大大降低。2012年，本课题组采用第二代测序技术对米曲霉3.042和米曲霉100-8的全基因组进行了测序，方法是结合Solexa/Illumina和454/Roche两个测序平台完成的，保证测序数据更加精准。具体操作方法：前处理采用机械物理法（nebulization）将DNA打碎成500bp的Pair-End文库，使用phusion聚合酶进行PCR扩增建库，测序数据库先用氢氧化钠变性，再用杂交缓冲液进行稀释之后加入到Illumina GAIIx流通板中，上机进行Solexa/Illumina高通量测序。8kb的Mate-Pair文库上机进行454/Roche高通量测序，测序覆盖度达到100倍以上，保证90%Solexa和454测序读长的Phred质量≥20。用CABOG的sffToCA软件探究454测序的重复率，并且用FastQC评价序列的质量。经过测序的基因组数据用Newbler和SOAP软件整合，拼装为基因组。

米曲霉3.042的基因组高通量测序倍数为100倍，Illumina-Solexa测序的Pair-End数据库和Mid-Pair数据库分别产生了16393809个读长（2×100bp，3.2Gb）和1219961的读长（2×100bp，243.9Mb）。454总共产生了608529个原始序列，碱基总计为224274251bp，这些读长的重复率（duplication level）为2.71%。其中读长分配在40~905bp，88%的读长分布在200~500bp，读长的平均长度是368.6bp。这些读长拼装之后得到了226个片段，其中最小片段长度为228bp，最大片段长度为1461113bp，平均片段长度为161842.8bp，总长度为36.5Mb。预测得到11399个基因模型和243个tRNA基因。

米曲霉100-8的基因组高通量测序倍数为100倍，Illumina-Solexa测序的Pair-End数据库和Mid-Pair数据库分别产生了12874408个读长（2×100bp，2.4Gb）和1134139的读长（2×100bp，226.8Mb）。454总共产生了408267个原始序列，碱基总计为142142458bp，这些读长的重复率为8.6%。其中读长分配在40~1041bp，79.6%的读长分布在200~500bp，读长的平均长度是348.2bp。这些读长拼装之后得到了210个片段，其中最小片段长度为1056bp，最长片段为1339760bp，平均长度为175091.7bp，总长度为36.7Mb。预测得到11187个基因模型和243个tRNA基因。

3. 米曲霉比较基因组学

米曲霉RIB40、米曲霉3.042和米曲霉100-8的基本特征归类如表4-1所示。

表4-1 米曲霉基因组特征比较

基因组特征	米曲霉RIB40	米曲霉3.042	米曲霉100-8
染色体大小/Mb	37.6	36.5	36.7
GC含量/%	48.2	48.3	48.3
ORF数量	12074	11399	11187
tRNA基因	273	243	243

通过MAUVE（版本2.3.1）比较全基因组后，发现米曲霉沪酿3.042、米曲霉100-8和米曲霉RIB40菌株之间有很多的同源区域块，如图4-5所示，有颜色的框

代表米曲霉描述一致的线性区域（LCBs）。该区域边缘代表由于重组、插入或倒转导致的片段重排。连接LCBs的垂线指示了染色体区域间的相似性。图上面的数字代表了核苷酸的位置信息。MUMmer分析显示虽然米曲霉沪酿3.042、米曲霉100-8和米曲霉RIB40之间有间隙、异位和（或）染色体倒转的情况存在，但是米曲霉沪酿3.042、米曲霉100-8和米曲霉RIB40菌株的基因组共线性良好（图4-6）。经过序列检测，一些间隙和（或）染色体倒转与基因组的整体和连续性相关联。从左下到右上的红线表示了正相关的线性匹配度。而左上到右下的蓝点表示负相关的线性匹配。该图中的共线性点和MUMmer分析找到的匹配基因一致。

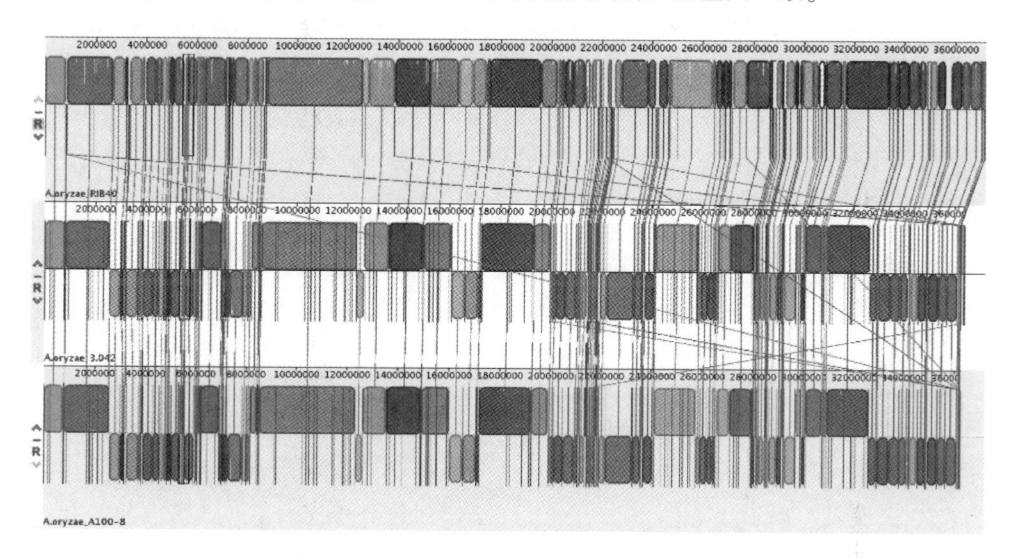

图4-5　MUMmer分析米曲霉基因组的相似性

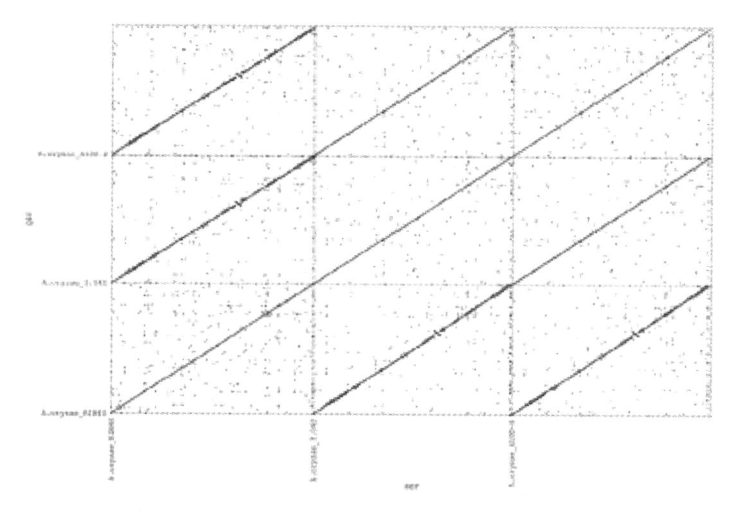

图4-6　米曲霉基因组的共线性比较

米曲霉3.042和米曲霉RIB40全基因组比较发现，两株菌存在部分基因的差异。米曲霉3.042菌株中的特异性酯酶（Ao3042_06598）既水解也可以合成酯键。同时，在米曲霉3.042菌株中特异性醛/酮还原酶（Ao3042_05141）能够催化醛类的减少和酮转变为醇。在酱油发酵过程中，微生物通过分解氨基酸或肽类化合物可以使风味物质得到平衡。米曲霉3.042特异基因编码的D-氨基酰化酶（Ao3042_01621）一直被工业中用来生产D-氨基酸。米曲霉RIB40中的硒代半胱氨酸裂解酶（AO090120000084）可以专一的将硒代半胱氨酸分解成丙氨酸和元素硒。米曲霉RIB40的丝氨酸*O*-乙酰转移酶（AO090012000151）是半胱氨酸生物合成的重要酶类。米曲霉RIB40编码的3-羟基苯甲酸氧合酶HAAO（AO090102000066）参与色氨酸新陈代谢，预苯酸脱水酶（AO090009000693）和苏氨酸合酶（AO090038000224）也分别参与苯基丙氨酸和苏氨酸的新陈代谢。通过对米曲霉3.042和米曲霉RIB40菌株特异基因的比较可知，米曲霉3.042和米曲霉RIB40在发酵过程中对不同类型氨基酸的代谢量不一样。由醇和氨基酸反应生成的酯类物质也会有差别。由不同特异基因所编码产生的醇、氨基酸、酯类化合物的不同比例必然会导致其所发酵出的酱油风味的差异。

4. 米曲霉蛋白酶分泌机制

米曲霉能分泌大量的复合酶系，尤其是蛋白酶。掌握蛋白酶的分泌机制，实现米曲霉蛋白酶的合理调控，对于酱油的实际生产意义重大。通过米曲霉3.042和突变菌株米曲霉100-8的全基因组和转录组比较分析，对偏酸性蛋白酶的基因调控机制做出了如下推断。

在真核生物中，一部分蛋白酶的分泌是由环境pH条件刺激决定的。在这个途径中Pal家族蛋白具有重要的调控作用，包括PalA、PalB、PalC、PalF、PalH和PalI。PalH和PalI分别有7个和4个假定转膜域，定位在细胞质膜上，是环境pH的感受体。PalA蛋白结合到两个YPXL/I基序，位于PacC信号蛋白酶的两侧，识别pH信号，与PacC相互作用，PacC由PalB单个水解步骤激活。PacC未水解前分子质量以72ku存在，称其为$PacC^{72}$。

在碱性条件下，$PacC^{72}$被环境pH激活，先被水解为$PacC^{53}$，然后再被水解为$PacC^{27}$，而在酸性条件下，$PacC^{72}$直接水解为$PacC^{27}$。有人认为$PacC^{53}$在碱性条件下起重要作用。PacC转录子和PacC蛋白在碱性条件下时多于酸性条件。$PacC^{72}$变成$PacC^{53}$和$PacC^{27}$使碱性基因大量表达，酸性基因很少表达或根本不表达。有人报道在真核生物中，GATA因子结合（A/T）GATA（A/G）基序，GATA因子可能与PacC结合对其起抑制作用。

通过米曲霉3.042基因Ao3042_04436和米曲霉100-8基因AO1008_10425与NCBI数据库中的其他物种亲缘性比较后发现，这对基因为GATA因子6，功能未被验证。因此，推测造成米曲霉100-8酸性蛋白酶增多的原因就是由于A碱基插入到GATA因子6中，致使GATA因子基因的序列出现移码，因此没有GATA因子的结合作用导致了$PacC^{72}$能够直接降解为$PacC^{27}$，$PacC^{53}$生成较少，PacC的pH调控被破坏，诱导酸性蛋白酶大量产生（图4-7）。正常情况下，由于GATA因子的作用，结合到$PacC^{72}$上面，使得$PacC^{72}$的结构较为紧密，当在碱性条件时，$PacC^{72}$水解为$PacC^{53}$，然后才有少部分水解为$PacC^{27}$。但是，当GATA因子功能弱化以后，$PacC^{72}$的结构不会因为GATA因子的结合而紧密，很容易直接水解为$PacC^{27}$结构，$PacC^{27}$调控几种酸性蛋白酶基因的大量表达。转录组的研究发现，9个酸性蛋白酶基因的表达量明显升高，p*I*为6.3的2个碱性蛋白酶表达量明显下降。

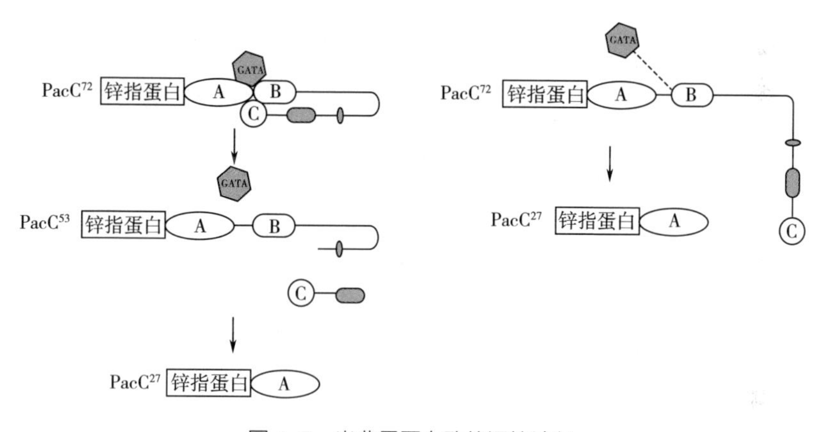

图4-7　米曲霉蛋白酶的调控途径

第二节　酵母与风味

一、酱油中的酵母

酵母是酱油及酱类发酵生产中的重要微生物，能够在酱油酿造过程中代谢产生醇、醛、酸、酯、酚、呋喃酮等丰富的风味物质，是酱香形成的重要微生物。由于酱油发酵的特殊高盐性，常见的面包酵母、酿酒酵母等均不适宜在高盐酱醪中生长繁殖，但大自然的进化仍然馈赠了许多的酵母来帮助酿制美味的酱油。在酱油酿造过程中不同的阶段涌现出的酵母种类存在差异，而这也充分表现出了耐盐酵母的多样性。根据前人研究发现，酱醪中的耐盐酵母主要有三群，分别为①制醪初期没有酒精发酵能的杂酵母如假丝酵母；②酒精发酵旺盛成为主发酵的鲁氏酵母；③参与酱醪后熟作用赋予酱油特定香气成分的球拟酵母。曲中的杂酵母耐盐性差，制醪 20d 左右即死亡。耐盐酵母最重要的为鲁氏酵母和球拟酵母。

酵母不仅可以改善酱醪风味，而且可以防止酱油的过度褐变。曲霉降解淀粉、半纤维素生成葡萄糖和戊糖，戊糖越多，酱醪越容易褐变。酱醪发酵阶段，酵母发酵旺盛，可以利用转化戊糖，木糖、阿拉伯糖等戊糖显著减少。酵母还可以减少发酵过程中的褐变中间体物质的含量。褐变反应在一定程度上受到抑制。

1. 鲁氏酵母

鲁氏酵母（*Zygosaccharomyces rouxii*），细胞呈球形，单一存在或两个连接，细胞大小 5. 2～11. 2μm，奶油色，表明隆起有皱。可发酵葡萄糖和麦芽糖，而不发酵蔗糖、棉子糖和乳糖。鲁氏酵母在无盐条件下，可以发酵葡萄糖和麦芽糖，但是在 18%食盐的条件下，可以发酵葡萄糖，而不能发酵麦芽糖。鲁氏酵母可以在水分活度 A_w＝0. 787～0. 81，食盐 24%～26%（渗透压 15. 2～16. 7MPa），葡萄糖 80%（渗透压 22. 3～26. 3MPa），蔗糖 80%（渗透压 18. 2～22. 3MPa）条件下生长。无盐条件下，鲁氏酵母生长温度为 20～35℃，当在 18%含盐量条件下，其生长最高温度变为 40℃。鲁氏酵母在普通培养基上，pH＝3～7 范围内可以生长，当在 18%食盐条件下，pH＝4. 0～6. 5 范围内生长良好，食盐浓度越高，生长 pH 范围越小。

大豆中含植酸钙镁及肌酸磷酸脂质，经曲霉分解，可以供鲁氏酵母增殖。鲁氏酵母主要作用是进行酒精发酵，还有各种酯类、甘油及多元醇的生成。鲁氏酵母可以通过氨基酸的艾氏途径生成高级醇，如异丁醇、异戊醇、甲硫醇、苯乙醇等，其中 α-酮酸是关键中间体。艾氏途径是甲硫醇生成的唯一途径。鲁氏酵母在某种情况下可以发酵形成酱油的重要风味物质：4-羟基-2(5)-乙基-5(2)-甲基-3(2H)呋喃酮（HEMF）和 4-羟基-2，5-二甲基-3(2H)-呋喃酮（HDMF）。这两种风味具有甜的和焦糖味的香味，通过美拉德反应也可以生成。

鲁氏酵母还可以促进酱油形成琥珀酸、糠醇。肌醇可以促进鲁氏酵母的生长，是一种促进物质。糠醛、香草醛、香草酸、酪酸、丙酸、对苯二酚、醋酸、乙酰丙酸、原儿茶酚、甲酸等物质可以抑制鲁氏酵母的生长，抑制作用逐渐降低。

2. 易变球拟酵母

球拟酵母属与假丝酵母属同属隐球酵母科，细胞为球形、卵形或略长形，生殖方式为芽殖，无假菌丝，无色素，有酒精发酵能力。由于酵母分类学的进步，易变球拟酵母种名称有所改变，1984 年以前称 *Torulopsis versatilis*，1984 年以后改为 *Candida versatilis*。易变球拟酵母能发酵多种糖，而且在高盐度条件下，也能缓慢发酵。球拟酵母可以在水分活度 Aw = 0.84 ~ 0.975，食盐浓度 24% ~ 26% 条件下生长。无盐条件下，球拟酵母生长温度为 20 ~ 30℃，当在 18% 含盐量条件下，其生长最高温度变为 35℃。球拟酵母在 18% 盐度下，pH = 3 ~ 7 范围内都可以生长，而在 pH = 4.0 ~ 4.5 范围内生长最好，pH = 5.0 以上逐渐弱化。球拟酵母对盐度不敏感。球拟酵母好气性强，酱醪发酵阶段需进行搅拌。易变球拟酵母对硫胺素和生物素的要求是绝对的，对肌醇的要求因食盐浓度增大而增加。

发酵初期的多型假丝酵母可以将葡萄糖生成 D-阿拉伯醇和赤藓醇。后熟阶段，易变球拟酵母在好气条件下，高浓度食盐培养基中可从葡萄糖生成大量的甘油，D-甘露醇。球拟酵母生成的主要香气成分为 4-乙基愈创木酚（4-EG）、4-乙基苯酚（4-EP）和苯乙醇。4-EG 和 4-EP 是小麦的木质素、苷元在制曲过程中所生成的中间体阿魏酸及香豆酸，经过球拟酵母发酵而成的。

二、酵母基因图谱

1. 鲁氏酵母基因图谱

鲁氏酵母存在至少两种不同的基因组类型。其中一种是单倍体型鲁氏酵母，如浓缩黑葡萄汁中分离的鲁氏酵母 CBS 732。2000 年有报道称，鲁氏酵母 CBS 732 有 7 条长度约为 1.0 ~ 2.75Mb 的染色体（图 4-8），总共长度为 12.8Mb，基因阅读框无内含子。从 4934 个 1kb 的随机测序标签中发现 2250 个基因，57 个 tRNA，pSR1 质粒，和 15 个线粒体基因。2009 年，采用全基因鸟枪法第一代测序技术，对鲁氏酵母 CBS 732 进行了精确测序，纠正了鲁氏酵母 CBS 732 的基因长度为 9.8Mb，4992 个编码基因，272 个 tRNA，5 个 snRNA，44 个 snoRNA，1 个 rDNA 集位于染色体臂内部。

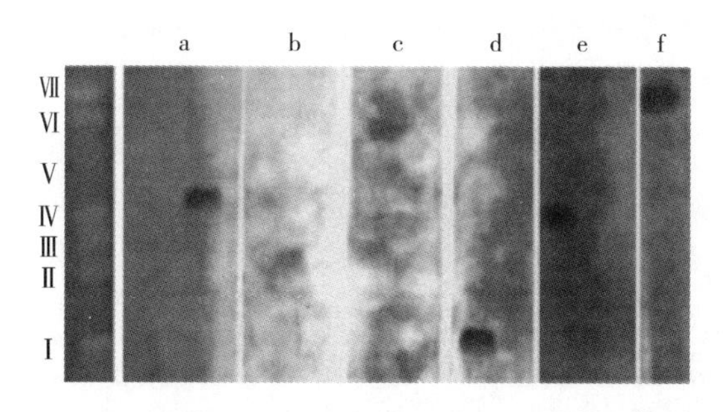

图 4-8 鲁氏酵母染色体的分离及基因探针染色体杂交

鲁氏酵母的另一种基因组类型是异源多倍体杂种，如味噌酱中分离的鲁氏酵母 ATCC 42981。鲁氏酵母 ATCC 42981 有两套功能基因参与甘油的生成，这些基因有助于异源多倍体鲁氏酵母菌株在高渗透压环境下生存。鲁氏酵母 ATCC 42981 有八条染色体，包含两套核糖体 RNA 序列，其中一套与鲁氏酵母 CBS 732 的 ITS1-ITS2 和 26S D1/D2 区域相同，而另一套与 *Zygosaccharomyces pseudorouxii* 高度相似。鲁氏酵母 CBS 732 的大多数基因组区域以一对二的方式映射到 ATCC 42981 的成对区域，其中一个 ATCC 42981 区域对 CBS 732 具有 97%~100%序列相似度，另外一个区域具有 80%~90%的序列相似度。推断鲁氏酵母 ATCC 42981 是由 *Z. rouxii* 和 *Z. pseudorouxii* 种间杂种形成的，其基因组还没有发生变异。

2017 年，采用了第二代高通量测序技术对味噌酱中分离的鲁氏酵母 NBRC 1876 进行全基因组草图的测序。采用罗氏 454 测序平台测序，一共产生了 62 个非冗余的骨架，包含 482 个片段。鲁氏酵母 NBRC 1876 也是异源多倍体菌株，基因组大小为 19.4Mb，比鲁氏酵母 CBS 732 大了整整一倍。

2. 易变球拟酵母基因图谱

采用第二代高通量测序平台 454/Roche 和 Solexa/Illumina 测序，得到易变球拟酵母基因组大小为 9.7Mb，G+C 含量为 39.74%，共 4711 个编码基因，269 个 tRNA。其中 2201 个蛋白功能已知。易变球拟酵母的基因组长度比酿酒酵母的小，酿酒酵母的基因组长度为 12.1Mb。易变球拟酵母含有阿魏酸脱羧酶（FDC1）和 4-乙基愈创木酚还原酶（VRD1）基因，可以将阿魏酸转化为 4-EG 风味物质，但是鲁氏酵母基因组中没有这两个基因，解释了鲁氏酵母不能生成 4-EG 风味物质的原因。

三、酵母选育与风味提升策略

1. 常规诱变技术

常规诱变技术如紫外线和化学试剂诱变最常用。通过对酵母突变株的选育及应用，可以在某种程度上实现酱油风味的提升。例如，选育氨基酸生物合成酶活性增强的鲁氏酵母突变株，可以通过氨基酸生物合成途径增加酱油中高级醇的含量。选育高产苯乙醇、异戊醇、甲硫醇的鲁氏酵母突变株等。

2. 全基因组重排技术

全基因组重排技术，是一种新的分子育种方法，是分子定向进化在全基因组水平上的延伸，它将重组对象从单个基因扩展到整个基因组，可以在更加广泛的范围内对菌种的目的形状进行优化组合。

例如，天津科技大学利用全基因组重排技术筛选高耐盐性的易变球拟酵母，提高菌株耐盐性能，并提升酱油风味水平。全基因组重排方法如下。

第1轮全基因组重排：以经过甲基磺酸乙酯（EMS）或其他手段诱变后能在含盐量18%平板上生长的所有易变球拟酵母菌株作为亲本，进行第1轮原生质体融合。融合后的菌株在YPD平板中再生，在含盐量18%的YPD平板上，30℃培养5d。收集平板上长出的所有菌株，进行第2轮基因组重排。

第2轮全基因组重排：以经过第1轮融合后能在最高含盐量平板上生长的所有菌体为亲本，进行第2轮原生质体融合，再生后涂到含盐量18%的YPD平板上，30℃培养5d。收集在平板上生长的菌株，进行第3轮基因组重排。

第3轮全基因组重排：以经过第2轮融合后能在含盐量18%的平板上长出的所有菌体作亲本，进行第3轮原生质体融合，再生涂到含NaCl 18%的YPD平板上，30℃培养5d。收集在平板上生长的菌株进行活化筛选。

3. 常压室温等离子体诱变

常压室温等离子体诱变（ARTP）是一种改变鲁氏酵母生物化学特征的有效手段。采用100W的射频电源输入，将等离子炬喷嘴出口与试样板之间的距离调节为2mm，处理时间30~70s，时间间隔为10s。每次处理后，用蒸馏水洗涤酵母细胞，合理稀释后，涂布于含盐量18%的YPD固体培养皿上生长，30℃培养3d，然后转接入含有含盐量18%的YPD液体培养基，30℃，180r/min，培养2d，测菌体RNA的含量。挑选RNA含量升高的鲁氏酵母菌株，采用两个阶段发酵的策略，鲁氏酵母突变体S96展示了高盐度下更好的发酵特性，香气化合物主要在发酵第一阶段合成。在第二阶段，富含RNA的生物质大量产生，S96的RNA含量升高160.54%，通过热处理使磷酸酶失活，最终获得了68.54mg/L的IMP和89.37mg/L的GMP。通过ARTP诱变手段获得的突变体S96菌株发酵的酱油，其关键风味物质、有机酸、5′-核苷酸的含量显著升高。

4. 酵母的固定化

除了突变菌株的选育，酵母菌株的固定化也是短期内风味提升的有效手段。1993年有报道称，以海藻酸钠做载体，氯化钙为增强剂，包埋产酯酵母获得固定化细胞，最优发酵工艺条件下，乙醇产量提高400倍，且发酵的酱油酱香浓郁。酵母在高渗透压环境下能通过一种渗透调节系统缓解高渗胁迫。相容性溶质可以作为渗透压保护物质保护酵母，相容性溶质可以稳定细胞膜结构，维持酶的稳定性和缓解高渗透压环境对酶的抑制作用。甘油是酵母的主要相容性溶质之一。有人研究，由于固定酵母发酵作用有限，因此取一定量的甘油与鲁氏酵母按照一定比例混合再与3%的海藻酸钠溶液混匀，与5%的氯化钙混合制备凝胶颗粒。甘油和鲁氏酵母的固定化有效提高了鲁氏酵母耐盐能力，并缩短了鲁氏酵母的延滞期。高盐稀态发酵酱油发酵试验组蛋白质转化率提高 2.2%~5.6%，头油中理化指标平均提前 15d 达到空白组相同水平。

固定化技术效率高，固定化载体发展迅速，除了上述提到的海藻凝胶，还有如圆柱陶瓷、陶瓷颗粒、磁性壳聚糖微球，聚乙烯醇和固定化酵母流化床生物反应器等。固定化手段可以将酵母数量提高 100 倍，乙醇产量提高 5~10 倍，酱醪发酵时间大大缩短。多项实验证明，固定化酵母细胞可以有效增加酱油的香气，提高酱油的品质。

四、酱油活性干酵母

目前，一些较大型的酱油及酱类酿造工厂采用自培方式向酱醅中添加酵母，取得了较好的使用效果，但总体上存在菌种性能良莠不齐、操作繁琐、费工费力、生产稳定性差等缺点。还有较多酱油及酱类酿造企业，由于缺少相关的菌种选育及酵母培养条件，而不能将酵母应用到实际生产中。

1. 酱油活性干酵母定义

以糖蜜、葡萄糖和淀粉质为原料，经发酵培养的鲁式酵母或球拟酵母，添加（或不添加）适当的载体经过脱水、干燥、包装制得的用于酱油发酵的活性干菌体。

2. 酱油活性干酵母的基本工艺流程

菌种保藏管→斜面菌种培养→一级液体种子 F 瓶培养→二级液体种子卡氏罐培养→发酵罐种子培养→发酵罐深层流加培养→洗涤分离→干燥造粒→活性检测→成品包装

3. 酱油活性干酵母的特性

以市面上在售安琪酱油活性干酵母为例进行分析研究（表 4-2、表 4-3 和表 4-4）。

表 4-2 感官特性

项目	指标
色泽	灰白色、黄色或棕黄色
气味	具有酵母特殊气味，无腐败，无异臭味
杂质	无异物
形状	颗粒状、粉状或条状

表 4-3　理化特性

项目	指标
水分/%	≤8.0
铅（以 Pb 计）/(mg/kg)	≤1.5
总砷（以 As 计）/(mg/kg)	≤2.0
酵母活细胞数/(亿/g)	≥150.0
沙门氏菌/25g	不得检出
金黄色葡萄球菌/25g	不得检出

表 4-4　生理特性

项目	指标
耐盐性/%	≥18.0
适宜 pH	4.0~5.5
活性温度范围/℃	15.0~42.0
最适生长温度/℃	28.0~35.0
致死温度/℃	60℃条件下 10min
保藏周期	12 个月
保藏性能	适宜-18.0~4.0℃低温条件下储存

从目前主流酱油活性干酵母制作工艺看，鲁氏酵母和球拟酵母在培养周期及干燥工艺上较面包酵母和酿酒酵母更为复杂和困难，同时对干酵母的储藏环境有了更高的要求，室温及高温环境下活细胞数会有一定程度下降。

4. 酱油活性干酵母的活细胞数测定

（1）适用范围　适用于酱油活性干酵母酵母活细胞数的测定。

（2）原理　活酵母能将进入细胞的次甲基蓝染色液立即还原脱色，不被染色，而死酵母被染成蓝色，通过显微镜观察即可计算活细胞数。

（3）仪器　显微镜（放大倍数 400 以上），血球计数板，血球计数板专用盖玻片，分析天平（精确度 0.1mg），恒温水浴（控温精确度±0.5℃）。

（4）试剂和溶液　无菌生理盐水：0.85%的氯化钠溶液。

次甲基蓝染色液：将 0.025g 次甲基蓝，0.042g 氯化钾，0.048g 六水氯化钙，0.02g 碳酸氢钠，1.0g 葡萄糖加无菌生理盐水溶解，并定容至 100mL，密封，室温保存。

（5）操作步骤　称取适量样品（0.1±0.01）g，精确至 0.0002g，准确加入

35~38℃无菌生理盐水 20mL，不间断的振荡 15~20min。

将活化液振荡均匀，取酵母活化液 0.1mL 至一试管中，加入染色液 0.9mL，摇匀，室温下染色 10min，在染色过程中也要不间断震荡。

将盖玻片置于血球计数板计数室上，使之紧紧盖在血球计数板上。取 0.02mL 染色后的菌液于血球计数板和盖玻片结合处，让菌液自动吸入计数室。菌液中不得有气泡，静置 1min 后，用显微镜观察计数。

用 10×接物镜和 10×接目镜找出方格后，换用 40×接物镜，调整微调至视野最清晰，开始计数，当细胞处于方格线上时，计数原则：数上不数下，数左不数右。计出芽时，超过母细胞的二分之一者按细胞计，小于二分之一者忽略不计。染为蓝色的为死细胞，无色的为活细胞，只计活细胞数。

（6）结果计算　每克样品中活细胞数按下式计算：

$$X_1 = \frac{A \times 400 \times 10^4 \times 20 \times 10}{m \times N \times 10^8}$$

式中　X_1——每克样品中活细胞数，亿个/g；

A——所数小格内活细胞数，个；

m——称取样品的量，g；

N——所数小格数，个。

（7）结果的允许差　取平行测定结果的算术平均值为测定结果，平行测定结果的最大差值不得超过其算术平均值的 5%。

（8）注意事项　在显微镜下观察细胞形态如下：细胞卵圆形或椭圆形，大小为（5~7.5）μm×（7.5~10）μm，胞内可看到明显的细胞核。

计数板通常有两种规格：一种是 1 大格中有 16 中格，1 个中格又分 25 个小格，即 16×25 规格，用这种规格计数板，取左上、左下、右上、右下四个中格（即 100 个小格）进行计数。另一种是 1 个大格分为 25 个中格，一个中格分为 16 个小格，即 25×16 规格，用这种计数板，则除了左上、左下、右上、右下四个中格外，还需加中央的一个中格（即 80 个小格）进行计数。

对每个样品重复计数三次，取其算术平均值。

盖玻片放置好后不要滑动，否则细胞也会移动，滴注后计数时须处于水平状态。

5. 酱油活性干酵母的活化

自然状态的酵母细胞含水量达 78%左右，而高活性干酵母含水分仅 4.5%~8.0%，此时的酵母细胞处于一种休眠的状态，要使其恢复生理活性，必须让其复水活化以达到正常的含水量。

复水活化的温度会影响酵母细胞的活性，高活性干酵母在干燥过程中细胞膜变成了特殊的多孔状结构，有些甚至受到了损伤，因而在复水过程中容易引起细胞物质的渗透流失，适宜的复水温度（30~35℃）会在酵母细胞周围形成一层均匀的半透明膜，可保持细胞内物质不致流失。若温度过低，则形成半透明膜的速度缓慢，影响细胞活性；若温度过高，则会导致酵母细胞早衰，从而影响以后的发酵活力。

酱油活性干酵母使用前的活化对酵母活性的恢复至关重要，酵母的活化质量主要与以下几个指标息息相关。

（1）活化液　活化液成分为5%（*m/V*）葡萄糖粉、10%（*V/V*）酱油原油；活化液用量为酱油活性干酵母的10~20倍。

（2）活化温度　酱油活性干酵母的适宜活化温度为30~33℃。

（3）活化时间　酱油酵母的活化时间为60~120min，前30min酵母活化过程较剧烈、产气较多，需保持适量通气或搅拌。活化终点以大量产气和泡沫而不溢出为准。

（4）活化设备　活化设备建议一般用通气搅拌式发酵罐或者不锈钢桶。

（5）注意事项　添加酱油活性干酵母后适度通风对于酵母生长和维持醪液中酵母数较为重要，同时抑菌剂的存在对酱油酵母有极大的增香抑制作用。

6. 酱油活性干酵母在酱油二次发酵中的应用

二次发酵主要针对发酵时间较短的酱醅，如低盐固态酱油或者发酵品质不佳的酱油，主要目的在于强化发酵、提升酱油综合品质。

结合低盐固态发酵温度高的特点，在传统发酵工艺结束后，添加酵母二次发酵以强化发酵提升酱油风味质量。也可以通过市售的酱油活性干酵母进行快速添加、启动，一般干酵母添加量在0.5‰~1‰（*m/m*）（图4-9）。

低盐固态工艺得到的原油（不含防腐剂）先进行高温灭菌处理，然后加入3%~6%的葡萄糖，保证酱醅中葡萄糖终浓度在6%以上即可，待降温到30~35℃时加入活化后的酱油活性干酵母，保持发酵温度30~33℃维持30d即可。在酱醅二次发酵前10d保持通风确保混匀和供氧，之后20d为主发酵期，可停止通风保温发酵直至结束。随着发酵过程的进行，酱油的醇香、酱香香气逐渐突出。

图4-9　酱油酵母在酱油二次发酵中的应用

第三节　乳酸菌与风味

一、酱油中的乳酸菌

天然酿造酱油的酱醪中存在大量耐盐乳酸菌，可以产生乳酸，不仅可以抑制腐败菌和致病菌等有害细菌的生长，而且是酱油特殊的风味物质之一，对酱油风味的形成发挥了至关重要的作用，使酱油味道柔和、芳香绵长。乳酸菌在酱油酿造过程中，有益作用非常广泛。乳酸可以与乙醇反应，生成乳酸乙酯，进一步提升酱油的香气。乳酸可以抑制杂菌的生成。乳酸能掩盖酱油咸味的刺激，使酱油滋味变得圆润醇厚。接种乳酸菌酿造的酱油，色泽鲜艳明亮，有助于提升酱油的红亮度。据报道，发酵1个月的酱醪，乳酸菌最大含量为10^8个/g，酱油乳酸含量达1.5g/100mL。酱醪中的乳酸菌，不断产生乳酸等有机酸，使pH缓慢下降至5.0左右，酵母即处于最适pH条件下，迅速繁殖，进行酒精发酵，进而形成更多种风味物质。酱油中的乳酸菌对酱油的香气、滋味和色泽发挥着相当大的作用。酱油酿造过程中常见乳酸菌有嗜盐四联球菌、植物乳杆菌等。

1. 嗜盐四联球菌（酱油片球菌、嗜盐片球菌）

1907年，第一次报道了酱醪中四个一组的球菌，由于当时技术条件落后，具体详细的报道没有进行。直到1958年，这些嗜盐的四个一组的球菌才被命名为酱油片球菌（*Pediococcus soyae*）。但是，很快又被重新分类，命名为嗜盐片球菌（*Pediococcus halophilus*）。1990年，经过16S rRNA测序分析，该微生物又被命名为嗜盐四联球菌（*Tetragenococcus halophilus*）。研究者们发现，不同的嗜盐片球菌具有糖利用能力等差异，但是测序鉴定后却存在一致性。2012年，比利时学者发现高盐和高糖环境来源的嗜盐四联球菌在生理学和遗传学上的特征有明显差异。遗传学特征通过随机扩增多态性DNA指纹图谱和16S rRNA基因测序都发现差异性。随后通过DNA-DNA杂交发现二者有79%~80%的相关性，证明他们来自同一个物种。最后，基于表型和基因型的不同，将两种嗜盐四联球菌分为两个亚种：来自高盐环境的嗜盐四联球菌命名为*T. halophilus subsp. halophilus subsp. nov.*，来自高糖环境的嗜盐四联球菌命名为*T. halophilus subsp. flandriensis subsp. nov.*。

嗜盐四联球菌，革兰染色阳性，还原硝酸盐，接触酶阳性，最适生长温度25~30℃，最适生长pH5.5~9.0，接近中性生长最好，耐酸性不强，pH5.0以下受抑制，兼性厌氧菌，不能发酵淀粉、木糖等物质产酸。嗜盐四联球菌在水分活

性 A_W 为 0.94~0.99 下可以存活，0.94 以下，生长逐步受到抑制。在食盐浓度 50~100g/L，具有良好的耐盐性。耐盐性较鲁氏酵母和球拟酵母弱，食盐浓度达到 24%仍能生长。在 50%葡萄糖、60%蔗糖培养基中也能很好地生长。嗜盐四联球菌是酱油发酵过程中的主要产酸菌，是酱醪成熟重要的乳酸菌，已经广泛应用于酱类生产。

到目前为止，有 18 株嗜盐四联球菌的基因组完成了测序工作，基因组大小为（2.47±0.11）Mb，有（2425±110）个编码基因，GC 含量介于 35.6%~36.3%，全基因组分析发现嗜盐四联球菌有一个或没有质粒。

嗜盐四联球菌很有可能是酱油酿造过程中生物胺有害物生成的主要微生物。生物胺如组胺、酪胺、尸胺、腐胺、β-苯乙胺分别来自于组氨酸、酪氨酸、赖氨酸、鸟氨酸、苯丙氨酸等相应氨基酸的脱羧反应。但是嗜盐四联球菌中没有发现相应的脱羧酶基因，氨基酸脱羧酶基因还有待进一步研究。

2. 其他乳酸菌

酱醪中的乳酸菌除了嗜盐四联球菌，还有人检测到短乳杆菌（*Lactobacillus brevis*）、乳酸片球菌（*Pediococcus acidilactici*）、肠膜明串珠菌（*Leuconosioc mesenteroides*）、酸鱼乳杆菌（*L. acidipiscis*）、香肠乳杆菌（*L. farciminis*）、戊糖乳杆菌（*L. pentosus*）和植物乳杆菌（*L. plantarum*）等。尤其是低盐发酵酱油中乳酸菌的多样性更加丰富。酱油酿造过程中，适当地接入人工培养的乳酸菌，对于酱油风味的提升具有良好的作用。酱油中乳酸含量为 1.5mg/mL，则酱油质量较好，乳酸含量在 0.5mg/mL，酱油质量较差。乳酸菌还可以与醇类、呋喃酮类物质形成酯类，如乳酸乙酯、乙酸乙酯等，构成酱油的香味重要成分。

二、酵母与乳酸菌共酵

酱油酿造过程中，发酵初期，首先嗜盐四联球菌生长繁殖，随着嗜盐四联球菌的乳酸发酵，酱醪 pH 下降，诱导、促进了鲁氏酵母的生长繁殖；当鲁氏酵母处于主发酵期，发酵旺盛阶段，酱醪中的乳酸菌急剧降低；发酵后期，随着鲁氏酵母逐渐被球拟酵母所代替，这时候会出现少量乳酸菌。日本野田学者提议：发酵前期到低温期的 25~30d 内添加 10^6 个/g 耐盐乳酸菌；酱醪 pH 降低到 5.0 时添加鲁氏酵母 10^6 个/g；球拟酵母在发酵后期的低温期中间阶段添加 10^5 个/g。研究发现，维生素 B_6 对耐盐乳酸菌的生长产酸影响最大，而鲁氏酵母和球拟酵母都可以提供足够的维生素 B_6。

耐盐乳酸菌可以明显促进球拟酵母的生长。当耐盐乳酸菌和球拟酵母添加量为 10^4 个/mL，对于乳酸菌和球拟酵母生长都较为有利。单独添加酵母的培养液产酸量高，pH 下降速度较快，而单独添加乳酸菌的培养液 pH 下降速度较慢。添加耐盐乳酸菌可以有效控制总酸的增长趋势和 pH 的下降速度，耐盐乳酸菌和酵母共存时 pH 下降适中，有利于酱油酿造。而且，耐盐乳酸菌提高了还原糖的产生速度，适当增加了酱油无盐固形物含量，主要有机酸种类和含量均有不同程度的提高，酯类、4-EG、HEMF 等多种风味物质含量升高，使酱油色泽更加红亮，香气和味道更加鲜美。

鲁氏酵母与嗜盐四联球菌共发酵，鲁氏酵母可以抑制嗜盐四联球菌产生乳酸和醋酸的速度。鲁氏酵母降低了嗜盐四联球菌产生的 3，4-二甲基苯甲醛和醋酸含量。嗜盐四联球菌与鲁氏酵母共发酵，显著增加了苯甲醇的含量，可以减少鲁氏酵母产生的苯乙醇的含量，增加鲁氏酵母细胞膜的棕榈酸和硬脂酸含量，减少肉豆蔻酸、棕榈烯酸、油酸含量。共酵还有利于蛋白质的水解。将酵母与主要产酸的乳酸菌配合使用，可以有效提高酱油中酯类芳香物质含量。

第五章

酱油风味增鲜技术

世界公认的有四种基本味：酸、甜、苦、咸，都有其对应的代表物质。直到1985年的夏威夷鲜味研讨会上，鲜味（umami）被确定为第五种基本味。umami来自日语umami（うま味），这种独特的写法是由池田菊苗教授组合umai（うまい）“美味”与mi（味）“味道”而定的。研究学者经过了反复的论证，最终认定为是谷氨酸和5′-核苷酸的味道，最接近的描述是可口的、类似肉的、似清汤的丰满口感。人们在感官海带、蘑菇、鲣鱼、鸡汤都能品尝到鲜味，这些食物中鲜味的主要成分是琥珀酸、核苷酸，还有氨基酸等。其中，海带中存在大量的谷氨酸，蘑菇中含有大量的鸟苷酸，鲣鱼含有丰富的肌苷酸，鸡汤含有丰富的呈味多肽和氨基酸。

中国人对鲜味偏爱，市场上销售的各种调味品往往都会突出一个鲜字，因而各种鲜味增强剂如味精（MSG）、呈味核苷酸二钠（肌苷酸和鸟苷酸，I+G）等产品都具有较大的市场。随着生物技术的发展，科学家惊讶地发现，酵母——这种神奇的微生物，居然潜藏着大量的美味前体物质。其核酸（能有效降解为呈味鸟苷酸、肌苷酸）及蛋白质（能有效降解为呈味多肽和氨基酸）等美味前体物质异常丰富。人们还发现，将玉米进行酿造制成玉米酿造酱，对大豆等物质进行水解制成鲜味肽等，都可以带来独特的鲜味感受。随着科技的进步，越来越多的天然鲜味成分将会被发现。

随着人们对于鲜味的嗜好与不断追求，很长一段时间，通过使用外源添加物来弥补酱油发酵的不足，平衡酱油的风味，成为酱油勾调的发展趋势，且被人们所接受。

第一节　鲜味剂

由于鲜味特定味觉受体的发现，鲜味被认定为第五种基本味道。鲜味在日语中意味着美味，它也与“肉味”和“香味”的术语相近。美味或鲜味是用于描述肉类或肉类提取物、鱼类、海鲜产品以及番茄和蘑菇等蔬菜产品的味道，这些产品都是具有鲜味的食品。酱油中令人愉悦的鲜味主要来源于肽、氨基酸和其他味觉相关物质，如核苷酸。研究发现通过超滤获得的分子质量小于500u的风味化合物是酱油鲜味的主要原因。另外，在酱油中发现强烈的鲜味也可能是鲜味成分与其他风味物质之间相互作用的结果。

一、鲜味

味觉是人类味觉系统对唾液中溶解的食物中的分子和离子所产生的感觉。溶解的分子和离子可以与分布在整个舌头上的表面蛋白（味觉受体）结合，或与类孔蛋白（离子通道）相互作用，诱导味觉细胞内的电分子发生改变，随后通过第七、第九和第十脑神经向大脑发出化学信号，在那里感知到味觉。鲜味在许多传统食品，如酱油、干酪和亚洲其他发酵食品中早已被人们所认识。鲜味的两个重要特征是协同作用以及和其他口味的相互作用，如可以抑制苦味。除了味精，还发现了一系列物质，包括一些游离的L-氨基酸、双功能酸、多肽及其衍生物或反应产物，都可以产生鲜味。它们都是调味品必不可少的成分，使调味品既美味又健康，尤其是某些肽及其衍生物是获得优质产品必不可少的元素。

二、鲜味机制

五种基本味道由人体不同的受体识别。味觉受体的味觉表现，包括甜、苦和鲜味来自同一个家族的G蛋白偶联受体（GPCRs）。由于受体的结构和相应的下游效应子的不同，每种味觉可能通过不同的机制影响受体细胞。鲜味是由味觉与GPCRs的结合引起的。到目前为止，已发现人体的八种候选鲜味受体（图5-1）。包括异二聚体T1R1/T1R3，代谢型谷氨酸受体mGluR1（脑型mGluR1），mGluR4（脑型mGluR4），味型mGluR1味觉特异性亚型D，味型mGluR4，细胞外钙敏感受体（CaSR），GPCR的C类和6亚型A受体（GPRC6A），视紫红质类GPCR类A（GPR92，也称为GPR93或LPAR5）。除GPR92外，它们都属于C类GPCRs，遍布舌头甚至整个消化道和上呼吸道，表明它们在味觉和风味中具有生理学功能。

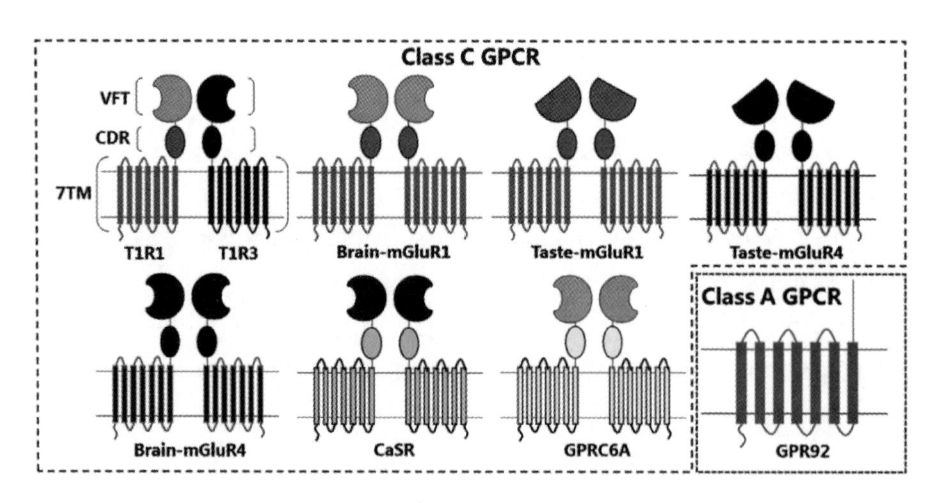

图5-1　八种候选鲜味味觉受体的基本结构

在分子动力学层面，研究人员证实了鲜味相乘的分子机制。他们发现在鲜味受体T1R1的跨细胞膜氨基末端（形状类似“捕蝇草”，具有开闭合构造，简称VFT）区域包含球形子域，子域由柔性铰链区联系在一起。谷氨酸与邻近的铰链区结合，当有核苷酸作为配体与靠近“捕蝇草”VFT开口处的位点结合，就会诱导VFT形成封闭构象，通过延长谷氨酸与T1R1受体的交互时间，也间接强化了由此引起更加强势的神经传导，从而使大脑感觉区域刺激程度加大，产生更高鲜度的感觉反应。

第二节 味精

L-谷氨酸（Glu）以游离态或者结合态的方式，广泛存在于食品中。传统上人们通常使用含有大量游离L-谷氨酸的食物（番茄，蘑菇和干酪等）来制作美味佳肴。谷氨酸天然存在于含有蛋白质的食物中，如肉类、家禽和牛乳。但是，只有呈L构型的游离氨基酸才具有增鲜增味特性，被广泛用作食品的增鲜剂，尤其是单钠盐形式的谷氨酸钠又称为味精（MSG），它具有典型的鲜味，被认为是第五种基本味道，非常类似于肉香或肉汤香。味精以白色晶体物质出售，类似于盐或糖的外观。它和许多含有天然鲜味成分的物质，添加到食品中作为不同层次消费者的风味增强剂。在食物或相关产品中添加味精已成为很多地区习惯的一部分。

一、味精的呈味机制

由于谷氨酸分子结构中存在不对称碳原子，因此在空间的立体构型上就有D-型和L-型之分，具有鲜味的谷氨酸钠属L-型，为天然产物，而D-型的谷氨酸钠则无鲜味。谷氨酸钠鲜味的产生，是由于α-NH_3^+和γ-COO^-两个基团的静电吸引，形成类似五元环结构而产生鲜味。谷氨酸钠的定味基是其分子两端带负电的功能团，如COOH、SO_3H、SH等。助味基是具有一定亲水性的α-L-NH_2、OH等。味精在pH为3.2（等电点）时，呈味最低；在pH为6时，鲜味最佳；在pH为7以上时，鲜味消失。即味精无论在酸性或碱性都会使鲜味降低。在酸性条件下，氨基酸的羧基成为—COOH，在碱性条件下，氨基酸的氨基成为—NH_2，两者均使氨基和羧基间的静电吸引减少，即形成外消旋化，因而鲜味降低或消失。一般情况下，谷氨酸钠具有使食品发出原有的自然风味的作用，其阈值为0.03%，几乎所有的动植物食品中都含有L-谷氨酸（表5-1），它是各种食品的基本呈味成分。

表 5-1　　天然食品中 L-谷氨酸含量

食品名称	含量/%	食品名称	含量/%
蘑菇	0.180	沙丁鱼	0.080
茄子	0.016	鳝鱼	0.010
黄瓜	0.023	河豚	0.007
菠菜	0.039	海胆	0.192
番茄	0.140	对虾	0.065
猪肉	0.023	海带（干燥品）	2.24

事实证明，味精与人体 VFT 结构域在 T1Rs 上的结合将改变鲜味受体的结构，使其成为一种活跃的构象，从而得到鲜味。谷氨酸和 5′-核苷酸对 VFT 结构域的协同作用是通过两步机制实现的（图 5-2）。谷氨酸迅速结合到 VFT 结构域的结合位点，诱导结构域闭合（通过这种闭合触发电信号并使大脑意识到鲜味物质）。而位于 VFT 结构域开口部位的核苷酸增强了这种封闭构象的稳定性，通过这种构象增强了鲜味感知的强度。当谷氨酸与 VFT 结构域的铰链结合时，T1R1 受体蛋白存在于异二聚体开放构象中的封闭构象中，T1R3 受体存在于开放构象中（图 5-2）。其他鲜味化合物如 L-茶氨酸和鲜味肽也能引起 T1R1，T1R3 的构象变化，但程度不同。对于同二聚体脑 mGluRs，受体激活至少需要一个 VFT 的封闭构象。味型 mGluRs 的 VFT 结构不完整，与脑型 mGluRs 相比，MSG 的敏感性较低。配体对受体的亲和力与结合位点的数量以及双叶蛋白的开放和闭合模式之间的平衡有关。

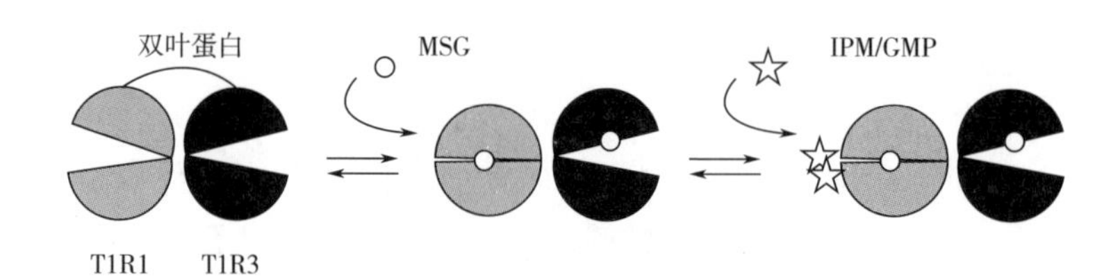

图 5-2　谷氨酸和 5′-核苷酸与 VFT 结构的结合

左侧显示谷氨酸在封闭的 T1R1 位点的结合，右侧显示谷氨酸在开放的 T1R3 位点的结合。

二、味精在酱油中的风味呈现

在老年人中普遍存在慢性萎缩性胃炎，这是导致营养不良和食欲不振的主要因素，胃萎缩会使泌酸细胞和胃蛋白细胞出现。据报道，膳食摄入味精会使最大产酸量增加至接近正常值，并会改善食欲。在酱油中补充味精不仅能提高风味还可能有助于老年人改善肠胃功能，增加全面的营养摄入。此外，高盐酱油通常在香气和味道方面比低盐酱油具有更好的品质，但是出于健康考虑，不能增加 NaCl 的浓度。所以当在 Na^+含量限值的情况下，可以通过添加味精的方式提高风味。不同浓度味精对食品总咸度的影响如图 5-3 所示。NaCl 和味精的最佳水平取决于食物的基质，味精诱导的咸味增强在实际食品中优于简单的 NaCl/MSG 混合物。味精加入酱油中可以提高其适口性，味精不仅增强了酱油的整体风味，还在各种风味之间产生协同效应。

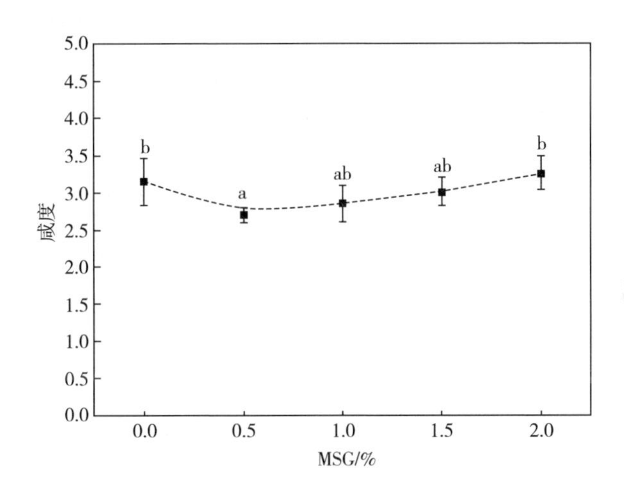

图 5-3　不同浓度味精对食品总咸度的影响

制作酱油时，蛋白质通过霉菌的分解变成氨基酸等小分子物质，分解出的主要味道是鲜味。但是不同的蛋白质在不同的地方，利用不同的温度，不同的时间，它的分解物也不一样。另外，酱油中的蛋白质又因为其氨基酸、多肽等鲜味物质的组成、含量、比例等不同而造成鲜美程度的差异。因此，需要加入外源的鲜味物质——味精以提高酱油的适口性及调整产品稳定性。

三、味精的营养与健康

尽管 FDA 将味精列入公认的安全物质（GRAS），但对味精的安全性尚无完全一致意见。在过去几十年中，已经对味精进行了广泛的研究。表 5-2 所示为一些味精对机体的营养与损害。

表 5-2　味精的营养与损害

味精的营养	味精的损害
参与新陈代谢	对含有谷氨酸受体的神经元产生毒性
促进消化	帕金森病、糖尿病、阿尔茨海默病，肌萎缩性硬化症的辅
调节肠道	助因子或加重因子

续表

味精的营养	味精的损害
有益健康	
减盐降脂	
增加血红素水平	

味精曾被确定为“中餐厅综合征”和“偏头痛的决定因素”。游离 L-Glu 是大脑中最丰富的游离氨基酸，也是哺乳动物中枢神经系统的主要兴奋性神经递质之一。当脑中氨基酸浓度升高至生理水平以上时，它会对含有谷氨酸受体的神经元产生毒性。味精与碳水化合物存在的食物一起服用，会降低血浆峰值水平而感到不适。有人认为兴奋性氨基酸（谷氨酸和天冬氨酸）可能在帕金森病的病理生理学中起核心作用。此外，不同的研究人员已经报道了味精作为其他神经衰退性疾病，例如糖尿病、阿尔茨海默病，肌萎缩性硬化症的辅助因子或加重因子。相反的，摄入味精可能会增加血红素水平，特别是在男性和那些本身就贫血的人群中。在一项人群试验中，发现使用维生素 A 强化味精的儿童，血红蛋白水平显著增加。几种机制可以解释味精摄入量与血红素水平之间的关系。首先，味精的摄入会增加人体血浆氨基酸的水平，氨基酸又能增加铁吸收从而升高血红素水平。其次，味精可能通过瘦素介导产生对血红素的影响。动物研究中，味精摄入量与瘦素水平呈正相关。瘦素及其受体在造血中起着重要的作用，瘦素可能协同调节促进红细胞生成。利用中国营养与健康研究的数据，发现中国江苏成年人瘦素水平与血红素水平之间存在正相关。总之，监测超过 5 年后发现，味精摄入量与血红素变化呈正相关，并可能降低中国成年人贫血的风险。

第三节 呈味核苷酸

除了味精外，还有许多其他物质可以产生鲜味，包括构成嘌呤核苷酸的 20 种天然氨基酸，例如，嘌呤-5′-核苷酸［如腺苷-5′-单磷酸（AMP）、肌苷-5′-单磷酸（IMP）和鸟苷-5′-单磷酸（GMP）］也能检测到鲜味。这些核苷酸在不同食物种类中的含量如表 5-3 所示。实际应用中，肌苷酸二钠和鸟苷酸二钠是 2 种主要的呈味核苷酸，常用于食品的增味，我国规定可以按生产需要量添加此物质。此外，呈味核苷酸与谷氨酸钠共用可起到相乘作用，大大提升食品鲜味。同时对甜味和肉味有增效作用，对咸味、苦味、焦味等有抑制作用。因此，在许多加工食品中都会添加呈味核苷酸提升产品口味。

表 5-3　不同食物种类中鲜味 5′-核苷酸含量　单位：mg/g 干重

种类	5′-GMP	5′-IMP	5′-AMP
大白口菇	0.10	0.29	0.26
喇叭菌	2.88	3.97	0.35
竹荪	2.97	0.02	0.21
金针菇（白色）	1.16	0.17	0.53
金针菇（黄色）	0.22	0.13	0.42
灵芝	1.11	0.47	0.91
鲍鱼菇	1.38	0.05	1.56
羊肚菌	1.19	1.77	6.57
姬松茸	0.06	0.07	0.15
高大环柄菇	0.12	0.16	1.03
平菇	0.59	0.21	1.21
白灵菇	0.58	0.69	1.48
茶树菇	0.11	0.04	0.03
银耳	0.08	1.41	0.17
牛肝菌	0.64	0.28	0.09
毛木耳	0.01	0.78	0.01
四孢蘑菇	0.61	0.12	0.73
金针菇	0.45	0.28	1.48
口蘑	0.60	0.03	2.21
白木耳	0.01	0.05	未检测到
灰树花	0.56	0.08	0.6
猴头菇	0.04	0.01	未检测到
毡盖木耳	0.05	0.20	0.22
鸡油菌	0.21	0.03	0.41

一、呈味核苷酸的发展

1913 年，鲜味成分谷氨酸钠的发现人池田菊苗的学生——小玉新太郎在研究鲣鱼的浸出物时，发现鲣鱼的鲜味成分是 5′-肌苷酸的组氨酸盐。此后，许多学者对核苷酸的呈味性质进行研究，发现嘌呤类核苷酸及其许多衍生物都呈现鲜味。其中，研究较多的是5′-肌苷酸（IMP）和5′-鸟苷酸（GMP）。1960年，由武田药品公司食品事业部和协和发酵公司合作成立的日本调味料株式会社开始生产核苷酸，在次年4月开始销售采用湿法挤出工艺制作的颗粒状调味料产品，其中味精含量为92%，I+G（IMP+GMP）含量为8%。同年11月，日本某酱油公司也开发了含12%I+G的产品，这意味着竞争越来越激烈，也意味着真正意义上的二代复合型味精实现商品化。据日本鲜味工业协会统计，呈味核苷酸在日本的年产量约为5000t。味之素公司1965年配制1%的5′-肌苷酸二钠更换为新“味之素”，之后在20世纪70年代开始大量投放市场，销售额保持每年4%的增加速度。它不但具有强烈的鲜味，成本还较普通味精降低39.5%~63.4%，是对普通味精的一次具有历史意义的冲击。呈味核苷酸生产技术过去只有日本独家拥有，之后随着现代科学和微生物发酵工业化研究的不断深入，以5′-呈味核苷酸二钠、IMP、GMP为代表的呈味核苷酸生产发展，陆续在韩国、美国、中国等国家大量生产。

二、呈味核苷酸的呈味机制

呈味核苷酸的结构与呈鲜味性质具有密切的关系。在结构上具备三个条件核苷酸类物质则会呈现鲜味。首先是只有5′-核苷酸才具有独特的鲜味，即在核糖部分的5′位碳上形成磷酸酯的核苷酸才呈现鲜味，而它们的异构体，即在第2’或3’位碳上形成磷酸酯的核苷酸则无鲜味。其次是并非所有的5′-核苷酸及其衍生物都呈现鲜味。呈味核苷酸的碱基必须为嘌呤基，其第9位C上的N与戊糖的第1个C相连。即只有嘌呤类的核苷酸呈现鲜味，而嘧啶类的核苷酸则没有鲜味。最后是在嘌呤环的第6位碳上有一个—OH，才呈现鲜味。除此之外，第5′位碳上的磷酸酯的两个—OH在解离时，才呈现鲜味，如果这两个—OH被酯化或酰胺化，则鲜味消失。另外，一些人工合成的5′-核苷酸衍生物，例如2-甲基-IMP、2-乙基-IMP、2-*N*-甲基-GMP、2-甲硫基-IMP、2-乙硫基-IMP等，都是嘌呤环上第2位碳上的取代物，其鲜味比一般核苷酸的鲜味更强一些。

呈味核苷酸（I+G）与味精的鲜味增强特性，也是研究鲜味机制的重点。鲜味受体可能具有许多不同的配体相互作用位点，表明多种味觉增强化合物结合到鲜味受体的机会较多（图5-4）。多个受体参与了鲜味感觉，为了确定不同的鲜味剂，除了正构结合位点外，变构结合位点还会影响受体调节。GMP可以通过与鲜味受体的T1R1部分在变构位点的配体结合域结合来操作。此外，利用分子动力学模拟，表明GMP可以通过与受体的所谓金星捕蝇带结构域的外前庭（VFTD）结合来稳定T1R1的封闭（活性）状态。在模拟中可以进行封闭和开放构象之间的过渡。测量谷氨酸结合位点的VFTD结合前庭的半径。显示出Glu和

GMPGlu 模拟的快照，表明当存在 GMP 时，孔口进一步关闭，因此在结合 GMP 时，闭合（有效）构型稳定（图 5-5）。通过与 VFTD 的外部裂口结合，如 IMP 和 GMP 等核糖核苷酸可显著增强鲜味受体对谷氨酸的敏感性。

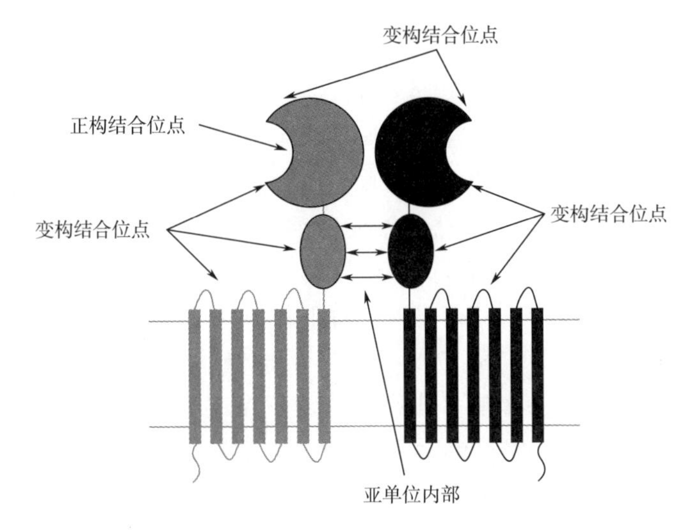

图 5-4　mGluRs 或 T1R1/T1R3 的正构结合位点和可能的变构结合位点

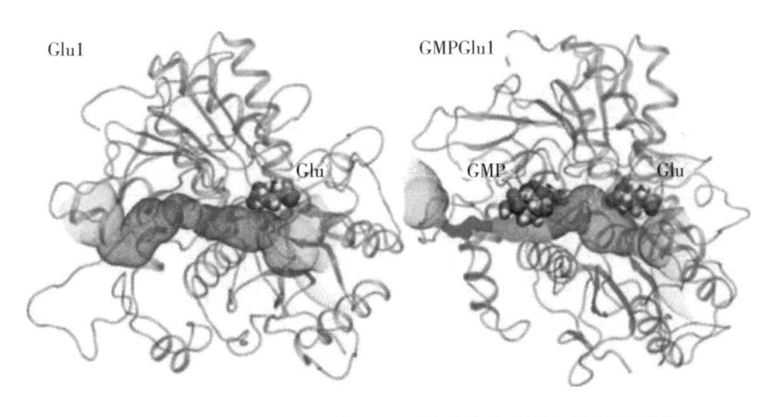

图 5-5　Glu、 GMPGlu 与 VFTD 结合稳定 T1R1 的封闭状态

三、呈味核苷酸在酱油中的风味呈现

呈味核苷酸是继味精一代鲜味剂后的二代鲜味增强剂，其亲水的核糖磷酸和芳香杂环上的疏水取代基分别为定味基和助味基。许多食物中都天然存在核苷酸类鲜味物质，禽畜肉、鱼肉中存在肌苷酸（IMP），甲壳类或软体动物中存在腺苷酸（AMP），大多数蔬菜中也都含有 AMP，香菇等蕈类中含有丰富的鸟苷酸

（GMP）。呈味核苷酸的鲜味作用主要体现于和味精相结合时的鲜味增强特性，它能够明显提升食物的鲜度和鲜美的味感。在实际应用中，常使用其相应的钠盐类物质，例如，肌苷酸二钠、鸟苷酸二钠、呈味核苷酸二钠是可以作为添加剂允许在酱油中使用的鲜味增强剂。呈味核苷酸二钠指的是肌苷酸二钠和鸟苷酸二钠以接近1∶1的比例混合而成的。

在酿造酱油的过程中，核酸类物质容易被酱油中的一些酶分解，从而使核苷酸丧失呈味特性。因此在酱油中添加呈味核苷酸时，需要用适当的处理方法来消除这个干扰因素，使呈味核苷酸在酱油中保持稳定。此外，确定适当的I+G与味精的协调比率和添加量，能够使酱油既具鲜美的滋味，又降低产品成本，取得较高的经济效益。相关研究得出，通过控制酱油加热时的温度和时间，可以让核苷酸类分解酶完全失活。对于添加呈味核苷酸的酱油，在添加前最好进行80℃10~15min或85℃ 5~10min的加热处理，才能保证呈味核苷酸在酱油中的稳定性，而不影响酱油原风味。当MSG∶I+G=95∶5时，可降低成本，经济效益最显著，还可根据自身酱油的不同需求和特性将MSG与I+G以不同的比例混合。

随着消费者对酱油风味的要求越来越高，酱油出现了“一品鲜”“味极鲜”等高鲜酱油的品类。这类高鲜酱油中核苷酸的添加量一般达到0.8%。如果将I+G添加量提高到0.8%，酱油往往会出现胶冻状的沉淀，这主要是由于GMP析出所致。试验表明，当GMP在酱油中添加量超过0.3%就可能有沉淀的情况，特别是在高盐和低温条件下，情况尤为严重。这时单独使用IMP或者复配使用IMP和I+G会是一个比较好的解决方案，IMP在酱油中的溶解性远大于GMP（表5-4）。另外IMP的增味特点突出产品的前味，正好契合酱油的特征风味。

表5-4　20℃核苷酸在不同物质中的溶解度　单位：g/100g

鲜味剂	水	醋	酱油	1%食盐水	50%酒精	溶解速度比
IMP	24	30	5.6	22.7	0.5	20
GMP	20	1.25	0.5	15.8	0.2	1
I+G	24.1	2.76	0.9	18.5	0.4	2
MSG	66.7	1.0				

四、呈味核苷酸的营养与健康

呈味核苷酸本身具有一定的生理功能性，它既是一种调味品也是一种营养品。对于人体健康有着重要的功能作用，通过适当的补充核苷酸可以提高肝功能、抗肿瘤、抗疲劳、提高机体的免疫力以及延缓衰老、保护胃肠黏膜、调节肠道菌群、维持正常代谢等功能。此外，MSG+IMP 混合后可以在不影响人体能量代谢的情况下增加高蛋白食品的消耗。

第四节　酵母抽提物

一、酵母抽提物

GB/T 23530—2009《酵母抽提物》关于酵母抽提物（YE）的定义：酵母抽提物是以食品用酵母为主要原料，在酵母自身的酶或外加食品级酶的作用下，酶解自溶（可再经分离提取）后得到的产品，并富含氨基酸、多肽等酵母细胞中的可溶成分。根据需要可添加适量辅料进行调配，也可在生产后期增加美拉德反应工艺，属于食品配料（图 5-6）。

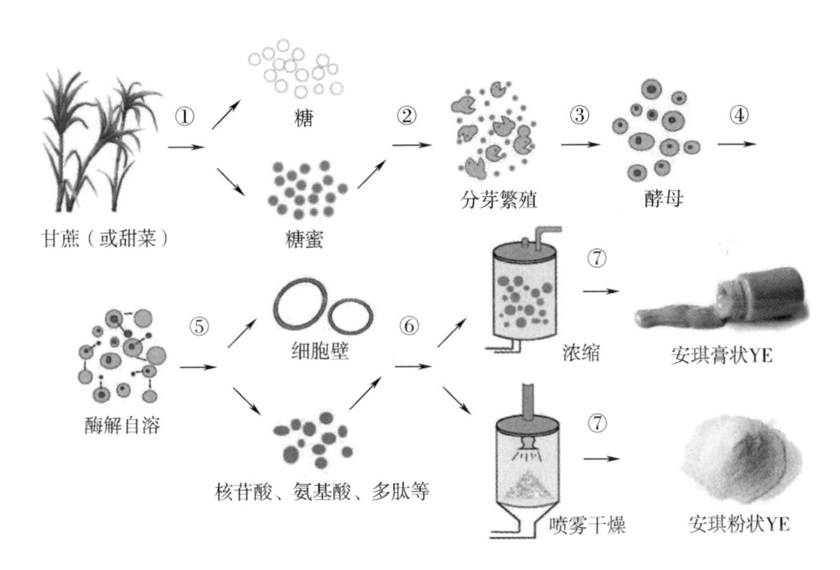

图 5-6　酵母抽提物生产工艺

酵母抽提物根据其呈味及功能特点，可分为基础鲜味型、增强鲜味型、浓厚味型、特征风味型和营养功能型五大类。酵母抽提物的生产原料有面包酵母和啤酒废酵母等，美国、日本等国均有较大的啤酒酵母抽提物的应用市场。但随着面包酵母抽提物更纯正和高品质的优势被人们发现，逐步挤占了原啤酒酵母抽提物的市场，面包酵母抽提物的市场需求得到快速增长。

酵母抽提物富含多种氨基酸、多肽、呈味核苷酸、B 族维生素、不含胆固醇和饱和脂肪酸（图 5-7）。YE 中的核苷酸、氨基酸、肽类可以提供鲜味，碳水化合物类物质和氨基酸是甜味的来源，谷胱甘肽（GSH）、小肽是 YE 浓厚味的来源。

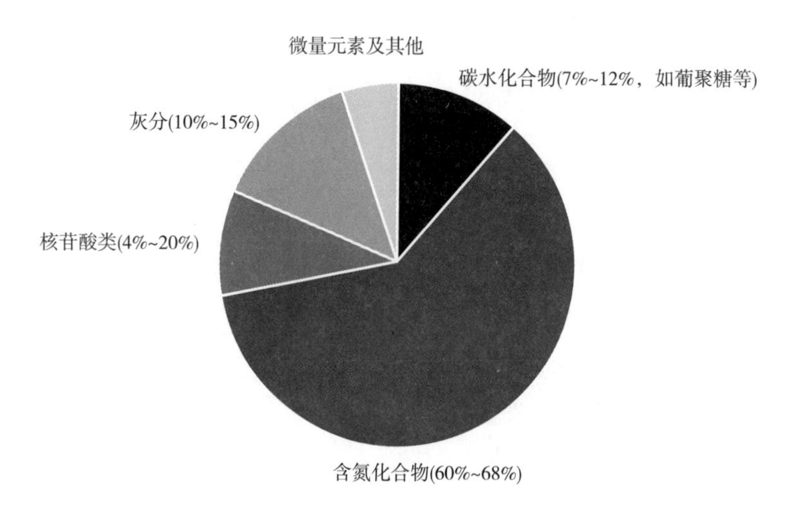

图 5-7　酵母抽提物成分分布图

酵母抽提物具有极高的营养价值，其中有丰富的含氮物质（如氨基酸、肽等），包含人体所必需的 8 种氨基酸（尤其是谷物中所缺乏的赖氨酸）及众多的肽分子（包含一定的呈味肽和活性肽分子）。酵母抽提物还含有一定量的维生素（维生素 B_1、维生素 B_2 等）、矿物质元素（钾、硒、镁、钙等）（表 5-5）。维生素作为生命机体的重要组成部分和调节因子，对人体的生长代谢和发育起着极其重要的作用。微量元素尽管在人体中的含量极低，但是对人体的有机物质的组成、机体的正常生理功能等有着非常重要的作用。

表 5-5　酵母抽提物与牛乳游离氨基酸对比表　单位：mg/100g

氨基酸	安琪 YE	牛乳
蛋氨酸（Met）	682	67
色氨酸（Try）	0	39
赖氨酸（Lys）	1469	214
缬氨酸（Val）	1765	139
异亮氨酸（Ile）	1361	119
亮氨酸（Leu）	2467	253
苯丙氨酸（Phe）	1478	117
苏氨酸（Thr）	1192	104

续表

氨基酸	安琪 YE	牛乳
天冬氨酸（Asp）	1276	185
丝氨酸（Ser）	1497	148
甘氨酸（Gly）	927	47
丙氨酸（Ala）	3846	86
半胱氨酸（Cys）	358	29
谷氨酸（Glu）	6733	546
酪氨酸（Tyr）	424	122
组氨酸（His）	432	64
精氨酸（Arg）	1118	87
脯氨酸（Pro）	1315	315

近年来，全球各国政府及食品组织大力倡导降盐，酵母抽提物作为具有清洁标签属性的食品原料，在降盐方面具有十分显著的作用，降盐比例可达到20%~50%。同时，随着社会人群对健康饮食的需求递增以及调味技术的发展，酵母抽提物在素食、降糖、降脂等领域也体现出了独特的地位。

二、酵母抽提物行业概况

20世纪初，酵母抽提物产品率先在欧洲国家出现，60年代开始了工业化生产阶段，但直到90年代后随着抽提物产品的优势发挥、应用领域扩大以及植物水解蛋白等潜在问题的发现，酵母抽提物市场才得到迅速发展，并快速扩展世界其他国家。

目前在欧洲（法国、英国、德国）、北美洲（美国、加拿大）、南美洲（巴西、哥伦比亚）和亚洲东部（中国、日本）等地区已拥有规模较大的抽提物企业，形成了全球性的酵母抽提物产业，产品被广泛运用于食品增鲜调味等领域。在食品增鲜调味领域，由于酵母抽提物具有强烈鲜味、特有的醇厚口味且兼具营养、调味和保健三大功能，欧洲、美国、日本、韩国等许多国家和地区普遍用来代替水解植物蛋白或代替味精作为各类调味品（料）的增鲜原料，广泛应用在酱油、鸡精、复合调味料、方便面料包、方便面酱包、肉制品、膨化食品调料、休闲食品调味、咸味香精等。

由于酵母抽提物需求量出现快速增长趋势，2009年全球酵母抽提物市场出现供不应求的局面，2009年全球几大主要抽提物生产厂家如思宾格、Ohly、安琪酵母股份有限公司为满足日益扩大的市场需求及占领市场份额，纷纷投资建厂扩产，2010 年酵母抽提物达到了 15 万 t。由于在食品行业的兴起，酵母抽提物得到长足的发展，2015 年全球酵母抽提物产能达到 20 万 t，截至 2018 年，已经达到 25 万 t。另据销售数据统计，2015 年全球酵母抽提物收入为 11 亿美元，预计在 2024 年将达到 18 亿美元。

1. 酵母抽提物国内现状

国内最早生产酵母抽提物的是上海酵母厂，当时的酵母抽提物叫作“酵母浸膏”，色泽棕黑，溶解后溶液深褐，有浓厚的酵母气味，主要是供微生物检验和作抗生素厂的发酵培养基；由于产品质量的限制，一般不适合在食品工业中使用。

20 世纪 80 年代，随着国内酵母生产企业的建成和发展，陆续出现了多家酵母抽提物的生产企业，由于当时技术不是很成熟，生产的酵母抽提物产品指标还不能达到国外同类产品水平。为了推动我国酵母抽提物行业的发展，1996 年，安琪酵母股份有限公司承担了国家“九五”科技攻关项目，开始了酵母抽提物的技术攻关，1997 年安琪酵母股份有限公司建成了 1000t 酵母抽提物生产线，到 2000 年攻关项目验收时主要技术经济指标达到国外同类产品先进水平。

进入 21 世纪后，酵母抽提物行业发展越来越快，年增长速度超过 30%。随着国内酵母抽提物市场的不断扩大，有关部门对酵母抽提物产品的生产、品质等方面也在进行着规范和引导。第一个酵母抽提物行业标准 QB 2582—2003《酵母抽提物》由有关领导部门委托安琪酵母股份有限公司等共同起草，并于 2003 年 10 月 1 日正式实施；2008 年，国家标准化委员会又委托安琪酵母股份有限公司等共同起草酵母抽提物国家标准：GB/T 23530—2009《酵母抽提物》。该国家标准已于 2009 年 4 月 27 日发布，于 2009 年 11 月 1 日将正式实施。相信随着国家标准的颁布和实施，酵母抽提物行业将得到更加规范和持续的发展，酵母抽提物的市场也会进一步扩大。

2. 酵母抽提物国外现状

目前全球酵母抽提物的年产量大约为 25 万 t 左右，销售收入在 12 亿~14 亿美元，生产厂家大约有 30 家左右。以产能为区分，可以分为三个区间：①大于 5 万 t，思宾格和安琪，拥有多个工厂，布局广泛；②1 万~3 万 t，DSM、Biorigin、Ohly，老牌企业与后起之秀，战略方向不同；③1 万 t 以内，Lallemand，酵母抽提物产业稳定，更多依靠特种酵母。

三、酵母抽提物的特点

酵母抽提物具有五大特点：食品属性、增鲜增味、降盐淡咸、平衡异味和耐受性强。

1. 食品属性

GB 2760—2014《食品安全国家标准　食品添加剂使用标准》明确指出，酵母抽提物作为酵母类制品（16.04）属于食品类别可以直接食用，且没有使用范围及添加量的限制。酵母抽提物国内的生产许可证为其他食品生产许可证（证件号以 QS 开头），而并非食品添加剂许可证（证件号以 HX 开头）。酵母抽提物在 FDA 21 CFR 184.1983 面包酵母提取物（Bakers yeast extract）列出属一般公认为安全的（GRAS），可直接加入食品中的物质。酵母抽提物在欧美作为友好标签配料产品应用，不列入 E 编码（是欧盟为各种食品添加剂而编订的食物标签），起到清洁标签作用。

2. 增鲜增味

酵母抽提物是将味精和 IMP、GMP 三种鲜味物质居于一身的鲜味物质，有很好增鲜特性。一般的酵母抽提物虽然在整体呈味上比味精强，但往往给人鲜度不够的感觉。高呈味核苷酸含量的强鲜型酵母抽提物通过在自溶过程中控制核酸的降解，使产品中呈味核苷酸的含量增加，呈味核苷酸（IMP，GMP）最高可以达到 20%以上。高谷氨酸含量的强鲜型酵母抽提物通过酶解自溶过程使产品中谷氨酸含量增加，从而提高产品的鲜度，产品中谷氨酸含量可达到 8%左右。

酵母抽提物（YE）与其他鲜味物质的呈味关系，如表 5-6 所示。

表 5-6　　MSG、I+G 和 YE 的协同增鲜作用

MSG：I+G：YE	感官描述
15：0.5：0.5	三者协调搭配，整体鲜味强于 MSG：I+G＝15：1，口感柔和，鲜甜明显
15：0.6：0.4	直冲感强，I+G 的味道较明显，YE 后味体现略弱、整体口感鲜，适口、柔和
15：0.5：0.3	鲜味协调性好，浓厚味感强，后味中鲜甜感持久、柔和，汤感较好
15：0.6：0.2	I+G 的味道较明显，鲜味强，入口有些刺激，不柔和，仍然有汤感
15：0.6：0.1	主要为 I+G 的味道，后味中 YE 味偏弱，汤感弱，鲜味强

随着人们对食品风味中感官分子学研究的深入，及新的被认为是鲜味化合物“鲜味肽”的发现，人们又对现有的五种基本味，酸、甜、咸、苦、鲜提出了质疑，因为，这些基本味仍解决不了许多独特的滋味效果。于是，一种新的味道——Kokumi 逐渐被发现和定义。

日本协和发酵麒麟株式会社发明了“口酷味（Kokumi）”，安琪酵母股份有限公司把它定义为：“厚味（Hou-feel）”，但它不同于鲜味，是指入口的味感更丰富、复杂也更平衡。在英文中描述也较多，常被形容为美味或令人愉快的（不同于鲜味）醇厚感，该滋味被认为是可口食品的风味增强剂。在食品系统中有三种形式的感觉贡献于浓厚味：①满口感或者味觉的连续性：味觉向后发展的连续性；②味觉的冲击性：最初的感觉；③温和的：后其口感的绵柔度和平衡性。现在，厚味被当作一种独立的味道而单独出现在感官鉴评中，被认为是第六种基本味道。

有学者研究表明浓厚味与小分子肽的分子质量、结构和含量有直接关系，第一，浓厚味的强弱与肽的分子质量有直接关系，具有较强浓厚味的小分子肽多为分子质量小于500u的二肽或三肽，菜豆中的γ-谷酰基多肽提高鲜感和复杂口感；鱼酱中的γ-Glu-Val-Gly尤其能对甜咸鲜味感有较大作用；鱼酱中的精氨酰二肽能提升其咸感；γ-Glu-Val-Gly对扇贝的鲜味有提升作用；高德干酪中的γ-L-谷酰基二肽可以加强成熟的干酪的满口感和复杂的口味连续性等。第二，浓厚味的强弱与肽链的氨基酸序列有直接关系，一般含有Glu序列的小分子肽浓厚味都较强，如Glu-Cys-Gly、Glu-Glu、Glu-Gly、Glu-Gln等；第三，浓厚味的强弱与肽链的螺旋结构也有直接关系，如只有γ-谷氨酰肽具有明显的浓厚味，而同样氨基酸序列的α-谷氨酰肽却没有浓厚味。

酵母抽提物中含有较多的小分子呈味肽成分，在实际应用过程中，能提升产品浓厚、饱满和协调的特征风味，其中以高谷胱甘肽型酵母抽提物为典型代表，因谷胱甘肽作为浓厚味重要的表现物质之一，已被多位专家学者证实。

3. 降盐淡咸

酵母抽提物含有丰富的肽类物质，例如，Gly-Leu、Pro-Glu、Val-Glu、Gln-Leu、Pro-Glu-Thr、Ala-Pro-Ala和His-Val等，这些鲜味肽段可以缓冲、掩蔽不愉快的气味和味道，因此可以修饰低钠盐因添加氯化钾而引起的苦味和金属味。

酵母抽提物含有丰富的呈味氨基酸、呈味多肽、呈味核苷酸等。研究表明，酵母抽提物能够将人体味觉中鲜味受体接受功能放大，同样也能把对钠离子的感受效应放大，因此尽管低钠盐中氯化钠的含量已经降低，但对用低钠盐烹饪菜肴的咸味感受并没有降低。例如，在墨西哥即食辣味牛肉中添加0.5%的商品化酵母抽提物代替NaCl，发现其风味无明显变化，被广大消费者所接受。

一些高盐分产品，盐分高的目的是防腐，存在这样的需求——维持盐分不变，咸味口感降低。基础溶液研究表明，当产品中NaCl浓度>7%时，添加YE

可以使其口感更柔和，圆润，因为特定 YE 中小分子肽能掩盖部分咸味，使单纯的咸变得不再刺激强烈，起到很好的淡盐效果。应用研究表明，在高盐产品中添加适量 YE，可以将盐的咸度降低 15%左右。

4. 平衡异味

酵母抽提物含有丰富的肽类物质，如 Gly-Leu、Pro-Glu 和 Val-Glu，它们可以缓冲、平衡不愉快的气味和味道。如鱼、肉制品的肉腥味、烘焙产品的油腻感、食品包装的塑料味等。

5. 耐受性强

酵母抽提物能承受食品加工中一些较剧烈的条件变化，如酸性较强、食盐浓度较高、温度较高或较低、湿度较大等，其本身不会受到影响，其鲜味不会遭受破坏。

（1）耐酸耐盐性能 特制的耐盐耐酸产品在 2%醋酸与 20%食盐混合溶液中溶解性良好，澄清透亮，没有明显沉淀（图 5-8）。

图 5-8 食盐浓度 20%、pH4. 0、YE 添加量 2%情况下不同 YE 产品的溶解情况

（2）耐温性能好 味精在 120℃以上即产生焦谷氨酸，而酵母抽提物产品能耐 200℃以上的高温加工，常规的杀菌工艺不会破坏酵母抽提物的功效。

四、酵母抽提物增鲜增味评价

1. 鲜味增强作用的评价

以 MSG（15mmol/L）-NaCl（20mmol/L）溶液，（I+G）（0. 5g/L）+NaCl（20mmol/L）模型溶液进行鲜味呈味特性评价。加基础型 YE 产品 2. 5g/L 在此模型溶液中评价其鲜味增强效果。采用含 10mmol/L 的谷氨酸钠溶液的滋味作为基本鲜味标度（图 5-9）。

结果表明：YE 存在可以明显增强溶液的鲜味强度，且由一种单调的鲜感转换为复杂鲜感，咸味不突出，具有持久的全口腔的温和鲜味和饱满感觉。

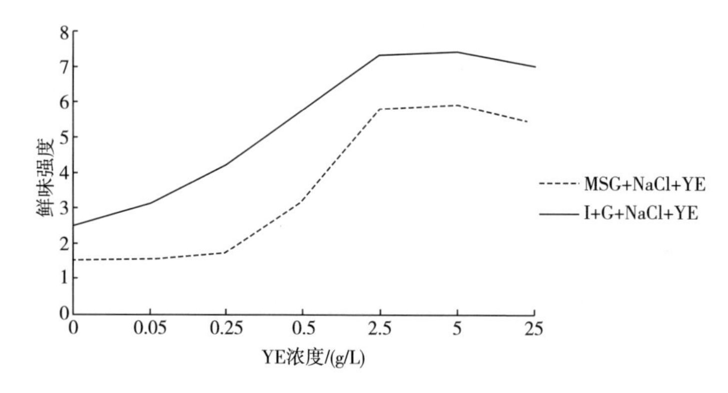

图 5-9 添加酵母抽提物的鲜味模型溶液的剂量-反馈轮廓图

随着 YE 用量的增加，两种模型溶液的鲜味强度逐步增强。对于 MSG-NaCl 模型溶液，YE 浓度达到 0.25g/L 时才体现出快速的增鲜效果，到 2.5g/L 浓度时达到最大增鲜效果，感官鉴评也发现，在这一 YE 用量，溶液开始呈现一定的苦味。对于 I+G+NaCl 模型溶液，YE 对其鲜味提升更为明显，增鲜阈值较低（约 0.05g/L），而到 5g/L 用量时达到最大鲜度，也开始呈现出一定的苦味。

2. 鲜味释放作用的评价

鲜味释放作用的评价采取反馈感官鉴评。取 2.5g/L YE 于 MSG（15mmol/L）-NaCl（20mmol/L）模型溶液中进行鉴评。从入口开始计算，要求鉴评人不断咂口，每 1s 对鲜度进行评分，5s 时吐出，并持续咂口对余味进行评分，持续至 10s 结束。

如图 5-10 所示，时间-反馈实验揭示了不同样品鲜味在口中变化，即一种样品的味觉时间轮廓图。随着样品的啜食，未添加 YE 的样品的鲜度迅速达到最高值，继而迅速消失。而添加有 YE 的样品鲜味释放时间长且消失时间也较长，具有持久的鲜感。整体来看，YE 对 I+G 及 MSG 都有明显的增鲜作用。有趣的是，在溶液刚吐出时，四种溶液的鲜度都有一个回升的过程，这对鲜味的后味呈现有很大影响。

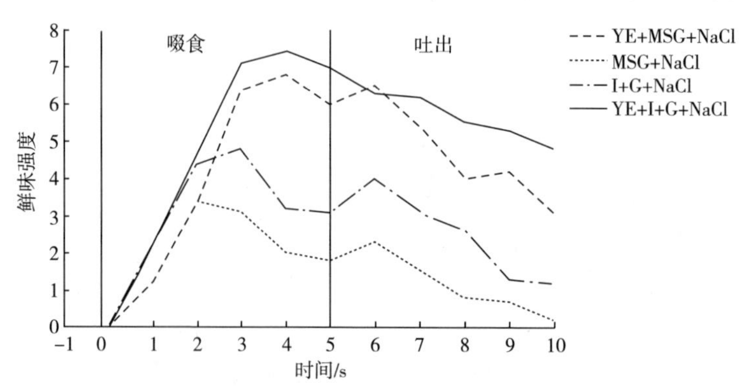

图 5-10 添加酵母抽提物的鲜味模型溶液的时间-反馈轮廓图

3. 浓厚复杂口感滋味的评价

添加不同品种酵母抽提物至 5~10g/L（干重）的空白鸡汤中，对添加前后的浓汤感，复杂口感做出评价。纯 YE 有较强的苦味。鸡汤中添加 YE 后，以鲜味、甜味为代表的基本滋味显著增强，而 Kokumi 口感也大幅度增加。有趣的是，酵母抽提物本身的苦味被掩蔽（图 5-11）。

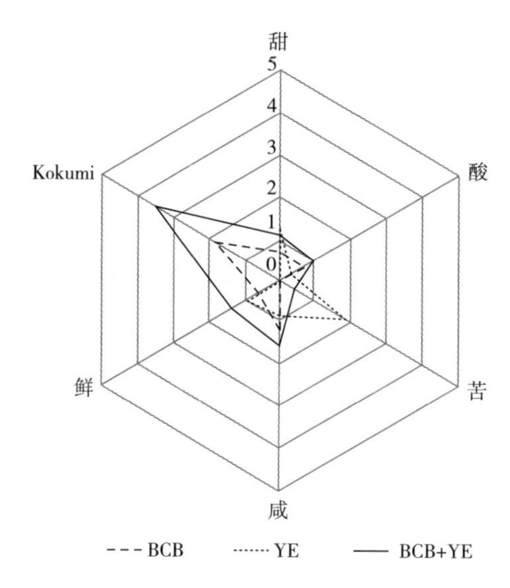

图 5-11　空白鸡汤（BCB）、酵母抽提物（YE）及二者混合溶液的滋味轮廓图

4. 酵母抽提物中滋味肽的分离鉴定

（1）超滤馏分滋味活性　应用切向流超滤系统，将 YE 中的水溶性滋味化合物分为分子质量<1000u，1000~5000u，>5000u 三个部分，将三组分加入清鸡汤模型溶液中进行感官鉴评，结果见表 5-7。可以得出，在 YE 中呈现浓厚效果的组分集中在分子质量<1000u，而 1000~5000u 组分也有轻微的浓厚效果，而分子质量>5000u 组分完全没有效果。单独品尝发现，这些呈强烈浓厚味效果的物质本身呈苦味，且具有强烈、爽快的刺舌滋味。确定以分子质量<1000u 组分目标物，进行下一步凝胶色谱层析分离。

表 5-7　　酵母抽提物超滤组分的滋味及浓厚味效果评价

组分	单独滋味	模型溶液 Kokumi 效果
<1000u	苦味，强烈、爽快的尖刺滋味，微鲜	强烈 Kokumi 效果
1000~5000u	苦味（强于<1000u），略尖刺	轻微 Kokumi 效果
>5000u	无滋味	无效果

（2）凝胶色谱分离馏分的滋味活性　经凝胶色谱层析分离，共分离出七个馏分（图 5-12）。收集并冷冻干燥后，对各个组分原样和添加至模型溶液滋味进行鉴评，结果见表 5-8。其中 GEL-Ⅱ和 GEL-Ⅲ，本身具有苦味，微鲜和强烈尖刺滋味，添加至模型溶液中具有强烈 Kokumi 和增鲜效果。经分子质量标准曲线计算，两种馏分分子质量处于 200～1000u。初步判断为含有 2～8 个氨基酸的小肽。

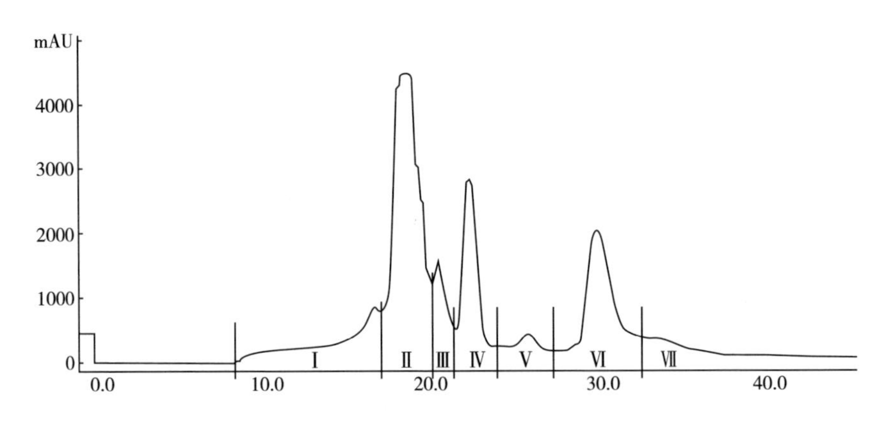

图 5-12　YE 中<1000u 组分的凝胶过滤层析色谱图

表 5-8　YE 中凝胶过滤层析馏分单独及在模型溶液中的感官评价

馏分	本身滋味	+模型溶液
Ⅰ	微咸	无影响
Ⅱ	苦味，微鲜，刺舌感，持续的复杂口感	①鲜感明显增强 ②增加了模型溶液鲜味的满口感，在口中持续性增强 ③改变了溶液鲜味的呈味特性，由一过性（快速呈现及消失）变为向舌中后方的持续释放
Ⅲ	苦味，中鲜，轻微的刺舌感，持续的复杂口感	①增加了刺舌爽快的复杂口感 ②鲜感明显增强（强于馏分Ⅱ） ③增加了模型溶液鲜味的满口感，在口中持续性增强 ④改变了溶液鲜味的呈味特性，由一过性（快速呈现及消失）变为向舌中后方的持续释放
Ⅳ	苦味，类似咖啡因苦味	轻微增加的鲜感

续表

馏分	本身滋味	+模型溶液
Ⅴ	苦味，轻微清凉口感	无效果
Ⅵ	无味	无效果
Ⅶ	苦味，微酸	无效果

（3）制备型液相色谱分离馏分的滋味活性　酵母抽提物的凝胶分离馏分F2共被再次分离为16个馏分（图5-13），经梯度滋味稀释分析鉴评，发现馏分F2-2，F2-3，F2-4具有较强的浓厚味效果，而其他馏分只有较低的或没有浓厚味效果，根据所使用色谱柱性质，F2-1主要为大量的极性氨基酸。为了鉴定馏分的分子结构，对F2-2，F2-3，F2-4进行分析型HPLC进一步细分，由图5-13可知，酵母抽提物中的浓厚味活性物质主要集中在3~6.5min的馏分。经进一步的质谱鉴定，此馏分集中了2~3肽类物质。

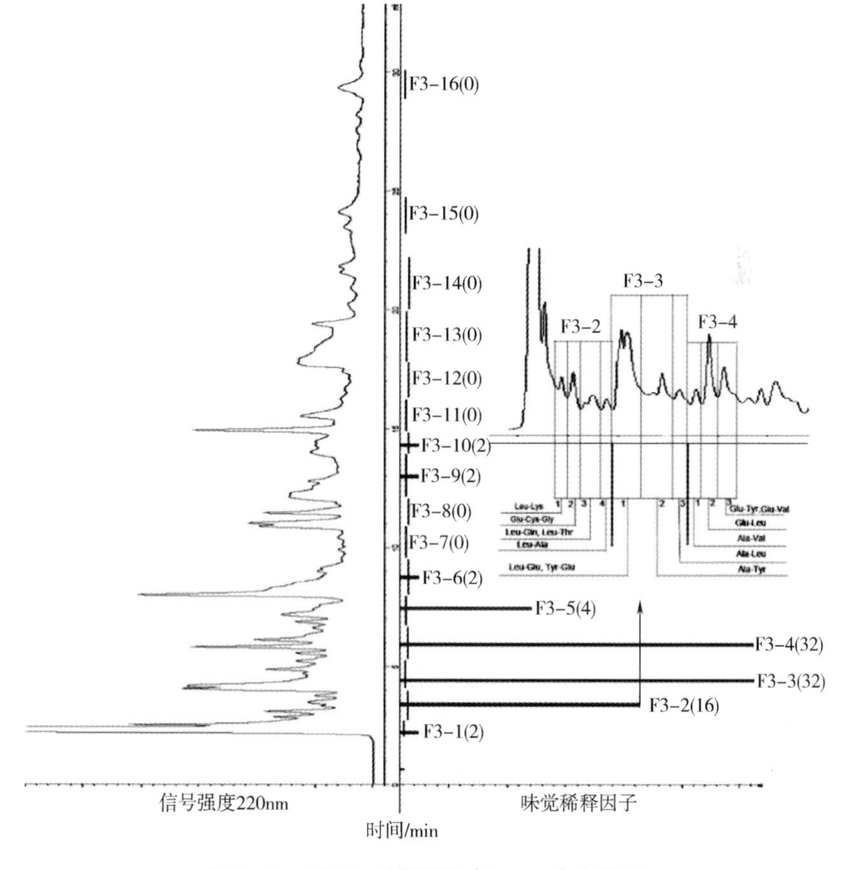

图5-13　HPLC-味觉稀释（Kokumi）色谱图

经感官鉴评，具有浓厚味效果的F2-2，F2-3，F2-4本身都具有强烈的刺舌感苦味，而其他馏分仅具有单一苦味或者无味。这与原样品，F2馏分的感官鉴评结果一致（表5-9）。

表5-9 酵母抽提物凝胶分离馏分F2的HPLC分离目标馏分本身滋味

馏分	描述
F2-2	刺舌苦味
F2-3	刺舌苦味
F2-4	刺舌苦味，微鲜

对目标馏分F2-2，F2-3，F2-4又经过分析型液相色谱精细分离，又细分为10个馏分，经LC-MS/MS鉴定，共鉴定出15条肽，含14条二肽和1条三肽。这些肽有Lys-Leu，Leu-Lys，Leu-Gln，Leu-Thr，Leu-Ala，Leu-Glu，Tyr-Glu，Glu-Phe，Glu-Val，Glu-Leu，Ala-Val，Ala-Leu，Glu-Tyr，Ala-Tyr，GSH。这些肽共分为四种类型，即Glu-X或X-Glu肽；Ala-X肽；Leu-X或X-Leu肽和谷胱甘肽。

五、酵母抽提物降盐淡咸评价

1. YE在食盐和代盐剂中的减盐研究

添加0.05%的YE，盐水溶液（0.5%NaCl）减盐20%后（0.4%NaCl）的感官对比结果：添加YE-1和YE-3的盐水溶液，咸度减弱后仍然在可接受范围内，其中，YE-3效果最好。而添加YE-2和YE-4的盐水溶液得分较低，在不可接受范围内（图5-14）。

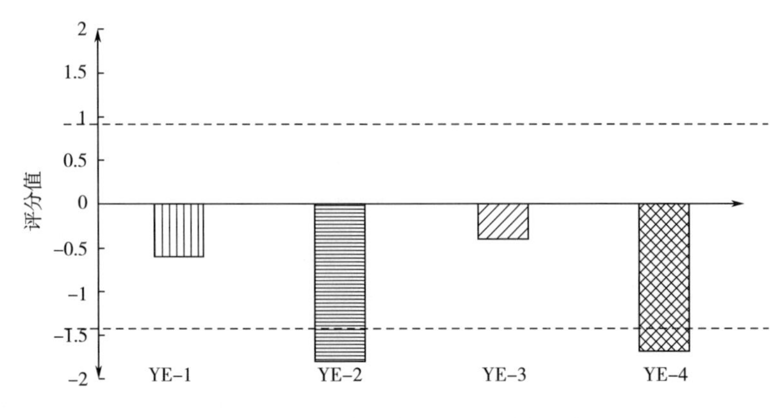

图5-14 YE-盐水溶液减盐20%感官评价图

YE 添加入有代盐剂的盐溶液后的效果评价如表 5-10 和图 5-15 所示。代盐剂 KCl 代替部分 NaCl 的感官对比结果：KCl 替代部分钠盐之后，咸度提升不明显，而且有金属味，而 YE-1 和 YE-3 与 KCl 共同作用替代 20%食盐可行，在可接受范围内。

表 5-10　　YE 与代盐剂在盐水溶液中减盐实验设置

组别	溶液浓度
空白	0.5%NaCl
①	0.35%NaCl+0.15%KCl
②	0.4%NaCl+0.1%KCl
③	0.4%NaCl+0.1%KCl+0.05%YE-1
④	0.4%NaCl+0.1%KCl+0.05%YE-3

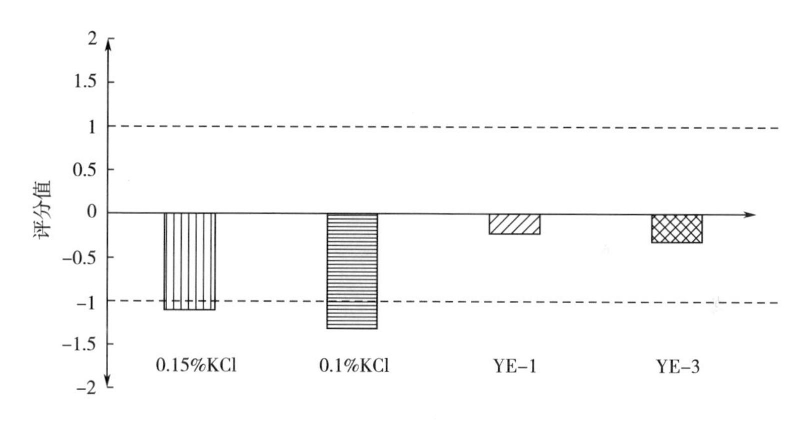

图 5-15　YE-代盐剂水溶液减盐 20%感官评价图

2. YE 在清鸡汤中的减盐研究

清鸡汤模型：市售三黄鸡 250g，熬制 2h 后，过滤鸡肉得到清鸡汤溶液。实验组设置如表 5-11 所示。

表 5-11　　YE 在清鸡汤模型溶液中减盐实验设置

组别	鸡汤溶液盐浓度
空白对照	0.5%NaCl
①	0.4%NaCl+0.1%YE-1
②	0.4%NaCl+0.1%YE-3

续表

组别	鸡汤溶液盐浓度
③	0.4%NaCl+0.1%KCl+0.5%YE-1
④	0.4%NaCl+0.1%KCl+0.5%YE-3

注：与对照组相比，组别①和组别②减少20%食盐添加量后，咸味有所下降，但满口感和持续感相对来说，提升很多，但组别③和组别④，添加KCl后，咸味变化不大，但出现异味对整体味道有所影响（图5-16）。

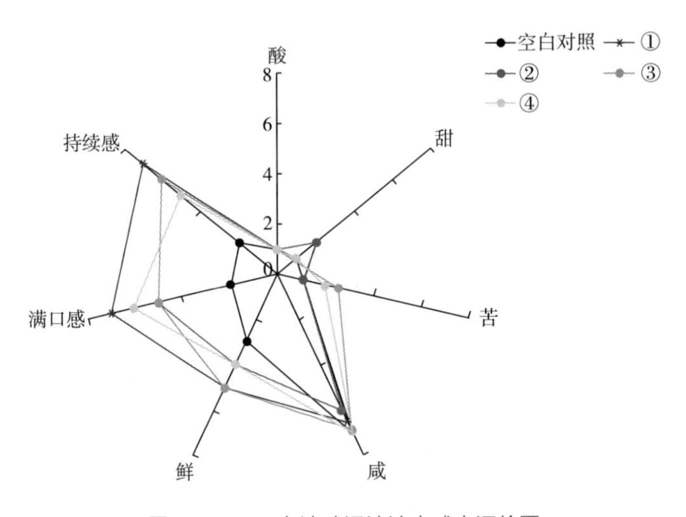

图5-16　YE在清鸡汤溶液中感官评价图

六、酵母抽提物对酱油风味的提升作用

1. 提升鲜味

因为富含天然降解得到的鲜味氨基酸、鲜味肽、5′-呈味核苷酸等鲜味物质，酵母抽提物都具有很好的鲜味，并且这种鲜味的饱满度和柔和度要优于单体鲜味物质，得益于酵母抽提物鲜味物质丰富的种类和较高的含量，特别是高谷氨酸型、高I+G型、高谷胱甘肽型等酵母抽提物鲜味更为突出，并且鲜的自然、饱满且柔和。

酵母抽提物提升酱油的鲜味也主要体现在两个方面。首先，对于不能使用味精、I+G等食品添加剂的原酿本味酱油，高I+G型酵母抽提物提供的5′-呈味核苷酸与酱油原油本身富含的谷氨酸形成鲜味协同效应，能明显提升其鲜味强度（图5-17）。其次，对于能使用味精和I+G的普通酱油，特别是氨基氮含量高的高鲜酱油，酵母抽提物能在高鲜味强度的基础上，使鲜味更加自然、饱满、柔和，从而使消费者收获更佳的鲜味体验。

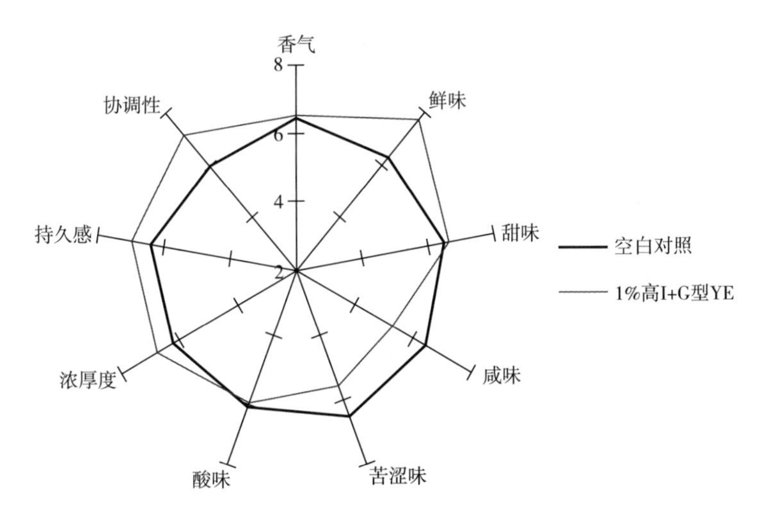

图 5-17　酵母抽提物对原酿本味酱油的提鲜及其他口感提升效果

2. 淡化咸味

酱油的盐分涉及酱油的咸度和防腐，酱油往往在较高盐分保证防腐的基础上通过鲜味和甜味物质来淡化酱油过重的咸度。随着酱油消费方式的多元化，用于凉拌、点蘸等直接入口方式的酱油更是需要减弱咸度。酵母抽提物对酱油的淡咸效果也体现在两个方面。首先，高 I+G 型酵母抽提物能明显提升原酿本味酱油的鲜味，随之带来了咸度的淡化。其次，普通酱油使用基础型酵母抽提物后，能在不降低酱油盐分的前提下一定程度的淡化咸度。

3. 抑制酸涩味

发酵过程微生物控制不好，以及发酵周期偏长的酱油，一般都会有一定的酸涩味，而使用了大量着色剂的老抽，苦涩味会更为明显。针对这两类酱油，酵母抽提物具有较好的抑制酸涩味的效果，主要的作用机制体现在两方面，一是酵母抽提物的鲜味能使苦涩味强度得以弱化，二是酵母抽提物富含的小分子呈味肽能缓和酸涩类物质对味蕾的刺激强度，从而抑制酸涩味（图 5-18）。

4. 增强厚味、延长回味

发酵周期短或者酱油原油用量少的酱油在口感上一般都存在口感单薄、回味时间短的品质不足，主要原因是酿造的酱油原油或者调味后的成品转化率偏高，氨基氮较高但全氮存在相对不足。酱油全氮中除氨基氮之外的部分主要是小分子

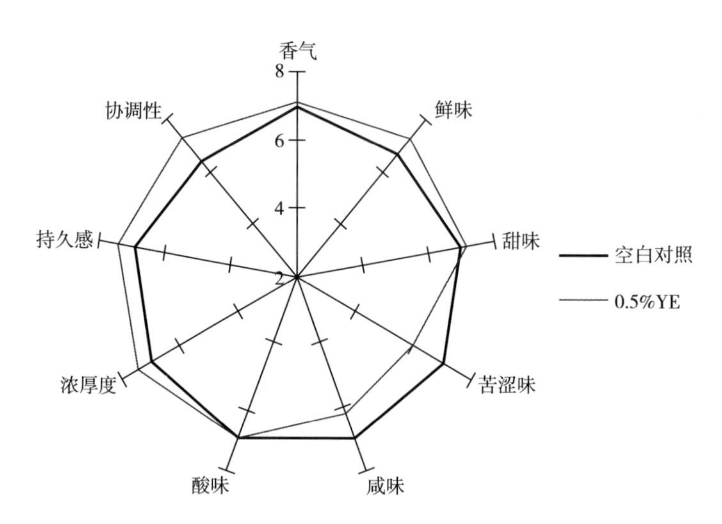

图 5-18 酵母抽提物对老抽酱油的抑苦及其他口感提升效果

呈味肽贡献的氮，全氮相对不足也就是小分子呈味肽含量相对不足。相关食品风味研究结果也显示，食品的浓厚味跟小分子呈味肽的含量、分子质量大小、结构等相关，这也印证了口感单薄、回味时间短是由于小分子肽含量不足导致的。

酵母抽提物中主要的呈味成分是小分子呈味肽，纯品型粉体酵母抽提物中蛋白含量可达 70%左右（全氮 11%左右），蛋白中氨基酸约占 35%～40%，剩余的 60%～65%均为小分子肽，浓厚型酵母抽提物的小分子肽含量还可高达蛋白的 80%以上，并且绝大部分都是分子质量 180～1000u 的小肽。酱油使用酵母抽提物后小分子呈味肽含量会得到明显的提升，从而体现在口感上的便是厚味得到明显增强，回味也得到明显延长（图 5-19）。

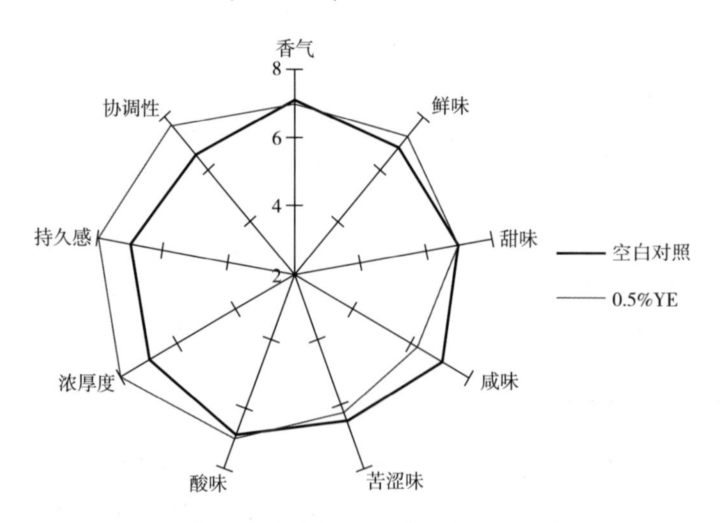

图 5-19 酵母抽提物对高鲜酱油的增厚作用及其他口感的提升效果

5. 协调整体口感

发酵出的酱油原油或者调味不是很合理的酱油一般都会有口感各自分离、各种口感不够协调自然的品质不足，而通过使用酵母抽提物，酱油在实现鲜味提升、咸味淡化、酸涩味抑制、厚味增强、回味延长的基础上，整个口感会更加自然地柔和在一起，使各种口感更加协调，从而全面提升酱油的口感品质。

6. 提升酱油香气

（1）提升酱油酱香　酱油因发酵不充分或酱醪中产香酵母等微生物含量低下往往会造成酱香不够浓郁的问题，除了通过改进发酵工艺并使用酱油酵母来实现提升外，还可应用酱香型酵母抽提物来达成。酱香型酵母抽提物是以纯正酱香为风味目标，以酵母抽提物中富含的氨基酸、小分子肽以及辅以还原糖等为底物，通过热反应技术制备而成的一种类似酱油香气的产品。使用酱香型酵母抽提物可明显提升酱油酱香风味，解决酱香不足的问题，同时酵母抽提物本身就具有提鲜、淡咸、增厚、协调整体口感的作用，这类酵母抽提物可实现酱油口感和香气品质的全面提升。

（2）实现蒸鱼豉油特殊香气　蒸鱼豉油是一类专门用于清蒸鱼菜式、氨基氮一般标示“≥0.55g/100mL”、等级标示“二级”的专用酱油，这类酱油除了具有大豆和小麦经发酵产生的偏豉香的酱香外，还会通过其他辅料来实现其品质设计所需要的特殊香气。酵母抽提物通过热反应和调香技术可实现这种特殊香气，对此专门研发的蒸鱼豉油专用酵母抽提物可帮助蒸鱼豉油实现其特殊香气，同时还起到提鲜、淡咸、增厚等口感提升效果，满足蒸鱼豉油的品质和风味需求。

7. 提升酱油理化指标

酱油国标中规定了各级别酱油的全氮、氨基氮和可溶性无盐固形物 3 个指标需满足对应含量，酱油属于植物（大豆）蛋白深加工产品，而酵母抽提物属于微生物（酵母）蛋白深加工产品，其富含的是与酱油相同的氨基酸态氮、小分子肽等蛋白降解成分，除细胞壁类产品均可完全水溶，所以酵母抽提物除了能提升酱油口感和香气外，还能提升酱油的全氮、氨基酸态氮和可溶性无盐固形物。一般纯品型无盐粉体酵母抽提物的全氮、氨基酸态氮和可溶性固形物分别可达 11、4、100g/100g，在 100mL 酱油中使用 1g 此类酵母抽提物，酱油的全氮、氨基酸态氮和可溶性无盐固形物便可分别提升 0.11、0.04、1.0g/100mL（表 5-12）。

表 5-12　　酵母抽提物对酱油理化指标的提升效果　　单位：g/100mL

处理	全氮	氨基酸态氮	可溶性无盐固形物
酱油（对照）	1.56	0.82	16.3
酱油（1%YE）	1.67	0.86	17.3

8. 协助酱油实现氨基酸态氮和全氮的平衡

日本的酱油标准中只规定了各级别酱油的色度、全氮和可溶性无盐固形物含量要求，而我国的标准还规定了氨基酸态氮的含量，并且产品需要标示其具体含量水平。氨基氮含量越高，酱油等级越高，同时卖价也相应地越高。这也就使得一些酱油企业通过提高原油转化率、大量使用谷氨酸钠等方法来实现高的氨基酸态氮含量，但往往会忽略了全氮含量，从而造成酱油的转化率过高，氨基酸态氮和全氮出现失衡。酱油国标中各级酱油的全氮和氨基酸态氮要求合理的转化率在53%~58%，相关研究发现相同氨基酸态氮和盐分水平下，转化率越高的酱油虽然鲜度越高，但厚味、回味和口感整体协调性会明显差于正常转化率的酱油，这与小分子呈味肽含量相对不足导致的转化率过高有直接关系。使用酵母抽提物可使转化率偏高的酱油全氮得到弥补，从而使转化率恢复到合理的转化率范围内，从而实现酱油全氮和氨基酸态氮的平衡。更重要的是小分子呈味肽的补充能使高转化率酱油缺失的厚味、回味和口感整体协调性得以实现，从而使酱油既口感鲜美又厚味十足，酵母抽提物对酱油氨基酸态氮和全氮的平衡效果见表 5-13。

表 5-13　　酵母抽提物对酱油氨基酸态氮和全氮的平衡效果

指标	原油用量	原油贡献氨基酸态氮	MSG 贡献氨基酸态氮	YE 贡献氨基酸态氮	氨基酸态氮合计	原油贡献全氮	MSG 贡献全氮	YE 贡献全氮	全氮合计	成品转化率
2.6%MSG	90%	0.63	0.17	0	0.80	1.17	0.17	0	1.34	60%
5.1%MSG	90%	0.63	0.33	0	0.96	1.17	0.33	0	1.50	64%
2%MSG+1.5%YE	90%	0.63	0.13	0.05	0.80	1.17	0.13	0.20	1.50	53%

9. 协助酱油实现减盐不减味

目前酱油减盐的途径有脱盐、减盐发酵、双重发酵和风味补充等方法。脱盐技术因为设备的投入和技术的高要求，很多中小型企业较难实现；减盐发酵也因为长周期发酵过程中酱醪微生物的控制存在技术难度而较难全面推广；双重发酵是通过降低原油用量来稀释盐分，为了避免风味物质被稀释而衍生出的发酵方式，双重发酵得到的原油理化指标和风味物质浓度高，即使原油用量较少也能实现正常的酱油风味及指标，但成本的增加和生产资源的占用是其推广的阻力。

风味补充是一种企业既不用投入设备也不用改变工艺的酱油减盐途径，直接使用现有工艺生产的原油并辅以酱油减盐专用酵母抽提物便可实现酱油的减盐不减味，是一种适合在整个行业，特别是中小型企业中推广的减盐方法。酱油减盐专用酵母抽提物是通过分析酱油中各类氨基酸种类和比例、各分子质量区间小分子呈味肽组成、各类关键挥发性香气成分种类和含量，用不同类型酵母抽提物复配并利用热反应和调香技术，模拟酱油的呈味呈香物质的组成而开发的产品。该类产品可使因原油用量减少而被稀释的呈味呈香物质得以恢复正常水平，从而实现酱油的减盐不减味（表 5-14）。

表 5-14 酵母抽提物对酱油减盐后理化指标和风味物质的补充效果

原料及指标	不减盐对照	直接减盐 30%	YE 协助减盐 30%
原油用量/mL	88	62	62
酱油减盐专用 YE/g	0	0	5.9
配方总量/mL	100	100	100
产品盐分/(g/100mL)	17.1	12.0	12.0
产品全氮/(g/100mL)	1.41	0.99	1.41
产品氨基酸态氮/(g/100mL)	0.80	0.56	0.81
产品固形物/(g/100mL)	15.3	10.8	15.7
产品游离氨基酸总量/(g/100g)	4.15	2.92	4.16
产品 180~1000u 小分子肽含量（以氮计）/(g/100mL)	0.598	0.420	0.592
产品香气物质总量/(ng/μL)	564.828	397.947	548.6112

10. 协助酱油实现营养强化

酵母抽提物中蛋白质含量约占 50%，其中谷胱甘肽约占 20%，核酸 6%。富含 18 种氨基酸、功能性肽类物质谷胱甘肽、葡聚糖、甘露聚糖、海藻糖、呈味核苷酸、B 族维生素、生物素、微量元素和挥发性芳香化合物等组分。具有纯天然的强烈的呈味性能，是优良的风味增强剂，营养丰富、味道鲜美、浓郁醇厚。酵母抽提物的氨基酸成分平衡良好，味道鲜美浓郁，具有肉香味，因而酵母抽提物是兼具营养、调味和保健三大功能的优良食品调味料，在食品中具有广阔的应用前景。酵母抽提物中的谷胱甘肽以及RNA降解的副产物鸟苷、肌苷等是良好的抗衰老因子，也可以预防和治疗心血管疾病。在很多地区，酵母抽提物已经广泛用于婴幼儿和老年人食品，是一种营养强化剂和保健品。

营养强化是酱油多元化发展的新方向。GB 2717—2018《食品安全国家标准 酱油》新增了对食品营养强化剂的使用规定。酵母具有微量元素的富集作用，并使微量元素有机化更利于吸收，对此开发的含微量元素酵母抽提物既可协助酱油实现微量元素的营养强化，还可提升酱油风味，例如含硒酵母抽提物、含锌酵母抽提物等。通过现代微生物技术可使营养成分得到释放或降解，从而得到很多功能性因子，这些功能因子可以协助酱油实现某方面的营养保健功能，如高葡聚糖酵母抽提物、高甘露寡糖酵母抽提物、高谷胱甘肽酵母抽提物等产品。

七、酵母抽提物在我国酱油行业中的应用现状

（1）使用时间长　酱油行业开始应用酵母抽提物在21世纪初，到目前已超过15年。

（2）使用量大　随着酵母抽提物在酱油行业的应用更加广泛，酵母抽提物在酱油行业的使用量也在逐年快速增长，目前年用量过万t。

（3）使用企业多　随着酵母抽提物在酱油行业的普及，大到百万t的行业巨头，小到几千t的小微企业都在普遍使用酵母抽提物来提升酱油品质。

（4）使用效果好　酵母抽提物提升酱油口感、香气和理化指标，实现氨基氮和全氮平衡以及减盐不减味等效果已逐步被酱油行业所认可和熟知，使用时间长、使用量大和使用企业多也印证了使用效果得到行业认可。

（5）使用范围广　随着酱油品类的多元化发展，除了低端的三级生抽和主要用于上色的老抽外，不同类型的酱油中都在广泛使用并标示酵母抽提物，如原酿本味酱油、有机酱油、氨基氮标示≥1.2g/100mL的高鲜酱油、氨基酸态氮标示0.7~1.0g/100mL的特一级酱油、减盐酱油、蒸鱼豉油等细分品类。

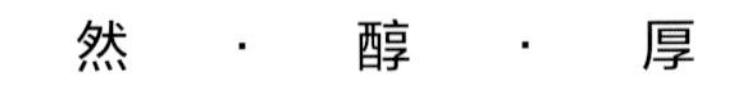
·然·醇·厚

安琪®酵母抽提物
ANGEL YEAST EXTRACT
酱油
品质提升解决方案

食品工业进入了纯天然的新时代。
如今，消费者更加注意自己的健康，这在很大程度上取决于他们每天所吃的食物。
消费者的偏好反映出人们对安全性、可信赖、透明度和可持续性的要求越来越高，
不断推动纯天然成为食品行业的主流趋势。
在纯天然需求不断增长的情况下，消费者仍然期望立即获得风味和口感的终极体验。

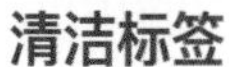

玉米酿造酱（粉）在“0”添加酱油中的使用

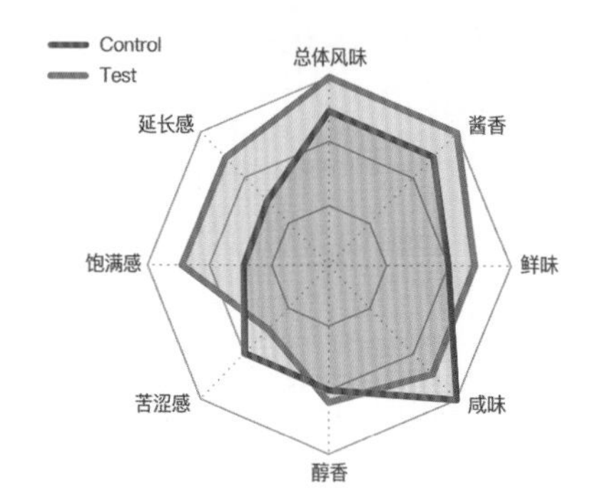

原料名称	Control (%)	Test (%)
酱油原液	92.00	92.00
白砂糖	2.00	2.00
水	5.50	5.50
麦芽糊精	0.50	–
Master L5	–	0.25
Master U5	–	0.25
小计	100.00	100.00

“0”添加酱油使用了玉米酿造酱粉：

- 总体风味，酱香，鲜味、醇香和饱满感和延长感增加
- 缓和入口咸味口感
- 掩盖后味苦涩感

第五节　玉米酿造酱（粉）

一、玉米酿造酱（粉）的特点

玉米酿造酱（粉）是新一代的调味食品配料。玉米或其他糖源经过棒杆菌（主要为谷氨酸棒杆菌 *Corynebacterium glutamicum*，产氨棒杆菌 *Corynebacterium ammoniagenes* 等）发酵，发酵液经过滤除去菌体后浓缩为膏状制成玉米酿造酱，为了便于运输和保质，也可以用麦芽糊精/盐等作为载体，将除去菌体的发酵液喷雾干燥成粉末，制成玉米酿造酱粉（图 5-20）。

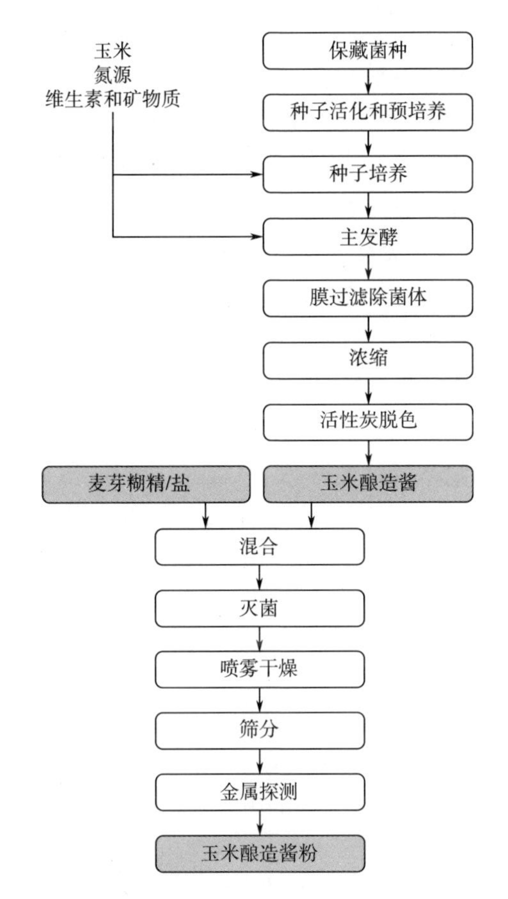

图 5-20　玉米酿造酱（粉）生产工艺流程图

由于代谢途径的差异，谷氨酸棒杆菌在发酵过程中积累了大量的天然谷氨酸，所得产品为高谷氨酸型玉米酿造酱（粉）；而产氨棒杆菌在发酵过程中产生丰富的核苷酸，所得产品为高核苷酸型玉米酿造酱（粉）。这些棒杆菌用于发酵工业已经有几十年的历史了，其安全性得到发酵工业界广泛认可。美国 FDA 已经将玉米酿造酱（粉）列为“通常被认为是安全的”（generally recognized as safe，GRAS）。由于全球天然健康的消费趋势推动，天然调味品需求增长迅速。2019 年，以玉米酿造酱（粉）为原料的天然调味料已经在全球 30 多个国家面世；而在中国，以玉米酿造酱（粉）为核心原料的鸡味调味料和“零添加”酱油也有不俗的销售业绩。

玉米酿造酱（粉）是天然的复合调味原料，富含氨基酸和核苷酸等鲜味物质，另外发酵过程中还会代谢产生甘氨酸、丙氨酸等呈味氨基酸和琥珀酸、苹果酸等有机酸。玉米酿造酱（粉）中含有比较多的单糖和低聚糖，如海藻糖、麦芽糖、异麦芽糖等。菌种也会代谢产生肽类及氨基酸的衍生物（如 γ-谷氨酰肽类，琥珀酰氨基酸和乳酰氨基酸）等，同时通过美拉德反应，这些氨基酸类和糖类产生了更加复杂的风味物质。风味科学家通过感官向导分类技术在玉米酿造酱（粉）中找到了 *N*-甲基-谷氨酸和 *N*-乙基-谷氨酰胺两种关键的风味物质，有研究表明这两种物质添加到汤底中可以显著增强汤底的鲜味和咸味。

玉米酿造酱（粉）与酵母抽提物风味不同。酵母抽提物是酵母细胞自溶或者酶解后产生，氨基酸组成与酵母本身蛋白质相关；酵母抽提物中核苷酸的组成比较均衡，也与酵母 RNA 组成相关。另外，酵母水解过程中，由于蛋白质水解不彻底产生了丰富而各异的肽类物质，这些物质共同决定了酵母抽提物风味比较丰富。酵母抽提物在调味中的功能浓厚感丰富，而玉米酿造酱（粉）的氨基酸和核苷酸主要是因氨基酸代谢途径和核苷酸代谢途径中的产物累积，产物的累积效率更高，而且有专一性，所以风味干净而强烈。在高谷氨酸型玉米酿造酱（粉）中氨基酸以谷氨酸为主，占总游离氨基酸的 80%以上，在高核苷酸型玉米酿造酱（粉）中核苷酸以肌苷酸为主，占游离核苷酸的 90%以上。玉米酿造酱（粉）的风味比较纯净，以直冲感为主，没有异味，与其他风味原料比较容易配伍（图 5-21）。

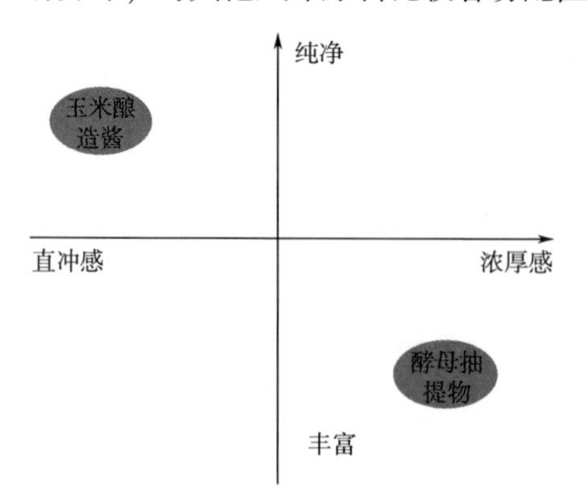

图 5-21 玉米酿造酱（粉）与酵母抽提物的风味比较

二、玉米酿造酱（粉）在酱油中的风味呈现

酱油以咸鲜为特征风味，pH 一般在 4.5~5.0，有酸味。咸味、酸味都是产品的前味，适宜用玉米酿造酱（粉）强化酱油的直冲感，提升酱油的鲜味，而不会干扰酱油本身的风味轮廓。考虑到酱油原油中本身含有 1%~2%的游离谷氨酸，而酱油发酵产生的呈味核苷酸低于 0.02%，高核苷酸型的玉米酿造酱（粉）单独使用可以弥补核苷酸的不足，添加量可在 1%~4%，添加后，酱油的整体风味比较圆润和谐。在高鲜的“零添加”酱油中，高核苷酸型玉米酿造酱（粉）和高谷氨酸型的玉米酿造酱（粉）可以搭配使用，添加量可达到 2%~10%，可以完全代替味精和核苷酸的使用，风味达到目前市售高鲜酱油同等水平（表 5-15、图 5-22、表 5-16、图 5-23）。

表 5-15　无添加酱油（风味特点：提升无添加酱油鲜味和整体风味）

原料名称	空白对照/%	实验组/%
酱油原液	94.0	94.0
白砂糖	2.0	2.0
水	1.0	1.0
麦芽糊精	3.0	—
高核苷酸型玉米酿造酱（粉）	—	3.0
小计	100.00	100.00

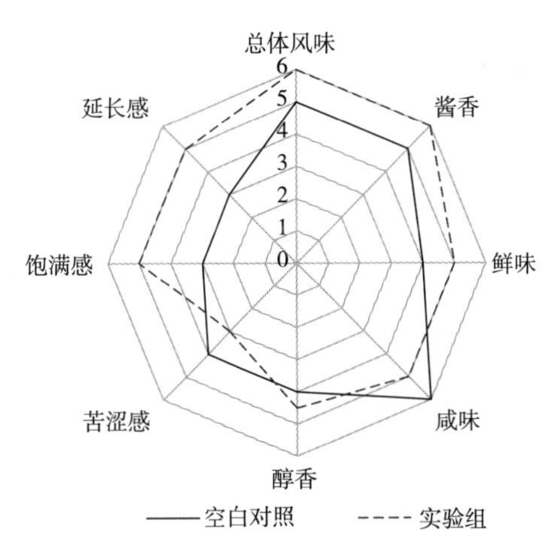

无添加酱油中添加高核苷酸型玉米酿造酱（粉）
①总体风味，酱香，鲜味、醇香和饱满感和延长感增加；
②缓和入口咸味口感；
③掩盖后味苦涩感。

图 5-22　无添加酱油中添加高核苷酸型玉米酿造酱粉的感官评定

表 5-16 高鲜无添加酱油

（风味特点：取代高鲜酱油中的味精和 I+G，鲜味不变）

原料名称	空白对照 01/%	空白对照 02/%	实验组/%
酱油原液	90.00	90.00	90.00
白砂糖	2.00	2.00	2.00
水	1.00	1.00	1.00
味精	5.00	—	—
I+G	0.30	—	—
麦芽糊精	1.70	7	—
高核苷酸型玉米酿造酱（粉）	—	—	2.00
高谷氨酸性玉米酿造酱（粉）	—	—	5.00
小计	100.00	100.00	100.00

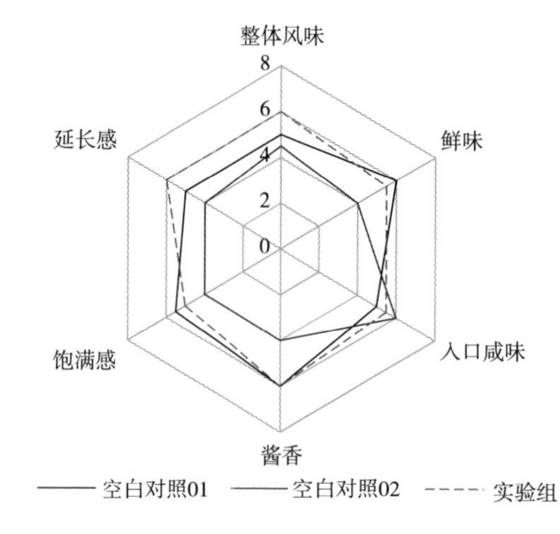

替代原配方中的味精和1+G后，产品对比：
①鲜味、酱香和饱满感接近；
②入口咸味，整体风味和后味延长感增强；
③与空白样（空白对照-02）相比，可以显著提升整体风味，鲜味，酱香，饱满感和后味延长感。

图 5-23 高谷氨酸型玉米酿造酱（粉）替代原配方中的味精和 I+G 后的感官评定

玉米酿造酱（粉）除了增强产品的鲜味之外，对咸味也有明显的提升作用。一方面，玉米酿造酱（粉）中的肌苷酸对前味有较明显的增强效果；另一方面，风味学家采用液相色谱从玉米酿造酱（粉）中分离出了可以调节咸味的组分。在实际的配方调整中，我们也发现了将玉米酿造酱粉用在减盐的薯片撒粉配方中，可以减少 40%的氯化钠含量，而保持咸味基本不变，其他风味还会有所提升。在减盐的酱油中，采用高核苷酸型的玉米酿造酱（粉）可以降低 30%的食盐含量，而咸味口感保持基本一致（表 5-17、图 5-24）。

表 5-17　减盐酱油（风味特点：减盐不减咸，并提升特征风味）

原料名称	空白对照/%	实验组/%
原油	86.994	—
稀释油*	—	86.194
味精	8	8
高核苷酸型玉米酿造酱（粉）	—	0.8
白砂糖	5	5
三氯蔗糖	0.006	0.006
小计	100.0	100.0

*100g 原油，加 24.2g 饮用水得到。

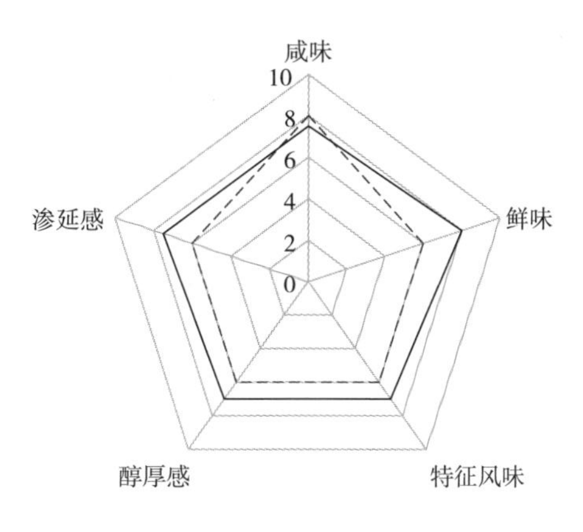

图 5-24　高核苷酸型玉米酿造酱（粉）的减盐酱油感官评定
减盐酱油与原油相比，减盐 30%，咸味有所下降，鲜味有所上升，
渗延感和醇厚感都有一定程度的提升，特征风味提升。

第六节　鲜味肽

1978 年，日本科学家首次从木瓜蛋白酶水解产物中分离纯化的氨基酸，是以 Lys-Gly-Asp-Glu-Glu-Ser-Leu-Ala 排列的氨基酸序列辛基肽，它被称为鲜味肽。这开辟了鲜味肽的研究和利用。鲜味肽是小分子肽（图 5-25），分子质量为 150~3000u。这些重要的鲜味物质可以补充和提高食物的整体味道，使食物更加和谐、柔软、丰满。与其他肽相比，鲜味肽分子通常含有谷氨酸残基或天冬氨酸残基，而这些分子也恰恰有自己的鲜味味觉受体。鲜味肽可以从食品中提取，也可以通过酶解合成。这些肽的风味主要来自蛋白质合成和分解过程的中间产物。鲜味肽不仅可以直接增强食品的美味，还可以作为挥发性风味物质的前体参与美拉德反应，从而进一步增强食品的风味。

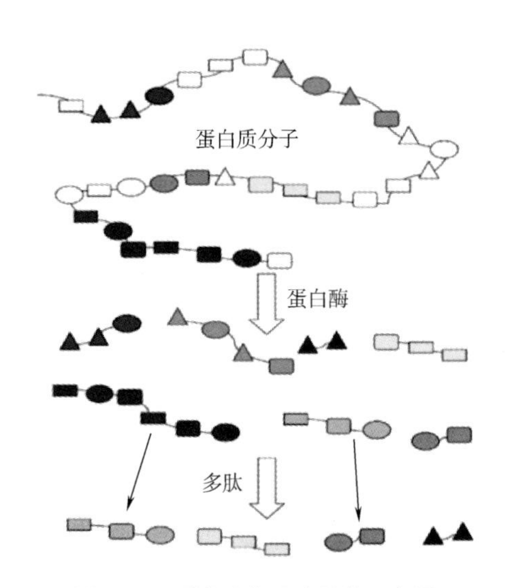

图 5-25 酶促水解产生肽的示意图

一、鲜味肽的呈味机制

肽是由氨基酸通过酰胺键聚合而成且相对分子质量小于蛋白质的氨基酸聚合物。呈味肽是指利用提取或合成等方法获取的能够改善食品呈味特性的短肽，食品中的呈味肽主要来自于蛋白质合成和分解的中间产物，呈味类型基本上覆盖了味觉的整个范围：甜、苦、酸、咸、鲜味。其中，鲜味肽是重要的呈味肽之一。

在中枢神经系统中，异源二聚体受体与代谢型谷氨酸受体密切相关，异源二聚体可接受各种 L 型氨基酸，它是检测鲜味刺激的关键受体，但不是唯一的受体。mGluR1 和 mGluR4 受体可接受谷氨酸和某些类似物的鲜味。研究发现有两个 mGluR4 亚型受体在味蕾中表达，但其中一个味型 mGluR4 受体对生理阈值与谷氨酸行为阈值相似的类似物的鲜味敏感性较小。当相同类型的鲜味剂同时存在时，它们在受体上进行竞争性结合；当不同类型的鲜味剂存在时，它们会发生协同作用。不同类型的受体参与了由各种鲜味剂（包括氨基酸和肽）共同引起的鲜味味觉（二者经常在富含蛋白质的食物中共存）。蛋白受体

GPR92是在T1R1阳性味觉细胞中表达的受体之一，可以被蛋白质水解物激活。此外，与氨基酸分子的简单性不同，在研究鲜味肽与受体的结合机制时，应考虑更多的影响因素，例如，肽的分子质量和链的柔性等。肽的酸性和碱性部分是产生鲜味的主体部分，研究推测阳离子和阴离子处于紧密相邻的位置。异源二聚体受体和代谢型谷氨酸受体的配体绑定区域都存在于开放或者封闭的构象中，异源二聚体受体活性构象的T1R1配体结合域存在于封闭的构象里，T1R3配体结合域存在于开放的构象里。鲜味肽必须同时具有带正电基团、带负电基团和疏水基团，三种基团分别连接到相对应的感受器上，才能令人感受到鲜味。

鲜味或鲜味增强肽是一组具有特定结构特征的肽，具有鲜味或鲜味增强特性。鲜味味觉受体及其配体相互作用域的发现，将有利于寻找新的鲜味化合物，包括新的鲜味肽。有约98个具有鲜味的肽，其中二肽和三肽分别约占29.6%和30.6%。因此，超过一半的鉴定的鲜味肽是短链肽。一些研究报告说，分离的鲜味肽的分子质量分布通常小于5000u。虽然分离和鉴定一个长链肽与二肽或三肽相比来说较困难，但是长链肽也被发现具有强烈的鲜味。图5-26所示为基于氨基酸残基数量分组的98种已鉴定的鲜味肽的比例（图中数字表示特定类型的肽在所有鲜味肽总和中所占的百分比）。具有鲜味的二肽或三肽通常由谷氨酸、天冬

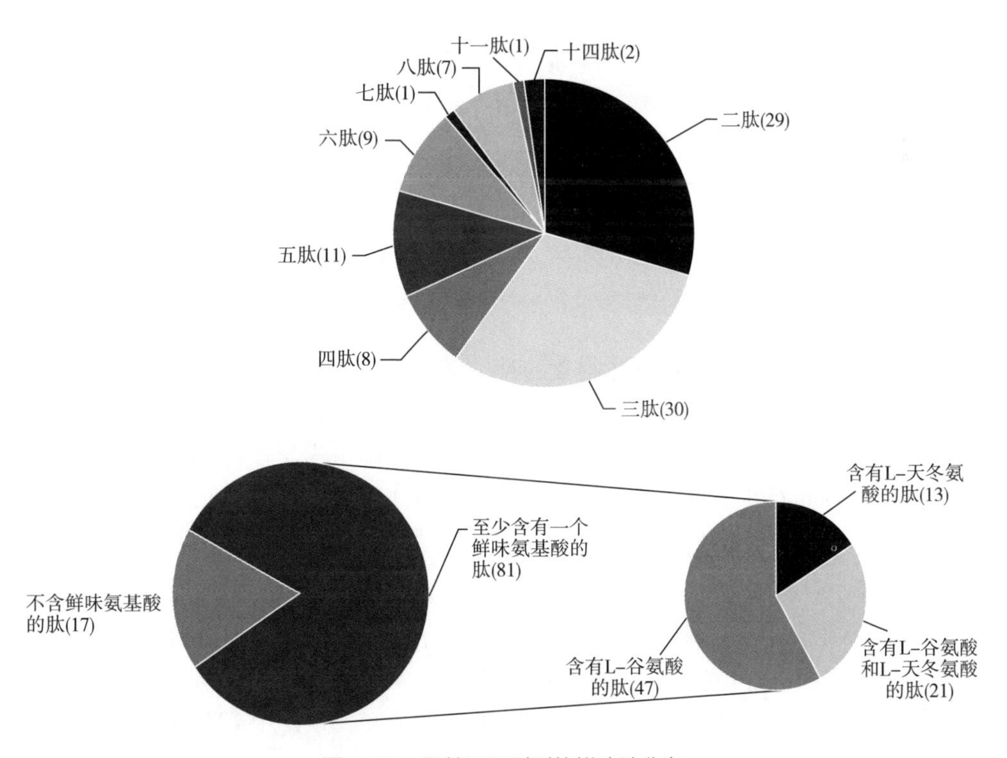

图5-26　目前已识别到的鲜味肽分布

氨酸或其他亲水性氨基酸组成。丙氨酸约占所需疏水氨基酸的20%，它与其他苦味疏水氨基酸有很大的不同，并且它大多是作为一种典型的甜氨基出现的。长链美味肽不具有与短链肽相同的氨基酸组成特征。对于长链肽，氨基酸组成不再是影响其鲜味性质的最关键因素，反而是空间结构、鲜味氨基酸、亲水氨基酸和疏水氨基酸的存在构成了它味道的基本要求。

二、大豆鲜味肽与酱油

在许多食品中，例如，干酪、酱油和蛋白质水解产物中，发现了一系列鲜味增强肽及其衍生物，这些鲜味相关物质对于食物的愉悦风味至关重要。不同于谷氨酸钠盐、呈味核苷酸和酵母抽提物，鲜味肽的鲜味是独立的，它不会影响食品中的其他味觉特征（酸、甜、苦、咸等味觉），且具有增强酸、甜、苦、咸等味觉的作用，因此，它们在肉类、干酪、蔬菜的增味方面有良好的效果。

已发现某些肽可赋予或增强鲜味，例如带有H-Lys-Gly-Asp-Glu-Glu-Ser-Leu-Ala-OH序列的“美味肽”或花生水解产物中的多肽。另一方面，酱油自身具有浓郁而令人愉悦的鲜味，这种鲜味主要是米曲霉或大豆曲霉通过蛋白酶把大豆蛋白释放形成游离的氨基酸和肽，其中分子质量小于500u的鲜味相关肽可能具有最强烈的鲜味。大部分肽已知在其序列中含有谷氨酸或焦谷氨酸残基。虽然它们中的一些在肌苷-5-单磷酸中具有增强作用，但是大多数肽的个别味道很弱，甚至无法检测到。有研究说，酱油中存在的酸性肽的鲜味强度比味精要弱得多。据报道只有一种肽（主要结构：Lys-Gly-Asp-Glu-Glu-Ser-Leu-Ala）在pH 6.5时具有与味精相同的鲜味强度，但这却与感官检测结果相矛盾。

三、鲜味肽的生产

由于多种肽的串联使得鲜味物质的种类增多、数量增加，从而达到了增强鲜味的效果。鲜味肽的生产方法多样，但是目前主要以酶解法为主。酶解法主要是通过使用蛋白酶水解蛋白质获得鲜味肽，或者利用微生物将蛋白酶的发酵和蛋白质的酶解过程偶联获取鲜味肽的生产方法。酶解法的反应条件温和易控、生产工艺简单，但是此法副产物较多、产率低下、总体效益较差，且在生产过程中极易产生苦味肽，影响鲜味肽的口感。为了提高鲜味肽生产效率，生产过程中可通过很多方法来提高鲜味。例如，使用复合酶代替单一酶酶解蛋白质混合液，使蛋白质酶解效率提高。还可以利用酸水解植物蛋白，从而反向调控植物蛋白溶解液中的鲜味氨基酸成分，从而得到丰富的鲜味肽。此外，在生产中采用多种技术（如定向可控酶解技术、低温热反应技术、稳定增强技术）使产品中富含鲜味肽、醇厚肽以及游离氨基酸等呈味物质，通过各物质的协同作用可使鲜味得到进一步提升。鲜味肽与其他物质协调调控鲜味主要是通过美拉德反应产生所需的特殊香味物质。

除以上生产方法外，生物工程法应用也较广泛。生物工程合成法是将含有目的基因的 DNA 片段经载体导入受体细胞中进行表达，再经过加工纯化后得到目标活性肽的过程。此法具有专一性强、取材广泛、产量可观等优点。国内相关研究和实验中，最为突出的是利用毕赤酵母高效表达了 16 倍的牛肉风味肽的实验，通过实验最终获得目的产物 16 倍的牛肉辛肽。

鲜味肽作为新型天然鲜味剂，其风味特征自然醇厚，具有强烈的增鲜、增香作用，同时符合消费者追求产品天然属性的心理需求。随着调味品市场的迅猛发展，调味品行业的不断升级，鲜味肽势必也会得到广泛的应用。当前风味肽一般是由酶解法制备，但在蛋白酶解过程中，易形成相对分子质量较低的苦味肽，影响了食品的品质。而利用基因工程方法特异性表达鲜味肽产量大、效率高、成本低、安全。目前我国对鲜味肽的研究制备技术尚未成熟，尤其是利用生物工程技术高效生产鲜味肽仍亟待发展，鲜味肽的呈鲜机制仍亟待进一步完善。

第六章

酱油理化及微生物检测技术

第一节　常规理化检测技术

国内外酱油生产中的质量检测主要是一些理化指标及卫生指标的检测，如总酸、氨基酸态氮、总氮、还原糖、食盐含量、无盐固形物等，主要使用一些化学分析的手段进行检测，一般都是按照统一的国家标准进行分析。其中，氨基酸态氮、总氮和无盐固形物的含量是评价酱油质量的重要指标，我国的国家标准就是根据这三个指标将酱油分为特级、一级、二级和三级四个等级。

一、总酸

参考国家标准：GB 5009.235—2016《食品安全国家标准　食品中氨基酸态氮的测定》和 GB 18186—2000《酿造酱油》

酱油中的总酸通常指乳酸、醋酸、琥珀酸和柠檬酸等有机酸。由于其中以乳酸含量最高，故总酸量测定结果通常以乳酸含量形式表示。

1. 试剂的配制

（1）氢氧化钠标准滴定溶液［c（NaOH）= 0.05mol/L］　称取 110g 氢氧化钠于 250mL 的烧杯中，加 100mL 的水，振摇使之溶解成饱和溶液，放置数日，澄清后备用。取上层清液 2.7mL，加适量新煮沸过的冷蒸馏水至 1000mL，摇匀。

（2）氢氧化钠标准滴定溶液的标定　准确称取在 105～110℃ 干燥至恒重的基准邻苯二甲酸氢钾约 0.36g，加 80mL 新煮沸过的水，使之尽量溶解，加 2 滴酚酞指示液（10g/L），用氢氧化钠溶液滴定至溶液呈微红色，30s 不褪色。记下耗用氢氧化钠溶液的体积（mL）。同时做空白试验。

（3）氢氧化钠标准溶液的浓度

$$c = \frac{m}{(V_a - V_b) \times 0.2042}$$

式中　c——氢氧化钠标准滴定溶液的实际浓度，mol/L；

m——基准邻苯二甲酸氢钾的质量，g；

V_a——氢氧化钠标准溶液的用量体积，mL；

V_b——空白试验中氢氧化钠标准溶液的用量体积，mL；

0.2042——与 1.00mL 氢氧化钠标准滴定溶液［c（NaOH）= 1.000mol/L］相当的基准邻苯二甲酸氢钾的质量，g。

2. 操作步骤

吸取酱油样 5.00mL，用蒸馏水分数次洗入 100mL 容量瓶中，混匀后吸取上述稀释后的样品 20.00mL 于 200mL 烧杯中，加入 60mL 蒸馏水，开动磁力搅拌器，用 0.05mol/L 氢氧化钠标准溶液滴定至 pH8.2，记录消耗氢氧化钠标准滴定溶液的体积（mL），同时做试剂空白试验。

3. 计算

$$\text{总酸}/(\text{g}/100\text{mL}) = \frac{(V_1 - N) \times c \times 0.09}{V \times \frac{V_2}{V_3}} \times 100$$

式中 V_1——消耗氢氧化钠标准滴定溶液的体积，mL；

N——空白试验消耗氢氧化钠标准滴定溶液的体积，mL；

c——氢氧化钠标准滴定溶液的浓度，mol/L；

0.09——与 1.00mL 氢氧化钠标准溶液相当的乳酸的质量，g；

V——取样量，mL；

V_2——试样稀释液的取用量，mL；

V_3——试样稀释液的定容体积，mL；

100——单位换算系数。

二、氨基酸态氮

参考国家标准：GB 5009.235—2016《食品安全国家标准　食品中氨基酸态氮的测定》

氨基酸态氮是酱油的特征性指标之一，指以氨基酸形式存在的氮元素的含量。它代表了酱油中氨基酸含量的高低，氨基酸态氮含量越高，酱油的质量越好，鲜味越浓。（利用氨基酸的两性作用，加入甲醛以固定氨基的碱性，使羧基显示出酸性，用氢氧化钠标准溶液滴定后定量，以酸度计测定终点。

1. 操作步骤

在滴定完总酸的基础上加入 10.0mL 甲醛溶液，混匀后，继续加入 0.05mol/L 的氢氧化钠标准滴定溶液至 pH9.2，记下消耗氢氧化钠标准溶液的体积（mL）。同时做试剂空白试验。

2. 计算

$$\text{氨基酸态氮}/(\text{g}/100\text{mL}) = \frac{(V_1 - V_2) \times c \times 0.014}{V \times \frac{V_3}{V_4}} \times 100$$

式中 V_1——试样稀释液加入甲醛后消耗氢氧化钠标准滴定溶液的体积，mL；

V_2——试剂空白试验加入甲醛后消耗氢氧化钠标准滴定溶液的体积，mL；

c——氢氧化钠标准滴定溶液浓度，mol/L；

0.014——与1.00mL氢氧化钠标准滴定溶液相当于氮的质量，g；

V——吸取试样的体积，mL；

V_3——试样稀释液的取用量，mL；

V_4——试样稀释液的定容体积，mL；

100——单位换算系数。

三、总氮

参考国家标准：GB/T 6432—2018《饲料中粗蛋白的测定　凯氏定氮法》

总氮表示酱油中蛋白质、氨基酸含量的高低，是影响产品风味的指标，不属于强制性指标。一般用凯氏定氮的方法进行测定，使试样在催化剂的作用下，经硫酸消解，含氮化合物转化成硫酸铵，加碱蒸馏使氨逸出，用硼酸吸收后，再用盐酸标准滴定溶液滴定，测出含氮量。

1. 试剂配制

（1）混合催化剂　称取0.4g五水硫酸铜、6.0g硫酸钾或硫酸钠，研磨混匀；或购买商品化的凯氏定氮催化剂片。

（2）硼酸吸收液　称取20g硼酸，用水溶解并稀释至1000mL。

（3）甲基红乙醇溶液　称取0.1g甲基红，用乙醇溶解并稀释至100mL。

（4）溴甲酚绿乙醇溶液　称取0.5g溴甲酚绿，用乙醇溶解并稀释至100mL，

（5）混合指示剂溶液　将甲基红乙醇溶液和溴甲酚绿乙醇溶液等体积混合。

2. 操作步骤

（1）试样消煮

①凯氏烧瓶消煮。称取试样0.5~2g（含氮量5~80mg，准确至0.0001g），置于凯氏烧瓶中，加入6.4g混合催化剂，混匀，加入12mL硫酸和2粒玻璃珠，在约200℃的电炉上开始加热，待试样焦化、泡沫消失后，再提高温度至约

400℃，直至呈透明的蓝绿色，继续加热至少 2h。取出，冷却至室温。做两份平行试验。

②消煮管消煮。称取试样 0.5~2g（含氮量 5~80mg，准确至 0.0001g），放入消煮管中，加入 2 片凯氏定氮催化剂片或 6.4g 混合催化剂，12mL 硫酸，于 420℃消煮炉上消化 1h。取出，冷却至室温。同时做两份平行试验。

（2）氨的蒸馏

①凯式蒸馏装置。待试样消煮液冷却，加入 60~100mL 蒸馏水，摇匀，冷却。将蒸馏装置的冷凝管末端浸入装有 25mL 硼酸吸收液和 2 滴混合指示剂的锥形瓶中。然后向凯氏烧瓶中加入 50mL 氢氧化钠溶液，摇匀后加热蒸馏，直至馏出液体积约为 100mL。降下锥形瓶，使冷凝管末端离开液面，继续蒸馏 1~2min，至流出液 pH 为中性。用水冲洗冷凝管末端，洗液均需流入锥形瓶内，然后停止蒸馏。

②半自动凯氏定氮仪。将带消煮液的消煮管插在蒸馏装置上，以 25mL 硼酸吸收液为吸收液，加入 2 滴混合指示剂，蒸馏装置的冷凝管末端要浸入装有吸收液的锥形瓶内，然后向消煮管中加入 50mL 氢氧化钠溶液进行蒸馏，至流出液 pH 为中性。蒸馏时间以吸收液体积达到约 100mL 时为宜。降下锥形瓶，用水冲洗冷凝管末端，洗液均需流入锥形瓶内。

③全自动凯氏定氮仪。按仪器操作说明书进行测定。

（3）滴定　将蒸馏后的吸收液用 0.1mol/L 盐酸标准滴定溶液滴定，溶液由蓝绿色变成灰红色为滴定终点。

（4）蒸馏步骤检测　精确称取 0.2g 硫酸铵（精确至 0.0001g），代替试样，按以上步骤进行操作，测得硫酸铵含氮量应为（21.19±0.2）%，否则应检查加碱、蒸馏和滴定各步骤是否正确。

（5）空白测定　精确称取 0.5g 蔗糖（精确至 0.0001g），代替试样，按上面步骤进行空白测定，消耗 0.1mol/L 盐酸标准滴定溶液的体积不得超过 0.2mL，消耗 0.02mol/L 盐酸标准滴定溶液体积不得超过 0.3mL。

3. 计算

$$X = \frac{(V_2 - V_1) \times c \times 0.014}{m \times \frac{V_3}{V}} \times 100$$

式中　V_2——滴定试样消耗盐酸标准滴定溶液的体积，mL；

V_1——空白试验消耗盐酸标准滴定溶液的体积，mL；

c——盐酸标准滴定溶液的浓度，mol/L；

m——试样的质量，g；

V——试样消煮液总体积，mL；

V_3——蒸馏用消煮液体积，mL。

四、还原糖

参考国家标准：GB/T 15038—2006《葡萄酒、果酒通用分析方法》

还原糖是构成酱油甜味的重要物质。还原糖含量的升高是因为由淀粉酶糖化分解碳水化合物，产生葡萄糖、果糖等物质，而美拉德反应、酒精发酵及微生物增殖需要消耗糖分，又造成其含量的降低。还原糖的检测是利用斐林溶液与还原糖共沸，生成氧化亚铜沉淀的反应，以次甲基蓝为指示液，以样品或经水解后的样品滴定煮沸的斐林溶液，达到终点时，稍微过量的还原糖将蓝色的次甲基蓝还原为无色。

1. 试剂的配制

（1）葡萄糖标准溶液　称取在105~110℃烘箱内烘干3h并在干燥器中冷却的无水葡萄糖2.5g（精确至0.0001g），用水溶解并定容至1000mL。

（2）斐林试剂

①溶液Ⅰ。称取34.7g硫酸铜，溶于水，稀释至500mL。

②溶液Ⅱ。称取173g酒石酸钾钠和50g氢氧化钠，溶于水，稀释至500mL。

（3）斐林试剂的标定

①预备试验：吸取斐林试剂甲、乙液各5.00mL于250mL三角瓶中，加50mL水，在沸腾状态用葡萄糖标准溶液滴定，当溶液由蓝色变为呈红色时，加2滴次甲基蓝指示剂，继续滴定至蓝色消失，记录消耗葡萄糖标准溶液体积。

②正式试验：吸取斐林试剂甲、乙液各5.00mL于250mL三角瓶中，加50mL水和比预备试验少1mL的葡萄糖标准溶液，加热至沸腾，并保持2min，加2滴次甲基蓝指示液，在沸腾状态下于1min内用葡萄糖标准溶液滴定至终点，记录消耗葡萄糖标准溶液的总体积。

$$F = \frac{m}{1000} \times V$$

式中　F——斐林溶液Ⅰ、Ⅱ各5mL相当于葡萄糖的质量，g；

m——称取无水葡萄糖的质量，g；

V——消耗葡萄糖标准溶液的总体积，mL。

2. 操作步骤

准确吸取一定量的样品于100mL容量瓶中并加水至刻度线，以试样代替葡萄糖标准溶液按照标定正式试验步骤进行同样操作，记录消耗试样的体积。

3. 计算

$$还原糖(g/L) = \frac{F \times V_2}{V_1 \times V_3} \times 1000$$

式中 F——斐林溶液Ⅰ、Ⅱ液各5mL相当于葡萄糖的质量，g；

V_1——吸取样品的体积，mL；

V_2——样品稀释后或水解定容的体积，mL；

V_3——消耗试样的体积，mL。

五、食盐

参考国家标准：GB/T 18186—2000《酿造酱油》、GB 5009.44—2016《食品安全国家标准 食品中氯化物的测定》

食盐是酱油酿造过程中的重要生产原料之一，它会使酱油具有适当的咸味，可以在一定程度上减少发酵过程中杂菌的污染。可以和谷氨酸结合生成谷氨酸钠盐以提高酱油的鲜味，在成品中具有防止腐败的功能。将样品处理后，以铬酸钾为指示剂，用硝酸银标准滴定溶液滴定试液中的氯化物。根据硝酸银标准滴定溶液的消耗量，计算食品中氯的含量。

1. 试剂的配制

（1）硝酸银标准滴定溶液（0.1mol/L） 称取17g硝酸银溶于少量硝酸溶液中，转移到1000mL棕色容量瓶中，用水稀释至刻度，摇匀，转移到棕色试剂瓶中储存。

（2）硝酸银标准滴定溶液的标定 称取经500~600℃灼烧至恒重的基准试剂氯化钠0.05~0.10g（精确至0.1mg），于250mL锥形瓶中。用约70mL水溶解，加入1mL5%铬酸钾溶液，边摇动边用硝酸银标准滴定溶液滴定，颜色由黄色变为橙黄色（保持1min不褪色）。记录消耗硝酸银标准滴定溶液的体积。

硝酸银标准溶液的浓度：

$$c_0 = \frac{m}{0.0585 \times V_1}$$

式中 c_0——硝酸银标准滴定溶液的浓度，mol/L；

0.0585——与1.00mL硝酸银标准滴定溶液相当的氯化钠的质量，g；

V_1——滴定试剂时消耗硝酸银标准滴定溶液的体积，mL；

m——氯化钠的质量，g。

（3）铬酸钾溶液（50g/L）　称取5g铬酸钾，用少量水溶解后定容至100mL。

2. 操作步骤

吸取2.0mL的稀释液（吸取5.0mL样品，置于200mL容量瓶并加水至刻度）于250mL锥形瓶中，加100mL水及1mL铬酸钾溶液，混匀。在白色瓷砖的背景下用0.1mol/L硝酸银标准滴定溶液滴定至初显橘红色。同时做空白试验。

3. 计算

$$\text{氯化钠(g/100mL)} = \frac{(V - V_0) \times c \times 0.0585}{2 \times \frac{5}{200}} \times 100$$

式中　V——滴定样品稀释液消耗硝酸银标准滴定溶液的体积，mL；

V_0——空白试验消耗硝酸银标准滴定溶液的体积，mL；

c——硝酸银标准滴定溶液的浓度，mol/L；

0.0585——1.00mL硝酸银标准滴定溶液相当于氯化钠的质量，g。

六、无盐固形物

参考标准：SB/T 10326—1999《无盐固形物测定法》

无盐固形物主要指酱油中各种可溶性的蛋白质、糊精、胨、肽、糖分、有机酸、色素等物质，也就是酱油中的主要的营养成分物质，无盐固形物含量是影响风味的重要指标，其含量的高低与酱油的品质高低有着直接的关系。酱油无盐固形物含量高，则酱油的质量好。可根据105℃恒重法测得。

1. 操作步骤

将称量瓶洗净后，放入105℃的干燥箱内，2h后取出，放入干燥器中冷却，称重，再烘0.5h，冷却称重，直至恒重（二次称重相差不超过0.002g，即为恒重）。记下称量瓶的号码和重量（W_1）放入干燥器中备用。

吸取被测样品25mL，放入250mL容量瓶中，加蒸馏水至刻度，摇匀后备用。随后吸取上述稀释液10mL，放入已恒重的空称量瓶内，再把称量瓶放入105℃干燥箱内，4h取出放入干燥器内，冷却，称重；再烘0.5h，冷却，称重至恒重，按号码记下样品和称量瓶的总重量（W_2）。

2. 计算

$$\text{无盐固形物(g/100mL)} = \frac{(W_2 - W_1)}{I} \times 100 - C_1$$

式中 W_2——恒重后的样品和称量瓶总质量，g；

W_1——恒重后的空称量瓶的质量，g；

I——样品量，mL 或 g；

C_1——食盐含量，g/100mL。

第二节 微生物检测技术

酱油具有独特的风味，其风味来源是在酿造过程中，由微生物引起一系列的生化反应形成的。酱油酿造中，对原料发酵成熟的快慢，成品色泽的浓淡以及味道的鲜美有直接关系的微生物是米曲霉和酱油曲霉，对酱油风味有直接关系的微生物是酵母和乳酸菌。因此，对酱油的微生物指标进行检测，为酱油品质的改进及提高提供理论基础。

一、种曲孢子计数

参考标准：SB/T 10315—1999《孢子数测定法》

酱油的发酵需要制曲，种曲是成曲的曲种，是保证成曲的关键，是酿造优质酱油的基础。种曲质量要求之一是含有足够的孢子数量，所以孢子数及其发芽率的测定是种曲质量控制的重要手段。

1. 操作步骤

首先对样品进行稀释，精确称取种曲或二级菌种 1g（称准至 0.002g），倒入 250mL 锥形瓶内，加 95%酒精 5mL，加无菌水 20mL，加稀硫酸 10mL，充分振摇，使分生孢子个个分散，然后用多层纱布过滤、冲洗，稀释至 500mL。然后进行制片，取稀释液 1 滴，滴于血球计数板的计算格上，然后将盖片轻轻由一边向另一边压下，使盖片与计数板完全密合，液中无气泡，用滤纸吸干多余的溢出悬浮孢子液，静置数分钟，待孢子沉降。最后用显微镜观察计数。

2. 计算

16 格×25 格的计数板

$$孢子数(个/g) = \frac{n}{100} \times 400 \times 10000 \times \frac{V}{G} = 4 \times 10^4 \times \frac{nV}{G}$$

式中 n——100 小格内孢子总数，个；

V——孢子稀释液体积，mL；

G——样品质量，g。

25 格×16 格的计数板

$$孢子数(个/g)=\frac{n}{80}\times 400\times 10000\times \frac{V}{G}=5\times 10^4\times \frac{nV}{G}$$

式中　n——80 小格内孢子总数，个；

V——孢子稀释液体积，mL；

G——样品质量，g。

二、孢子出芽率计算

参考标准：SB/T 10316—1999《孢子发芽率测定》

1. 操作步骤

第一步进行悬浮液的制备，取种曲少许盛入有 25mL 事先灭菌的生理盐水和玻璃珠的锥形瓶中，充分振摇约 15min，务使孢子个个分散，制成孢子悬浮液；第二步标本的制作，先在凹玻片的凹窝内滴入无菌水 4 滴，再将察氏培养基融化并冷却至 45~50℃后，接入孢子悬浮液数滴。充分摇匀后，用玻璃棒以薄层涂布在盖玻片上，然后反盖于凹玻片的窝上，四周涂凡士林封固。放置于 30~32℃恒温箱内培养 3~5h；第三步进行镜检，取出标本在高倍镜头下观察孢子发芽情况，逐个数出发芽孢子数和未发芽孢子数。

2. 计算

$$发芽率(\%)=\frac{a}{A}\times 100$$

式中　a——发芽孢子数，个；

A——发芽及不发芽孢子总数，个。

三、细菌总数

参考国家标准：GB 4789.2—2016《食品安全国家标准　食品微生物学检验　菌落总数测定》

细菌数量主要用于判断酱油被其他细菌污染的程度，也可以应用这一方法观察细菌在酱油中繁殖的动态，以便对被检样品进行卫生学评价时提供依据。

1. 试剂的配制

（1）生理盐水　将 8.5g 氯化钠加入 1000mL 蒸馏水中，搅拌至完全溶解，

121℃灭菌 15min，备用。

（2）磷酸盐缓冲液　称取 34.0g 的磷酸二氢钾溶于 500mL 蒸馏水中，用大约 175mL 的 1mol/L 氢氧化钠溶液调节 pH 至（7.2±0.1），用蒸馏水稀释至 1000mL 后储存于冰箱。

2. 操作步骤

吸取 25mL 样品置于盛有 225mL 磷酸盐缓冲液或生理盐水的无菌锥形瓶中，制成 1∶10 的样品匀液。取 1∶10 的样品匀液 1mL，加入到含有 9mL 稀释液的无菌试管中（按照此操作递增稀释倍数）。选择 2~3 个适宜稀释度的样品匀液，并分别从中取 1mL 加入到无菌平皿中，每个稀释度做两个平皿。然后及时将冷却到 46℃的平板计数琼脂培养基倒入平皿中混合均匀。待琼脂凝固后放入到生化培养箱中，(36±1)℃培养（48±2）h。同时做空白试验。检验程序见图 6-1。

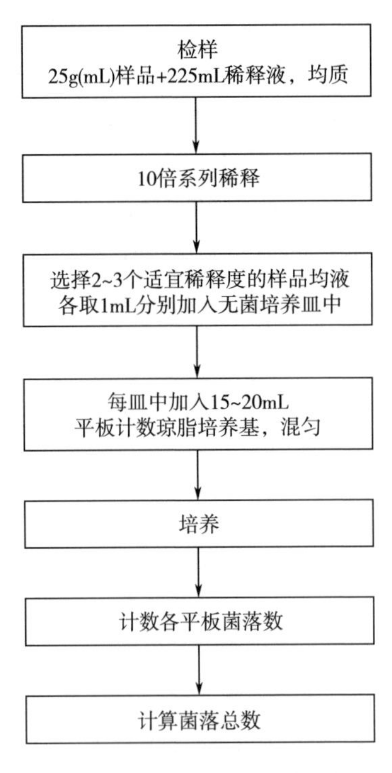

图 6-1　细菌总数的检验程序

3. 计算

（1）若只有一个稀释度平板上的菌落数在适宜计数范围内，计算两个平板菌落数的平均值，再将平均值乘以相应稀释倍数，作为每 mL 样品中菌落总数结果。

（2）若有两个连续稀释度的平板菌落数在适宜计数范围内时，则：

$$N = \frac{\sum C}{(n_1 + 0.1n_2)d}$$

式中　N——样品中菌落数；

ΣC——平板（含适宜范围菌落数的平板）菌落数之和；

n_1——第一稀释度（低稀释倍数）平板个数；

n_2——第二稀释度（高稀释倍数）平板个数；

d——稀释因子（第一稀释度）。

四、酵母计数

参考国家标准：GB 4789.15—2016《食品安全国家标准　食品微生物学检验　霉菌和酵母计数》

在酱油的酿造过程中，发酵用的酵母自古以来都被认为是酱油酿造过程中的重要微生物群。这些菌群发酵产生的醇类、烃类、酯类都对酱油香气和风味形成有很大影响，并且对油色的稳定起到了很大的作用。与酱油发酵关系密切的主要为鲁氏酵母和球拟酵母。除了第四章第二节酱油活性干酵母部分介绍的采用血球计数板直接计数之外，还可采用平板计数法计数。

1. 试剂的配制

（1）生理盐水　将8.5g氯化钠加入1000mL蒸馏水中，搅拌至完全溶解，121℃灭菌15min，备用。

（2）磷酸盐缓冲液　称取34.0g的磷酸二氢钾溶于500mL蒸馏水中，用大约175mL的1mol/L氢氧化钠溶液调节pH至（7.2±0.1）。用蒸馏水稀释至1000mL后储存于冰箱。

2. 操作步骤

吸取25mL样品置于盛有225mL无菌稀释液（蒸馏水、生理盐水或磷酸缓冲液）的锥形瓶中，制成1∶10的样品匀液。取1mL 1∶10的样品匀液，注入含有9mL无菌稀释液的试管中（按照此操作递增稀释倍数）。根据实际情况选择2~3个适宜稀释度的样品匀液，并从每个稀释度中分别取1mL样品匀液于2个无菌平皿中。然后及时将冷却到46℃的马铃薯葡萄糖琼脂或孟加拉红琼脂倒入平皿中混合均匀。待琼脂凝固后，置（28±1）℃培养箱中培养，观察并记录培养至第5d的结果。同时做空白试验。检验程序见图6-2。

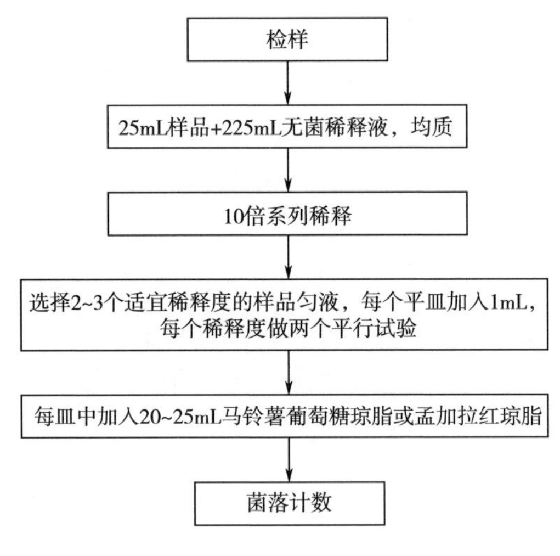

图 6-2 酵母平板计数法检验程序

3. 计算

用肉眼观察，必要时可用放大镜或低倍镜，记录稀释倍数和相应的酵母菌落数。以菌落单位（CFU）表示。

五、微生物多样性检测

1. PCR-DGGE 多样性检测

聚合酶链式反应-变性梯度凝胶电泳（PCR-DGGE）分子生物学技术，可以直观的检测细菌或真菌的序列多态性，是早期研究发酵食品微生物群落结构的一种主要的分析手段。不需要对样品进行微生物培养，直接提取环境基因组总DNA，扩增 16SrDNA 或 18SrDNA 的特定区域，电泳将不同微生物的基因条带分开，回收纯化基因片段，并与载体连接，转化入感受态细胞，检测阳性克隆后，进行基因序列测定，可最终确定微生物物种的种属。

2. 微生物多样性测序

微生物多样性测序（又称扩增子测序）是利用二代或三代高通量测序平台，对 16SrDNA、18SrDNA、内转录间隔区（ITS）和功能基因等特定区段 PCR 产物进行高通量测序。其突破了传统微生物不可培养的缺点，可以获得环境样本中的微生物群落结构、进化关系以及微生物与环境相关性等信息。标记基因扩增和测序是经过充分测试，快速经济且高效的方法，可用于获得微生物群落的低分辨率视图。这种方法对于被宿主 DNA 污染的样品（例如，组织和低生物量样品）效果很好。标记基因测序通常与基因组含量具有良好的相关性，适用的样本类型和研究设计范围最广泛。微生物多样性分析流程见图 6-3。

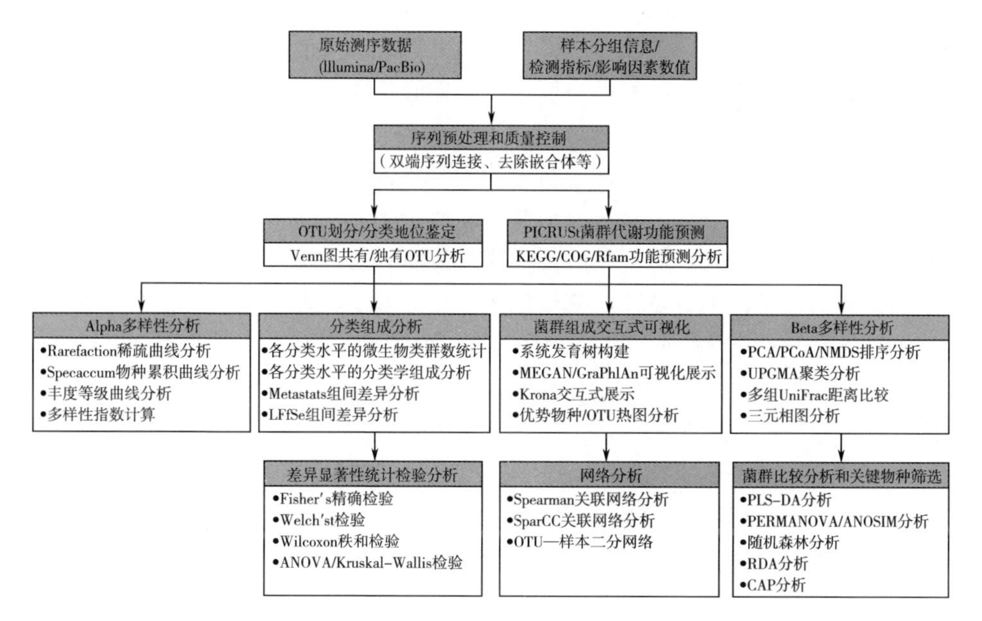

图 6-3　微生物多样性分析流程

3. 酱油发酵过程中细菌群落变化

细菌多样性检测发现细菌在酱油发酵期间具有显著的差异性及动态演替过程，主要包括多种耐高盐乳酸菌，如四联球菌属、片球菌属、乳杆菌属、魏斯氏菌属以及芽孢杆菌属、葡萄球菌属等。成曲时期细菌多样性最高，这是由于制曲过程中原料分解为细菌提供了生长代谢所必需的营养物质，而酱醪时期高盐度和高酸度抑制了大量细菌的生长，减少了酱醪中的细菌多样性，此外，酱醪发酵早期细菌群落变化显著，而在后期变化较小。

芽孢杆菌属是发酵酱油的主要细菌，随着发酵时间的延长，其相对丰度也逐渐增大。芽孢杆菌能够分泌降解淀粉、蛋白质和脂肪相关的酶，是发酵过程中的重要菌属。芽孢杆菌以芽孢方式存活，这是由酱醪中的高盐含量导致的。除此之外，革兰阳性芽孢杆菌具有广泛的抗胁迫能力，包括高渗透压、高酸度以及高温等。乳酸菌主要负责将碳水化合物降解为单糖和有机酸，使环境 pH 降低而减少病原菌。魏斯氏菌存在于整个发酵过程，是酱油制曲环节最主要的细菌。而嗜盐四联球菌具有高度耐盐性，在酱醪发酵中后期占主导地位。

葡萄球菌作用于整个发酵过程，添加盐水并不能抑制其在酱醪中生长，说明葡萄球菌具有抗高渗透压的特性。葡萄球菌是通过食物传染的致病菌，除金黄色葡萄球菌外大多数对人类无害，相反，葡萄球菌有助于挥发性脂肪酸的形成，对酱油风味做出重要贡献。

对于传统露天发酵，酱醪中的微生物与空气、土壤、雨水以及发酵设备中存在的微生物不断进行交换，除了主要发酵微生物外，其他微生物也直接或间接的参与风味的形成、影响酱油的品质，这些菌株的相对丰富度较低，只有少数存在于酱油中，如肠杆菌属的 *Klebsiella variicola* 和 *Klebsiella pneumonia* 存在于整个发酵过程中，但在发酵后期相对丰富度显著降低。*K. pneumonia* 是一种致病菌，通常引起细菌性肺炎，对抗生素具有较强的抗性。*Clostridium* 是一种能形成芽孢的专性厌氧菌，由于产气能力可导致酱油胀气及瓶装酱油爆炸，它的存在强调了生产卫生条件的重要性，有效控制其数量才能保证酱油的安全品质。极少数酱醪中检测到 *Shimwellia*、*Scopulibacillus*、*Microlunatus* 和 *Trichodesmium* 的存在，对于它们的研究还不充分，尚不明确其在酱油发酵中的作用，但由于其含量低，经巴氏杀菌后并不会引起安全问题。

4. 酱油发酵过程真菌群落变化

真菌微生物多样性检测发现，酱油发酵过程中的主要霉菌包括米曲霉、酱油曲霉和黑曲霉等，主要的酵母有假丝酵母、长柄酵母属、毕赤酵母属、丝孢酵母属和接合酵母属等多种类型。

米曲霉和酱油曲霉是制曲过程中的主要真菌，但其数量随着发酵时间延长逐渐减少，几乎在成熟酱醪中不存在，而黑曲霉具有耐盐性，是酱醪发酵过程中的主要霉菌。产生的酶用于分解大豆大分子化合物，促进了风味的形成并缩短发酵周期。霉菌分泌的胞外酶能够分解脂肪、淀粉、纤维素和其他生物聚合物，在制曲阶段发挥主要作用，随着发酵的进行，发酵环境的酸度不断增大，促进了耐盐酵母的生长，酵母丰富度呈现上升的趋势，而霉菌丰富度呈现下降趋势，使酱醪中真菌多样性高于大曲中真菌多样性。

卵形丝孢酵母和阿氏丝孢酵母存在于制曲和酱醪发酵前期，在酱醪中后期消失。鲁氏酵母与之形成鲜明对比，在制曲和酱醪发酵前期不存在，但出现在酱醪发酵的中后期。*Millerozyma farinosa* 和 *Peronospora farinosa* 与鲁氏酵母表现出相似变化。

一些真菌如 *Cladosporium sphaerospermum*、*Cladosporium cladosporioides* 和 *Fusarium oxysporum* 是植物病原真菌，*Candida parapsilosis* 是一种人类致病菌，它们通常出现在传统露天发酵的酱醪中，室内发酵则很少发现。

六、微生物宏基因组学

宏基因组学（metagenomics），又称元基因组学，利用新一代高通量测序技术，以特定环境下微生物群体基因组为研究对象，分析微生物多样性、种群结构、进化关系。可进一步探究微生物群体功能特性、相互协作关系及与环境之间的关系，发掘潜在的生物学意义。宏基因组测序比单独的扩增子测序产生更详细的基因组信息和分类学分辨率，但是制备、测序和分析样品相对昂贵。宏基因组测序分析了整个群落在基因水平上的功能，这远远超出了扩增子分析的范围。与传统微生物研究方法相比，宏基因组测序技术规避了绝大部分微生物不能培养、痕量菌无法检测的缺点，因此近年来在环境微生物学研究中得到了广泛应用。宏基因组分析流程见图 6-4。

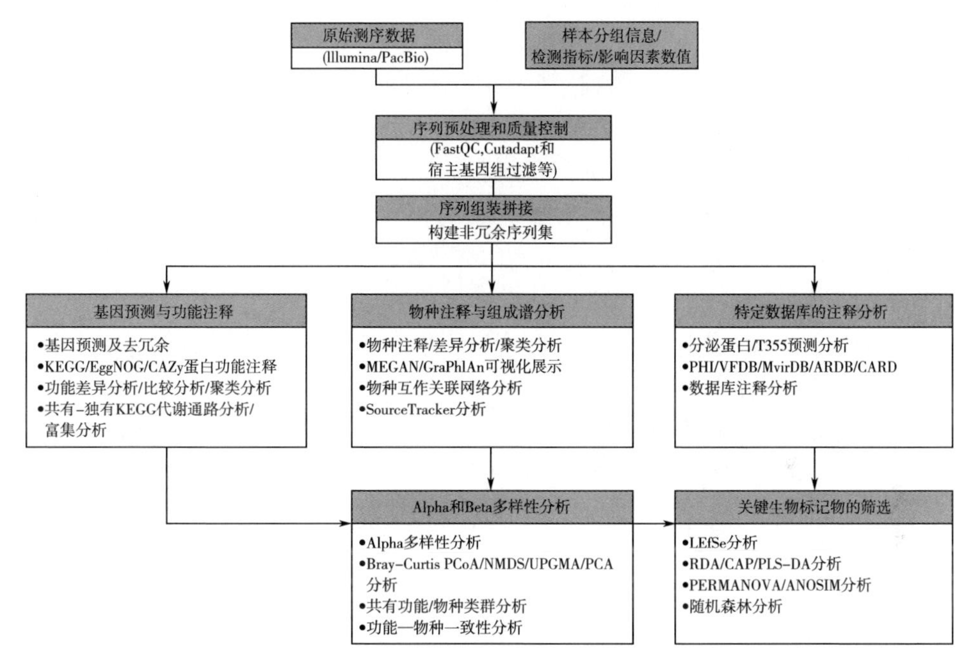

图 6-4　宏基因组分析流程

至今已有多种发酵食品采用了宏基因组学的研究方法。相对扩增子测序的多样性分析，宏基因组更侧重于对微生物组的基因进行功能分析，如 Pothakos 等利用宏基因组学技术分析了厄瓜多尔咖啡发酵过程中乳酸菌功能特征。所有组装的宏基因组重叠群进行了基因预测和注释后，发现在碳水化合物代谢方面，有关多糖降解、碳水化合物运输、果胶分解、奎尼酸代谢和三羧酸循环的基因大量分布在乳酸菌的基因重叠群中。在有机酸和酚类化合物代谢相关基因组分析中，证实了乳酸菌具有合成酵解途径、酮糖酸途径和磷酸戊糖途径所必需酶的基因，并发现了乳酸菌含有编码柠檬酸、苹果酸和延胡索酸等代谢途径所必需物质的基因。在多元醇的产生与代谢的分析中，确定了编码与多元醇代谢相关的酶的基因，例如存在于肠杆菌中可以催化赤藓糖醇生成的赤藓糖 4-磷酸脱氢酶，以及存在于乳酸菌种可以将 6-磷酸果糖还原为甘露醇的甘露醇脱氢酶。这些功能特征证明了乳酸菌在厄瓜多尔咖啡发酵过程中发挥着至关重要的功能。

七、微生物宏转录组学

宏转录组测序技术（metatranscriptomic sequencing），通过对特定时期、特定环境样品中所有微生物群落的转录本进行大规模高通量测序，可以直接获得环境中可培养和不可培养的微生物转录组信息（图 6-5）。这种技术不仅具有宏基因组技术的全部优点，可以检测环境中的活性微生物、活性转录本以及活性功能，而且可以比较不同环境下差异表达基因和差异功能途径，揭示微生物在不同环境压力下的适应机制，探索环境与微生物之间的互作机制。宏转录组是以 RNA 为研究对象，考虑到了细胞存活情况和细胞活性状态，而宏基因组仅对样品中的 DNA 序列进行分析。虽然对微生物 RNA 进行测序可以更好地了解微生物群落的功能活性，但对于转录活性较高的生物体有一定的偏向。宏转录组的变化幅度要大于宏基因组，而且宏转录组可以研究微生物群落对异型生物质（药物、杀虫剂、致癌物等）的响应过程。宏转录组技术最为复杂，但是目标数据可以为研究者提供新颖独特的见解。

宏转录组中不仅包含微生物的物种信息，还有微生物的基因表达信息，这些表达信息可以告诉研究者微生物“想做什么”。如 Sang Eun Jeong 等利用 *Weissella koreensis* 的基因组和宏转录组学分析，揭示了其在泡菜发酵过程中的代谢和发酵特性。他们首先对 *W. koreensis* 进行了 COG 功能分类及转录表达分析，发现 70.0%的蛋白编码基因被归为 COG 功能类，包括细胞生长、翻译、转录和 DNA 复制等多种复杂的代谢通路。核糖体结构和生物发生在发酵早期占优势，随着发酵的进行，分配给生物发生类的转录本迅速减少。相反，分配给碳水化合物和能量代谢转录本随着发酵的进行逐渐增加，这表明 *W. koreensis* 菌株在泡菜发酵后期具有竞争性的生存优势。通过计算泡菜乳酸菌的总 mRNA reads 中 *W. koreensis* mRNA 读数的相对丰度，以揭示 *W. koreensis* 的相对功能活性，发现 *W. koreensis* 菌株在后期的泡菜发酵中基因高度表达，因为它们更耐酸。然后基于 KEGG 途径和 BLASTP 分析对菌株的基因组重建了碳水化合物发酵代谢途径，进一步研究 *W. koreensis* 发酵代谢途径及其转录表达。所构建的发酵代谢途径表明，*W. koreensis* 菌株通常采用异质乳酸发酵途径，从多种碳水化合物中产生乳酸、乙醇、乙酸盐和二氧化碳。

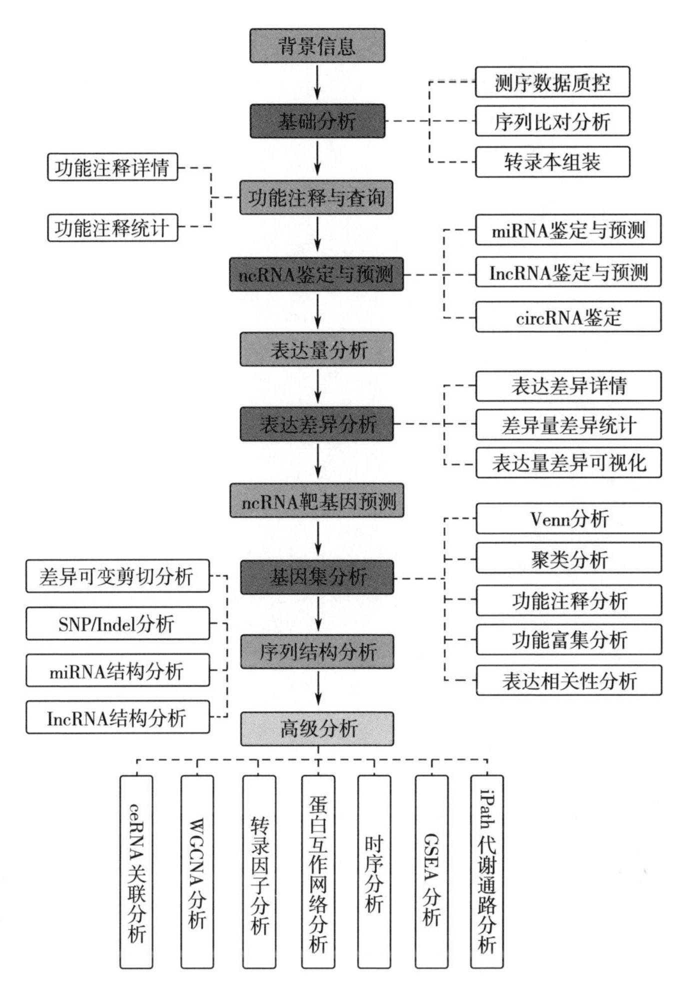

图 6-5　宏转录组分析流程

第七章

酱油风味检测技术

第一节 酱油香味检测技术

香气成分在酱油中含量极微、种类繁多、性质不稳定、受热影响大，因此给检测带来了一定麻烦，但是剖析酱油香气成分非常重要，这对进一步丰富和改善酱油风味、改进发酵工艺、提高酱油品质有着重要作用。

自古以来人们都是凭借感官检验来判定香气物质的呈味类型和呈味强度，这种方法存在个体差异，有很大的波动性。近年来由于分析方法的进步，仪器分析已成为风味物质检测的主角，其中气相色谱对一些微量成分的定性、定量起了很大的作用。尽管风味检测的研究已经取得很多成果，但是还面临一些困难，例如，食品中的风味成分数目庞大、类群复杂；许多风味成分不稳定；含量较低的风味成分散于大量的对风味并不重要的介质中；风味成分之间在呈味性质上常存在着相互影响等。

酱油的风味物质检测一般分为两大步骤：第一步是分离，第二步是鉴定结构及确定含量。随着人们对酱油香气的研究不断深入，酱油风味物质的检测手段也在不断改进。

一、香味物质提取方式

酱油挥发性香气物质的分析，首先需要对其进行提取，常用的提取方法是萃取法：如固相微萃取法、同时蒸馏萃取法、液液萃取法、溶剂辅助风味成分蒸发低温萃取法。不论哪种方法都不应使风味物质遭到破坏，不应产生异味，所采用的萃取溶剂，也不能与风味物质发生反应，应将危害降到最低。

1. 固相微萃取法

1987 年，加拿大的 Pawlinszyn 研究组为缩短样品处理时间，将样品处理和气相色谱进样合二为一。1993 年出现了固相微萃取（solid phase microextraction，SPME）商品化产品。该方法集萃取、浓缩、解吸、进样于一体，具有简单易行、设备低廉、不需溶剂等优点，适合于挥发性和半挥发性有机物的样品处理和分析，在食品分析领域有着广泛应用。

SPME 根据“相似相溶”原理，利用固体吸附试剂的吸附作用将液体样品中的待分离组分萃取出来，逐渐富集，完成样品前处理。在进样时，利用气相色谱进样器的高温将吸附的组分解吸下来，由气相色谱仪自动分析。SPME 的萃取方式分为两种：①直接法，将石英纤维置于样品中，适用于半挥发性的气体及液体样品萃取；②

顶空法，将石英纤维置于样品顶空中，适用于挥发性固体或废水水样萃取。

固相微萃取的石英纤维表面涂有一层高分子固定相液膜作为吸附剂，吸附和富集有机物。不锈钢注射针管伸出的位置依靠定位器来调节，压杆卡持螺钉可通过 Z 型槽使不锈钢注射针管内的石英纤维伸出或收回，而不锈钢注射针管可避免石英纤维表面的吸附剂在穿过密封隔膜时受到损失（图 7-1）。

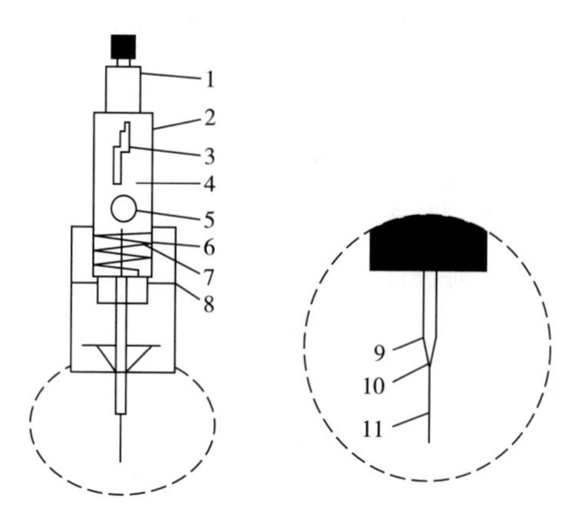

图 7-1　固相微萃取装置

1—压杆　2—筒体　3—压杆卡持螺钉　4—Z 型槽　5—筒体视窗　6—调节针头长度的定位器　7—拉伸弹簧　8—密封隔膜　9—注射针管　10—纤维联结管　11—熔融石英纤维

SPME 法也存在一些问题：涂在石英纤维表面的涂层起萃取作用，不同材质的涂层对挥发性成分具有一定的选择性，因此，分析结果与样品实际存在的挥发性成分之间存在一定差别。采用该方法作为挥发性成分的提取方法进行定量时，若不采用稳定同位素稀释方法进行定量，很难得到准确的定量结果，尤其是面积归一化法的定量结果极其不准。

作者通过比较不同型号萃取头，确定了顶空-固相微萃取（headspace-solid phose microextraction，HS-SPME）的最佳提取条件选用 50/30μm DVB/CAR/PDMS 萃取头，NaCl 添加量为 0.9g，提取时间为 30min。采用优化后的 HS-SPME 条件提取 4 种不同品牌酱油的挥发性物质，GC-MS 分析鉴定出的香气物质共有 200 多种，其中醇类、酯类（相对分子质量≤130）和吡嗪类的总含量相对较高，是头抽类酱油香气的主要贡献者。

2. 同时蒸馏萃取法

1964 年，Nickerson 和 Likens 发明一种挥发性物质提取方法，即同时蒸馏萃取（simultaneous discillation extraction，SDE），后来同时蒸馏萃取装置又得到了一些改进，是食品风味分离的最通用的方法之一。

同时蒸馏萃取装置如图 7-2 所示。将待提取物溶液置于一圆底烧瓶中，连接在仪器的右侧；提取溶剂置于另一烧瓶中，连接在仪器的左侧，两瓶分别加热，水蒸气和溶剂蒸气同时在仪器中被冷凝下来，水和提取溶剂互不相溶，在仪器的 U 形管中被分开来，分别流回两侧的瓶中，蒸馏和萃取同时连续进行，并且使用少量溶剂就可提取大量风味物质。该法操作简便、定性定量效果好，是一种有效的样品前处理方法。但是由于组分复杂，蒸馏温度过高时，样品可能发生水解、氧化、酯化或热分解，同时高沸点的组分也难以随水蒸气一起蒸发，所以对一些挥发性成分的提取不是很全面。

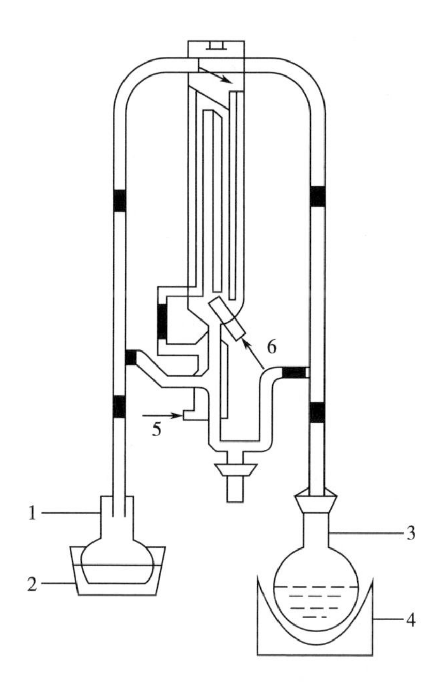

图 7-2 同时蒸馏萃取装置

1—溶剂瓶 2—水浴加热 3—样品瓶 4—电热套 5—冷凝水进口 6—冷凝水出口

高献礼等以二氯甲烷为提取溶剂，利用 SDE 法提取广东产高盐稀态酱油中的挥发性物质，经 GC-MS 检测出 44 种风味物质，并且发现该法对醛类化合物具有较高的选择性。样品处理方法：将 150mL 酱油和 200mL 蒸馏水同时放入两个圆底烧瓶中，提取过程中以电热套保持样品温度为 60～65℃；重蒸二氯甲烷（300mL）水浴保持 45℃。提取过程中保持系统真空度为 20kPa，并以 0℃的冰水进行循环冷却，提取物用棕色玻璃瓶密封，-20℃冰箱中过夜去除结晶水。以无水 Na_2SO_4 进一步除水，并用微流 N_2 浓缩至 1mL 备用。真空 SDE 做 3 个平行实验。冯笑军等以重蒸无水乙醚为提取溶剂，利用 SDE 法提取高盐稀态酿造酱油、低盐固态酿造酱油、常温半固态发酵酱油和配制酱油这 4 种不同工艺生产的酱油中的风味物质，共检测出51种化学成分，发现不同工艺生产的酿造酱油中醇、酚、醛、酮、酯类物质的种类均高出配制酱油1倍以上，酸类物质的总含量也远大于配制酱油，然而配制酱油的杂环类风味物质比较丰富，主要为体现烤香风味的吡嗪类化合物。王林祥等以重蒸无水乙醚为提取溶剂，采用SDE法提取龟甲万高盐稀态发酵酱油的挥发性成分，经GC-MS分析，从分离出的酸性和中性挥发性组分中共鉴定出59种化合物。检出较多的杂环化合物，如呋喃类、吡嗪类、吡咯类和一些含硫化合物，对酱油的风味贡献较大。其中主要有4-羟基-2(5)-乙基-5(2)-甲基-3(2H)-呋喃酮（HEMF）、4-乙烯基愈创木酚、3-甲硫基丙醇、2-乙酰吡咯等。其中酱油中的重要风味物质HEMF、4-乙烯基愈创木酚在国内酱油风味研究中首次检出。刘巍等以重蒸无水乙醚为提取溶剂，采用SDE法提取市售酱油的挥发性成分，GC-MS鉴定出50种挥发性物质，其中酱油典型香味物质HEMF、4-乙烯基愈创木酚也被检出，通过与SPME法对比，发现SDE法有利于提取半挥发性化合物，尤其对提取中、高沸点化合物更为有效。

3. 液液萃取法

液液萃取（liquid-liquid extraction，LLE）又称溶剂萃取，其原理是利用物质在两种互不相溶（微溶）的溶剂中溶解度或分配系数的不同，使目标物从一种溶剂中转移到另一种溶剂中，从而实现分离的目的。该法的优点是设备简单、操作简便、分离效果好，既能用来分离、提纯大量物质，又适合于微量或痕量物质的分离、富集，不足之处是劳动强度大，萃取溶剂易挥发、易燃、有毒。

液液萃取常用的装置是分液漏斗（图7-3），使用时应选择容积比液体体积大1倍以上的分液漏斗，把溶剂分成数次作多次萃取要比用全部量的溶剂作一次萃取的效果好。常用萃取溶剂的物理常数见表7-1。

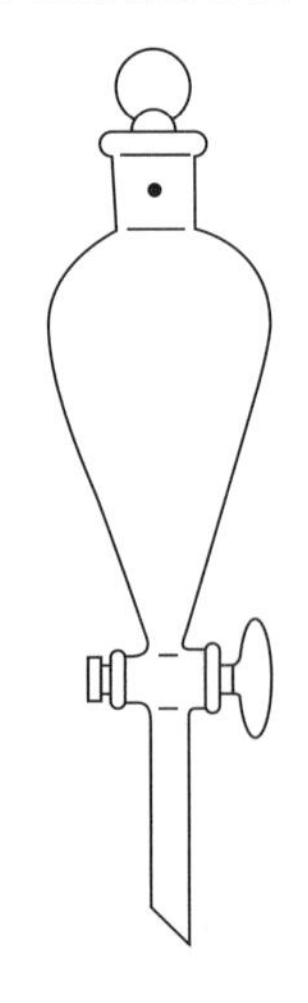

图7-3 分液漏斗

表 7-1　常用萃取溶剂物理常数

名称	密度/(g/mL)		沸点/℃	介电常数	在水中溶解度/($\times 10^{-2}$g/g)
庚烷	15℃	0.6879	98.4	1.924	0.005（15℃）
环己烷		0.7831	80.7	2.0	0.01（20℃）
乙醚		0.7193	34.5	4.335	7.24（20℃）
环己酮		0.9510	155.65	18.3	2.3（20℃）
己烷	20℃	0.6594	69.0	1.9	0.0138（20℃）
氯仿		1.4892	61.3	4.8606	0.822（20℃）
四氯化碳		1.595	76.8	2.238	0.077（20℃）
邻二甲苯		0.8745	144	—	—
己醇		0.8224	157.5	13.3	0.706（20℃）
辛醇		0.8256	194.5	10.34	0.0538（25℃）
2-辛醇		0.8193	178.5	8.2	—
异丙醚		0.7281	68.27	3.88	0.48
辛烷	25℃	0.6985	125.7	1.948	0.0142
二氯甲烷		1.325	39.8	—	2.0（20℃）
苯		0.8737	80.1	2.3	—
甲苯		0.8623	110.8	2.4	—
间二甲苯		0.8599	138.8	2.4	—

赵谋明等采用 LLE 法提取面粉类酱油和麸皮类酱油中的挥发性物质，经 GC-MS 检测出 60 种挥发性物质。通过与 HS-SPME 方法对比，发现 LLE 法更适合于呋喃（酮）类化合物和杂环化合物的萃取，且 4-羟基-2，5-二甲基-3(2H)-呋喃酮（HDMF）、HEMF、3-羟基-4，5-二甲基-3(5H)-呋喃酮（sotolone）、麦芽酚等关键香气活性物质仅在 LLE 法中检测到，而在杂环化合物数量上，LLE 的结果是 HS-SPME 的 2 倍。样品处理方法：将 30mL 酱油、30mL 二氯甲烷以及 20μL 内标（1.724mg/L 的 2-甲基-3-庚酮甲醇溶液）加入到 100mL 碘量瓶中，萃取 30min 后，8000r/min 离心 10min，分离乳化层后，得到提取液，该操作共重复两次，合并溶剂，加入无水 Na_2SO_4 除水，于-20℃冷冻过夜，随后用韦氏分馏装置蒸馏浓缩至 2mL 左右，用氮吹浓缩至 0.5mL，过 0.22μm 有机膜到 GC-MS 分析瓶中。熊芳媛等采用 LLE 法提取头油和生抽中的香气成分，以乙醚为萃取溶剂，利用 GC-MS 从头油乙醚萃取物和生抽乙醚萃取物中分别检测出 43 种和 36 种物质，研究发现头油香气成分以醇类、酯类化合物为主，如苯乙醇、2-甲基丙醇、亚油酸乙酯等，而生抽香气成分以杂环类化合物为主，如 3，8-二

羟基-2-甲基色酮、糠醛、5，6-二氢-5，6-二乙基吡咯等。罗龙娟等采用 LLE 法提取中式酱油和日式酱油中的挥发性成分，以二氯甲烷为提取溶剂，GC-MS 鉴定提取物成分，从中式酱油和日式酱油中分别鉴定出 94 种和 125 种香气物质，发现中式酱油在醇类、醛酮类、杂环类、酚类、吡嗪类和含硫类的含量上高于日式酱油，而日式酱油在酸类、酯类和呋喃吡喃类的含量上高于中式酱油，分析造成这种差异的原因可能是原料的种类和配比不同。朱志鑫等采用 LLE 法提取生抽中的挥发性成分，以无水乙醚为萃取溶剂，GC-MS 鉴定提取物成分，检测出 32 种物质，研究发现 HEMF、4-乙基愈创木酚、麦芽酚、5-甲基-2-糠醛和 3-甲硫基丙醇对酱油香气的贡献最大。

4. 溶剂辅助蒸馏萃取法

虽然 SDE 法可以快速、简便地提取挥发性物质，但是蒸馏过程中的高温可能会使样品分解。针对这项不足，Weurman 等已开发出一种高真空蒸馏技术，由两个通过玻璃管连接的容器之间的极端温差来“转移”真空系统中的挥发物，从而去除非挥发性物质。但是这样的高真空转移技术也存在一些缺点，例如，沸点较高的香气物质在到达收集器之前可能在管内部分冷凝；只能使用乙醚和二氯甲烷提取，否则冷冻溶剂可能会封闭管道和收集器；含有高浓度饱和脂肪的萃取物，可能会堵塞滴液漏斗的旋塞；装置占据空间大且准备工作耗时。因此针对上述不足，为了从复杂的食品基质中快速、准确地分离挥发性物质，德国的 Engel 研究团队于 1999 年开发了一种新型通用技术——溶剂辅助蒸馏萃取（solvent assistant flavor evaporation，SAFE）技术。

SAFE 的装置如图 7-4 所示。这是一种新的蒸馏装置，蒸馏装置和高真空泵（5×10^{-3}Pa）紧凑结合。低温、高真空环境下进行蒸馏，馏出液通过液氮冷冻收集，这使样品中的热敏性挥发性物质损失减少，萃取物大大保留了样品的原始风味，特别适合于复杂的天然食品中挥发性物质的分离。但是高真空系统造成了设备的高成本。

白佳伟等采用 LLE 法结合 SAFE 法提取 3 种特级高盐稀态发酵酱油中的挥发性成分，气相色谱-质谱-嗅闻（GC-MS-O）分析提取物，从中共鉴定出 37 种香气活性物质，其中香气活性值（OAV）≥1 的有 23 种，实验结果显示同一级别的酱油在香气活性物质种类和含量上也存在差别，分析可能与它们所用原料及生产工艺有关。

样品处理方法：将 100mL 酱油和 50mL 二氯甲烷放入玻璃瓶中，在室温条件下用摇床振荡 1h，然后将酱油和二氯甲烷分离，得到萃取液（A）和酱油；把分离出的酱油加入玻璃瓶中，再加入 50mL 二氯甲烷，重复以上操作，得到萃取液（B），共萃取 3 次，得到萃取液 A、B、C，合并萃取液。使用 SAFE 将所得萃取

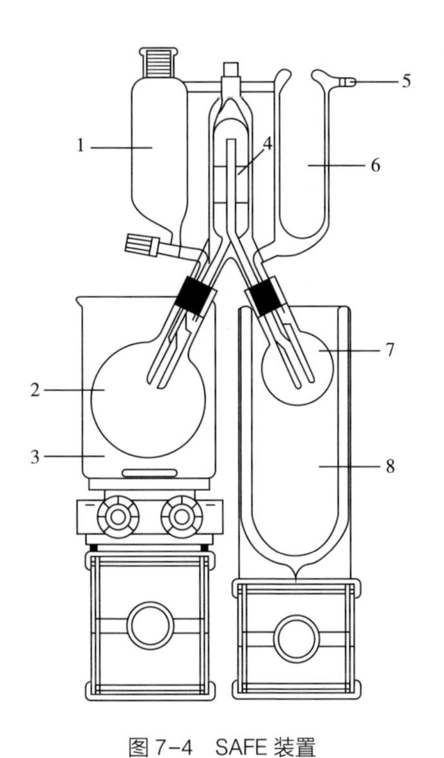

图 7-4　SAFE 装置

1—物料漏斗　2—物料烧瓶　3—水浴　4—中心头　5—接真空泵
6—液氮　7—蒸馏液收集瓶　8—保温瓶

液中的挥发性成分与难挥发性成分分离；加热端水浴温度为 40℃，收集馏分一侧用液氮冷却，采用的压力应低于 2.5×10^{-3}Pa，用无水 Na_2SO_4 对收集到的挥发性馏分进行干燥过夜。过滤得到滤液，用韦氏蒸馏柱浓缩至 3mL 左右，用氮吹进一步浓缩至 1mL。周莉等采用 LLE 法结合 SAFE 法提取我国传统晒露酱油——老恒和太油的挥发性成分，以二氯甲烷为提取溶剂，SAFE 的蒸馏温度为 40℃，使用正相色谱柱技术对挥发性组分萃取液预分离，经气相色谱-嗅闻（GC-O）共鉴定出 80 种香气活性成分，且 3-甲基-4-戊内酯、泛内酯、芳樟醇、柠檬烯和双（2-糠基）二硫作为香气活性成分首次在我国传统晒露酱油中被鉴定到。康文丽等采用 LLE 法结合 SAFE 法提取灭菌前后高盐稀态发酵酱油中的挥发性物质，同样以二氯甲烷为提取溶剂，SAFE 的蒸馏温度为 40℃，GC-O 分析提取物，共鉴定出 24 种香气活性物质，其中醇类 5 种、酸类 4 种、醛类 4 种、酮类 4 种、酚类 5 种、吡嗪类 2 种，研究发现 3-甲硫基丙醛、麦芽酚、HEMF、HDMF 等物质质量浓度的变化是导致灭菌前后香气差异的主要原因。

不同的提取方法有不同的适用范围，效果也各异。综上所述，表 7-2 所示为几种酱油风味物质提取方法的优缺点。

表 7-2 酱油风味物质提取方法的优缺点

提取方法	优点	缺点
固相微萃取（SPME）	集萃取、浓缩、解吸、进样于一体，简单易行，设备低廉，不需溶剂	不同的萃取头对挥发性成分具有一定的选择性
同时蒸馏萃取（SDE）	蒸馏和萃取同时进行，溶剂用量少，对半挥发性化合物提取效果好	蒸馏温度过高时，样品可能会发生热分解等变化
液液萃取（LLE）	装置简单，操作容易，分离效果好	劳动强度大、溶剂易挥发、易燃、有毒
溶剂辅助蒸馏萃取法（SAFE）	减少了热敏性挥发性物质损失，萃取物大大保留了样品的原始风味	设备成本高

二、香味物质检测手段

酱油香味物质经不同的萃取方法提取后，需将提取物分离并定性（鉴定结构）、定量（确定含量）。气相色谱（GC）是经典的分离分析方法，以保留时间定性，以峰面积（或峰高）定量，有多种检测器可连接到气相色谱上，其中具有高灵敏度的质谱检测器（MS）常被连接到气相色谱上，组成 GC-MS。通过不同的联用，又衍生出了气相色谱-嗅闻（GC-O）、气相色谱-串联质谱（GC-MS/MS）以及全二维气相色谱（GC×GC）。

1. 气相色谱分析

色谱法是一种利用混合物中不同组分在固定相和流动相之间的分配系数不同的分离技术。组分在固定相和流动相之间持续反复多次地吸附、脱附或溶解、挥发，使得组分逐渐分离。

气相色谱（gas chromatography，GC）法是以气体为流动相的色谱分析法。1952 年，英国生物化学家 Martin 和 Synge 首次以气体为流动相，涂渍在惰性载体上的高沸点液体为固定相，配合微量酸碱滴定池，发明了气相色谱仪，正式提出了气相色谱法，对挥发性物质的分离检测具有里程碑的意义。气相色谱可以分析气体、易挥发液体和固体以及包含在固体中的气体。气相色谱法具有选择性高、灵敏度高、分离效能高、分析速度快等优点，广泛应用在食品分析中。一般来说只要沸点在 500℃以下，且在操作条件下对热稳定的物质，原则上均可采用气相色谱来分析。由于气相色谱要求样品气化，所以不适用于大部分高沸点和对热不稳定的物质分析。

根据气相色谱固定相的不同，可将其分为气-固色谱和气-液色谱两种。气-

固色谱以固体吸附剂为固定相，不同组分在吸附剂表面的吸附-解吸能力不同，使得在其表面得到分离。主要用于分离永久性气体和低沸点烃类化合物。能在气-固色谱中作为固定相的吸附剂种类较少。由于在高温下部分吸附剂有催化活性，因此气-固色谱不宜用于分离对热不稳定的化合物。气-液色谱以涂布（或键合）在惰性载体表面的高沸点有机化合物（固定液，在工作温度下为液态）为固定相。混合物中不同组分与固定液分子间相互作用力的不同，这使得不同组分在固定相上的保留时间不同，从而实现分离。气-液色谱在通常操作条件下有良好的对称峰且固定液种类繁多，因此气-液色谱比气-固色谱应用范围广。表 7-3 所示为气-固色谱常用的固体固定相，表 7-4 所示为气-液色谱常用的固定液。

表 7-3　　气-固色谱常用的固体固定相

固体固定相	化学组成	最高使用温度	性质	分析对象
活性炭	C	<200℃	非极性	惰性气体（-196℃）；N_2，CO_2，CH_4 等永久气体；C_2^0，C_2 等烃类气体；N_2O 等（在常温分析）
硅胶	$SiO_2 \cdot xH_2O$	<400℃	氢键性	一般气体；C_1～C_4 烷烃；N_2O，SO_2，COS，SF_6，CF_2Cl_2 等气体（常温下）
氧化铝 A 型 X 型	Al_2O_3	<400℃	极性	氢同位素及异构体（-196℃）；C_1～C_4 烷烃（常温下）
分子筛 A 型 X 型	Na_2O（CaO）Al_2O_3，$2SiO_2$ Na_2O，Al_2O_3 $3SiO_2$	<400℃	强极性	惰性气体（干冰温度）；H_2，O_2，N_2，CH_4 等一般永久气体；NO，N_2O 等
GDX	多孔聚合物	<200℃	随原料不同而不同	

表 7-4　　气-液色谱常用的固定液

固定液名称	固定液型号	麦氏平均极性	D 值	最高使用温度/℃
角鲨烷	SQ	0	0	150
阿松皮 L	APL	29	67.2～84.7	300
甲基硅油或甲级硅橡胶	$SE30-OV_{101}$	43	100	350

续表

固定液名称	固定液型号	麦氏平均极性	D 值	最高使用温度/℃
苯基（10%）甲基聚硅氧烷	OV-3	85	194	350
苯基（50%）甲基聚硅氧烷	OV-17	177	377	300
三氟丙基（50%）甲基聚硅氧烷	QF-1，OV-210	300	709	250
β-氰乙基（25%）甲基聚硅氧烷	XE-60	357	821	275
聚乙二醇-20000	Carbowac-20M	462	1052	220
丁二酸丁二醇酯	BDS	541	1236	
丁二酸二乙二醇酯	DEGS	583	1612	225
双（2-氰乙氧基）甲酰胺	BCEF	929	2102	125

气相色谱分析需要靠气相色谱仪来完成。气相色谱仪由气路系统、进样系统、分离柱系统、温控系统、检测系统和数据采集处理系统这六大系统组成。色谱柱决定组分能否被分离，检测系统决定分离后的组分能否产生信号。气相色谱仪的基本设备如图 7-5 所示。高压钢瓶中的载气经减压阀减压，净化器净化，通过气流调节阀和转子流量计调节柱前流量和压力至适当值，把气化室、色谱柱和检测器各升到所需温度。试样从进样器注入气化室后，立即气化并被载气带入色谱柱进行分离。分离的组分依次进入检测器，样品的浓度信号转换为电信号，产生的信号经放大后在记录器上记录下来，得到色谱图。利用各组分在图上有一定的保留时间来定性，用峰面积或峰高加以校正来定量。

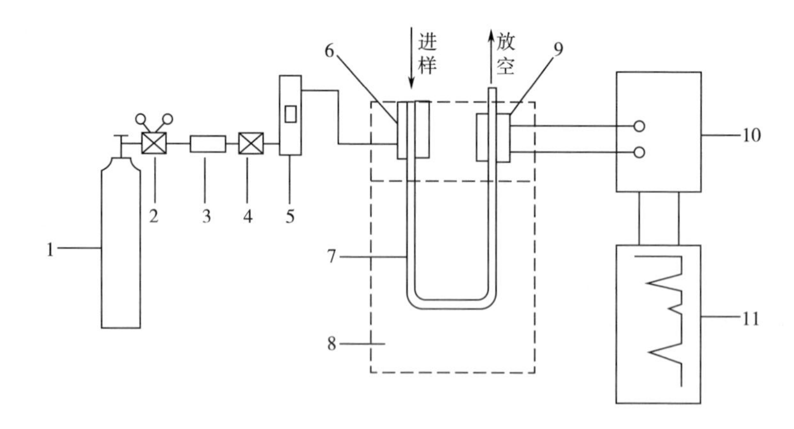

图 7-5 气相色谱仪的基本设备

1—载气气源 2—减压阀 3—净化器 4—气流调节阀 5—转子流量计
6—气化室 7—色谱柱 8—恒温箱 9—检测器 10—放大器 11—记录器

检测器是色谱仪的“眼睛”，它的种类和性能决定分离的组分能否产生信号。根据检测原理的不同，气相色谱检测器可分为浓度型和质量型两种。浓度型检测器：响应信号与载气中组分的瞬间浓度呈线性关系。常用的浓度型检测器有热导池检测器（TCD）和电子捕获检测器（ECD）。质量型检测器：响应信号与单位时间内进入检测器组分的质量呈线性关系，与组分在载气中的浓度无关。常用的质量型检测器有氢火焰离子化检测器（FID）、火焰光度检测器（FPD）和氮磷检测器（NPD）。常用气相色谱检测器的性能见表7-5。

表7-5　常用气相色谱检测器的性能

检测器	灵敏度	检测限	线性范围	测定对象
TCD	10^4（mV·mL）/mg	10^{-7}~10^{-9}mg/mL	10^5	无机和有机物
FID	10^{-2}（A·s）/g	10^{-13}g/s	10^7	有机物
ECD	800（A·mL）/g	10^{-14}g/mL	10^2~10^4	含N、P、S和卤素的有机物
FPD	400（A·s）/g	10^{-12}g/s（P） 10^{-11}g/s（S）	10^3~10^5	含P、S的有机物
NPD	20（A·s）/g	10^{-12}~10^{-14}g/s	10^3	含P、N的有机物

2. 气相色谱-质谱联用

气相色谱分析虽然分离效率高，但其定性分析的能力又比较微弱。对基本已知的简单样品可用标品进行保留时间比对来定性，而对于完全未知的复杂样品便显的无能为力。最简单的方法是将气相色谱仪与其他有强定性能力的现成仪器连接，将色谱分离后的单组分直接“发送”到最后一级仪器里去定性，充分发挥各自的长处。在定性方面质谱法具有灵敏度高（可检出10^{-3}g）、方法可靠（既有色谱的保留参数，又有质谱的指纹数据）、使用方便（采用全扫描方式可作为通用型色谱检测器，采用选择离子检测模式又相当于选择性检测器）、使用范围广（可检测尚未完全分离的组分）的特点。

气相色谱-质谱联用（gas chromatography-mass spectrometry，GC-MS）是开发最早的色谱与质谱联用技术。1957年J. C. Holmes和F. A. Morel首次实现了GC-MS，目前在所有联用技术中GC-MS发展最完善，应用最广泛。GC-MS取长补短，综合了气相色谱法高分离效率和质谱法定性高、灵敏度高的优点：①气相色谱仪是质谱法的理想“进样器”，试样经色谱分离后以纯物质形式进入质谱仪，就可充分发挥质谱法的特长；②质谱仪是气相色谱法的理想“检测器”，色谱法所用的检测器如FID、TCD、ECD等都有局限性，而质谱仪可检测出几乎全部化合物，且灵敏度高。GC-MS具有更大的优势，是目前风味分析的主流设备。

GC-MS 的主要原理是通过接口将色谱分离后的组分依次送入质谱仪检测，得到总离子流色谱图（总离子流强度随时间变化的色谱图）或质量色谱图［某质荷比（m/z）的离子流强度随时间变化的色谱图，其中 m 为离子质量数，z 为离子电荷数］，并得到所有色谱峰对应的质谱图，最后根据色谱数据定量，根据质谱数据定性（图 7-6）。

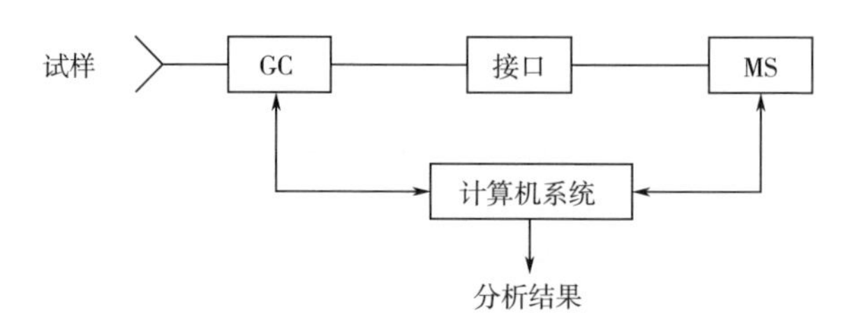

图 7-6　GC-MS 组成方框图

质谱仪包括进样系统、离子源、质量分析器、检测器、数据采集处理系统、真空系统、供电和电路控制系统。其中离子源、质量分析器和检测器必须在高真空环境下工作，以减少本底干扰，其中离子源的真空度需达到 10^{-4}～10^{-3}Pa，质量分析器和检测器的真空度需达到 10^{-5}～10^{-4}Pa 以上。离子源的作用是将被分析样品分子电离成带电的离子，并使这些离子在系统的作用下聚集成一定几何形状和能量的离子束，然后进入质量分析器。质量分析器是质谱仪的核心，作用是将离子源产生的离子按其 m/z 的不同，在空间的位置、时间的先后进行分离，得到按 m/z 大小顺序排列的质谱图。质谱仪常用的质量分析器有磁质量分析器、四极杆质量分析器（图 7-7）、离子阱质量分析器（图 7-8）和飞行时间质量分析器（图 7-9）。目前与色谱仪器联用的质谱仪使用最多的是磁质量分析器、四极杆质量分析器和离子阱质量分析器。3 种质量分析器的特点见表 7-6 和表 7-7。

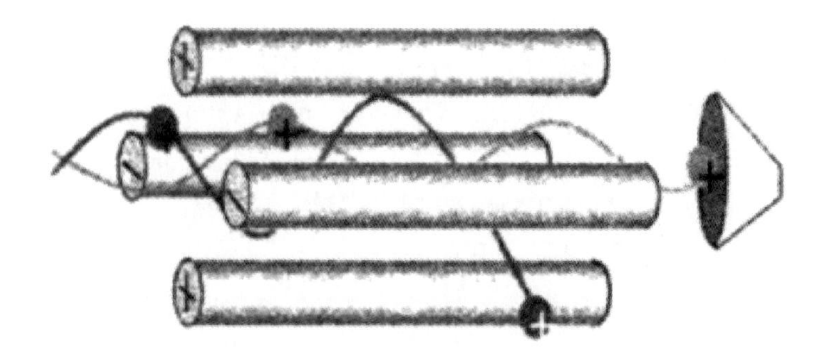

图 7-7　四极杆质量分析器

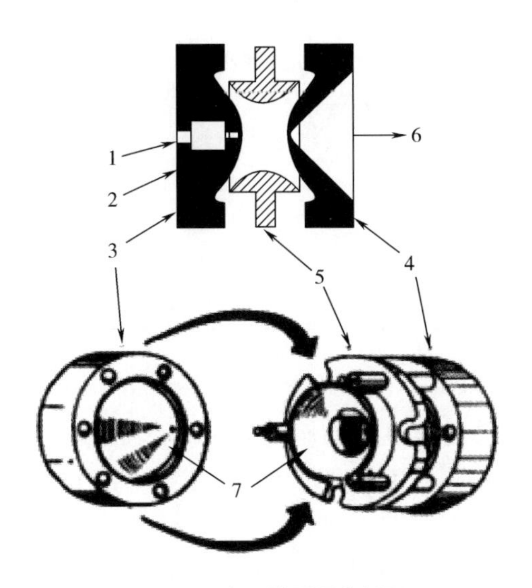

图 7-8　离子阱质量分析器

1—离子束注入　2—离子闸门　3，4—端电极　5—环形电流
6—至电子倍增器　7—双曲线

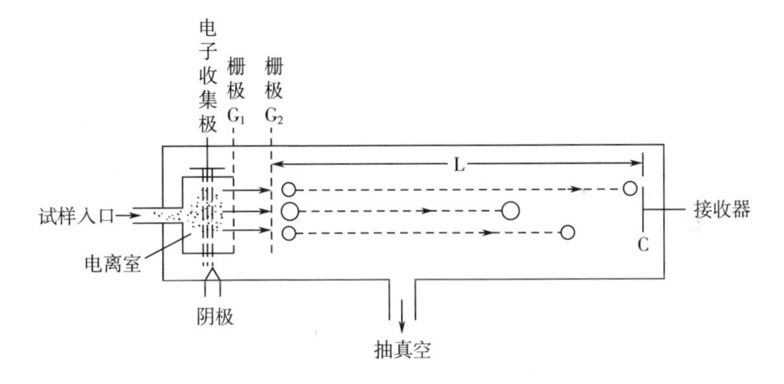

图 7-9　飞行时间质量分析器

表 7-6　　不同质量分析器的优缺点

质量分析器类型	优点	缺点
四极杆	扫描速度快，离子流通量大，结构简单，易于操作	分辨率较低，对高质量数的离子有质量歧视效应，测量的分子质量范围相对较小
离子阱	结构简单，性价比高，灵敏度较四极杆高 10~1000 倍，分子质量范围大	重复性较差，离子在阱中停留时间偏长而易发生离子-分子反应
飞行时间	结构简单，扫描速度快，灵敏度高，分子质量范围大，分辨率高	

表 7-7　　不同质量分析器的性能指标

质量分析器类型	分子质量范围/u	分辨率	扫描速率
四极杆	500~1000	低（1000~2000）	4000~6000u/s
离子阱	500~6000	低（1000~2000）	4000~6000u/s
飞行时间	500~10^6	低（500~1000） 高（2000~10000）	>1×10^6u/s

严留俊等采用 HS-SPME-GC-MS 法测定分析龟甲万大豆酱油的挥发性风味物质，共鉴定出 97 种挥发性风味物质，包括醇类、酸类、酯类、酚类、醛类和杂环类化合物等几类物质，其中酯类、醇类和酮类物质的种类最多，分别鉴定出 20 种、17 种和 15 种，各占挥发性风味物质种类总数的 20.83%，17.71% 和 15.63%。酱油样品的挥发性风味物质中含量排在前 4 位的依次是乙醇、棕榈酸、苯乙醇、2，3-丁二醇，这 4 种挥发性风味物质在酱油样品中所占比例为 85.9%，构成了酱油样品的主要香气成分。气相色谱条件：DB-WAX 色谱柱；载气为 He，流速 1mL/min；程序升温。起始温度 40℃，保持 5min，以 5℃/min 升温速率升至 200℃，保持 15min；汽化室温度 250℃；分流比 30∶1。质谱条件：电子轰击电离（EI）离子源，电子能量 70eV，发射电流 200μA，电子倍增器电压 350V，离子源温度 200℃，接口温度 250℃，分子质量范围 33~450u。

徐伟等采用 HS-SPME-GC-MS 法测定分析鱿鱼废弃物低盐鱼酱油的挥发性成分，共检测出 91 种挥发性成分。根据峰面积百分比初步推断，苯基乙醇、2-甲基丁醛、苯甲醛、苯乙醛、安息香酸乙酯、2-二甲氧基-苯酚、2-甲氧基-4-乙烯基苯酚、2-乙基呋喃、二甲基三硫化物、二甲基二硫化物、3-苯基呋喃、2-乙基-6-甲基吡嗪等是鱿鱼加工废弃物低盐鱼酱油的主要挥发性风味化合物。低分子质量的挥发性酸构成了鱼酱油的干酪风味。

孟琦等提取日本四种生酱油和相应热处理酱油中的挥发性硫醇，GC-MS 鉴定分析，首次在四种生酱油和热处理酱油中鉴定出三种挥发性硫醇化合物，分别是具有浓烈烤咖啡香气的 2-呋喃甲硫醇（2FM）、具有浓烈烟味的苯甲硫醇（BM）和具有热带水果香气的 2-巯基丙酸乙酯（ET2MP）。感官检验表明鉴定出的挥发性硫醇有助于热处理酱油的香气，这些化合物是热处理酱油非常重要的香气成分。周朝晖等以面粉和小麦粉混合发酵酱油（FWSS）和纯小麦粉发酵酱油（WSS）为研究对象，采用 LLE 法（二氯甲烷为提取溶剂）提取挥发性物质，GC-MS 分析测定，分析工业发酵条件下面粉、小麦粉对高盐稀态发酵酱油风味品质的影响。共检出 67 种风味物质，其中酸、醇、吡喃、呋喃类是检出的数量较多且比例较高的物质类别，整体上 FWSS 酱油风味物质相对含量较高。对于酱油中的重要香气物质 HEMF，FWSS 酱油中含量相比于 WSS 酱油提高了 2.4 倍。

研究显示在工业生产中，加入40%的面粉替代小麦粉发酵酱油（FWSS），可明显降低酱油中总酸含量，提高酱油的香气饱满度和滋味特征。

姬晓悦采用HS-SPME法提取海天特级金标生抽、鲁花自然鲜酱香酱油、李锦记精选生抽和欣和六月鲜特级酱油4种市售酱油中的风味物质，GC-MS分析鉴定，分别检测出34、30、33、31种风味物质，主要为醇类、酯类和酚类等物质。在其共有香气成分中，乙醇、异戊醇、乙酸-5-乙基-2-甲基-3(2氢)-呋喃酮-4-醇酯、丁二酸二乙酯、4-乙基-2-甲氧基苯酚等的相对含量较高。在4种酱油样品中所检测到的挥发性物质中，酯类种类最多。酯类化合物通常具有特殊的香气，如4种酱油样品都含有的2-甲基戊酸乙酯有苹果样的香气特征，并伴有青草香香气；苯乙酸乙酯有浓烈而甜的蜂蜜香气，常用于配制各种花香型日用香精。乙醇、异戊醇、苯乙醇在4种酱油样品中的相对含量都较高，其中具有苹果白兰地香气和辛辣味的异戊醇主要用以配制苹果和香蕉型香精；而具有玫瑰花香气的苯乙醇应用在玫瑰花、苹果等香型香精中。

3. 气相色谱-嗅闻

由于食品的香气种类多且复杂，每种化合物对整体香气的贡献千差万别，某些含量很低甚至用GC-MS检测不出来的物质都有可能对整个香气产生重要的作用。因此气相色谱-嗅闻（gas chromatography-olfatometry，GC-O）技术的发明就是为了更全面地检测香气成分。GC-O是将气味检测器与分离挥发性物质的气相色谱结合的一种技术，通常采用人的鼻子作为检测器来检测分离出来的每一种化合物，因为人的鼻子通常比任何物理检测器都灵敏。

GC-O最简单的形式始于气相色谱出现不久，是由Fuller于1964年提出的，是一种将气相色谱的分离能力与人类鼻子敏感的嗅觉相联系，从复杂的混合物中选择和评价气味活性物质的有效方法。目前商品化GC-O装置结构如图7-10所示，GC-O的原理非常简单，它是在气相色谱柱末端添加一个分流装置，并且设定好一定的分流比例，使得进入色谱柱的化合物在色谱柱末端分流，其中一部分化合物进入色谱的检测器，而另一部分化合物则进入到气味检测器。研究人员可以通过气味检测器上的气体出口来对已分离的化合物进行嗅闻分析。

随着GC-O在食品风味分析中的广泛应用，GC-O已经发展形成了许多先进的分析方法。GC-O的定性即香气特征的描绘，是指嗅辨员根据他们的嗅觉感受所做的描述，将经过前处理的样品注入在检测器端连有气味检测仪的色谱柱中，而嗅辨员将坐在气味仪的出口处，然后记录他们在气体流出物中所闻到的香味，由GC-O可得到嗅辨员对他们所感受到的香味进行定性的描述信息。GC-O的定量分析分成了三类，即频率检测法、阈值稀释法以及直接强度法。而目前较为常用的主要有四类，包括稀释法、频率检测法、峰后强度法以及时间强度法。

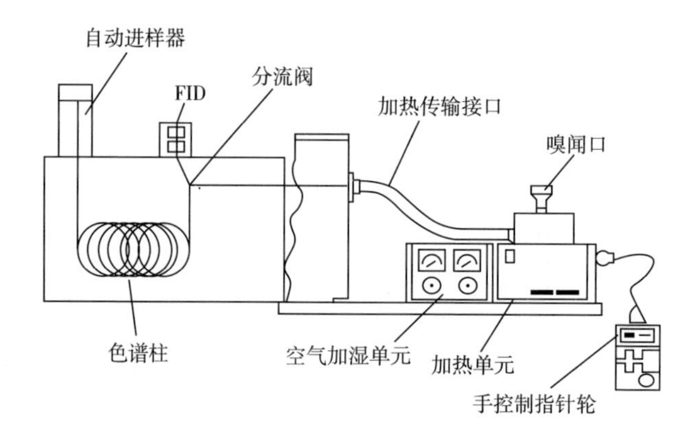

图 7-10　GC-O 仪器装置示意图

稀释法即逐步稀释芳香提取物，分别进样到气相色谱，并对香气成分进行感官评价，直至在嗅闻口不再闻到气味。稀释法中的芳香萃取物稀释分析法（aroma extract dilution analysis，AEDA）在 GC-O 分析中运用最为广泛。AEDA 技术是通过嗅味初始提取物经一系列稀释后的 GC 流出物，并评价 GC 流出物的香味活性，以各成分的香味检测阈值为基础，确定成分的香气活性值（odor activity values，OAV），最后，根据各成分的 OAVs 等信息确定其风味的贡献。稀释法虽然应用广泛，但也有不足之处：稀释法分析时间较长，操作难度大；当闻香人员较多时，所需时间更长，感官评价结果的主观性较强，降低准确率。

频率检测法是由 6~12 个闻香人员对分析样品中每一个特定保留时间上的香气成分香味呈现与否进行感官评定，并记录相应比率，闻香人员感官检出频率最高的香气成分，被认为对分析样品的风味影响最大。峰后强度法指芳香萃取物只注射一次，闻香师通过使用可变电阻器移动来记录香气随时间变化强度。时间强度法是建立在大强度评价香气物质基础上，通过每个时间段色谱峰流出物的强度加和来进行定量。

酱油香气分析大部分使用 GC-MS 检测酱油挥发性化合物，相比于单独使用 GC-MS，BAEK H H 等联合使用 GC-MS 和 GC-O，通过谱库检索、RI 比对和化合物香气特性分析共同定性的方法更准确。何天鹏等在研究酵母对发酵酱油中香气物质形成与含量的影响时，采用 SPME 结合气相色谱-嗅闻-质谱（GC-O/MS）联用技术分别对不加酵母、加 AY 型鲁氏酵母以及加入 T 型鲁氏酵母发酵制得酱油中的香气物质进行检测分析。加入酵母的酱油中形成的各类香气物质更加丰富，其中 AY 型鲁氏酵母能够产生更多种类的酯类（11 种）及醇类（12 种）物质；T 型鲁氏酵母有助于醛类（7 种）物质的形成。AY 型鲁氏酵母能够代谢出更多种类的酯类、醇类及吡嗪类化合物，其整体香气呈甜香及麦芽香；T 型鲁氏酵母能够产出更高含量的乙醇、酯类及酚类化合物，其整体香气呈熟马铃薯香气。

4. 气相色谱-串联质谱（GC-MS/MS）

质谱与色谱的联用既发挥了色谱技术高效的分离能力，又结合了质谱特异的鉴别能力。虽然质谱谱图鉴定化合物的结构比单纯依据色谱的保留时间定性更准确，然而一级质谱在确定化合物结构方面仍存在以下问题：①有些同分异构体之间的差别很小，或在复杂样品中存在严重基体干扰物质及共流出物，较难鉴定目标物的分子结构；②GC-MS 的灵敏度低于色谱仪的一些选择性检测器。

将两个质谱连接在一起称之为串联质谱或二级质谱（MS-MS）。20 世纪 80 年代初，在传统质谱仪的基础上，发展了 MS-MS 联用技术。MS-MS 的基本工作原理是：第一级质谱 MS-Ⅰ分离出特定组分的分子离子，然后导入碰撞室活化产生碎片离子，这些离子依次导入第二台质谱 MS-Ⅱ中，从而产生这些碎片离子的质谱，如图 7-11 所示。

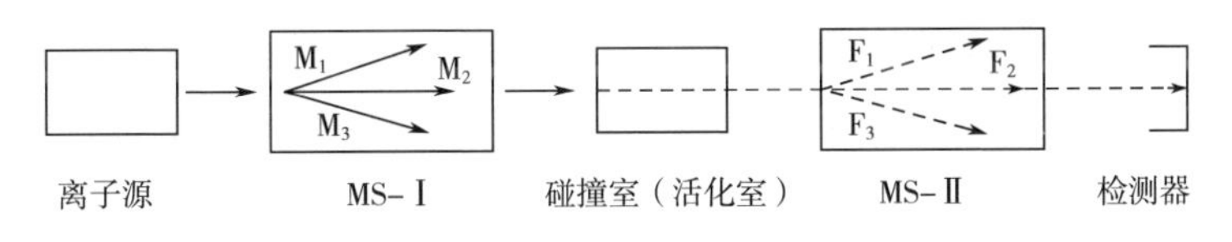

图 7-11 MS-MS 原理示意图

其分析操作模式主要有子离子扫描、母离子扫描、中性丢失扫描和多反应监测。二级质谱的主要优势在于可使基质背景和噪声大大降低，从而提高分析的灵敏度及对复杂基质的抗干扰能力。按其二级结构和工作原理的不同，可分为三重四极杆质谱（QQQ-MS/MS）、离子阱质谱（IT-MS/MS）、四极杆飞行时间质谱（Q-TOF MS）和四极杆-线性离子阱质谱（Q-trap-MS/MS）。GC-MS/MS 在分析化学、生物化学和环境学科等学科应用较多，其应用最广泛的方向在于农药残留、环境污染物和激素药物滥用的检测。目前在酱油风味分析应用方面较少。

冯杰等利用有机膜和无机膜对生酱油进行膜过滤实验获得纯生酱油，采用 HS-SPME 法提取两种纯生酱油的风味成分，以 GC-MS/MS 分析，共鉴定出 70 种物质，其中醇类 18 种，酚类 5 种，酯类 13 种，醛类 13 种，酮类 5 种，酸类 2 种，杂环化合物类 8 种，烃类 6 种。主体风味成分为醇类、酚类、醛类、酮类、杂环化合物。与国内同类研究分析结果进行比较和分析，首次检出了形成酱油风味的主体成分 1-辛烯-3-醇、3-甲硫基丙醇、4-乙基愈创木酚、愈创木酚、十四烷酸乙酯、十五烷酸乙酯、十六烷酸乙酯等。色谱条件：色谱柱为 DB-WAX，30m×0.25mm×0.25μm 毛细管柱，载气为 He；流量 0.8mL/min，不分流进样。程序升温：起始温度 40℃，保持 4min，以 6℃/min 的速率升至 160℃，再以

10℃/min 的速率升至 220℃，保持 6min。质谱条件：接口温度为 250℃；离子源温度 200℃；离子化方式 EI；电子能量 70eV；检测电压，350V；发射电流 200μA。

5. 全二维气相色谱

目前使用的大多数气相色谱仪器为一维色谱，即用单根柱子，适合于含物质种类较少的样品分析。对于复杂体系，一维色谱的峰容量不够，重叠十分严重，定性定量很不准确。多维色谱可极大地增加峰容量，传统的多维色谱（GC+GC）如中心切割式二维色谱拓展了一维色谱的分离能力，改进了部分分离能力，但是组分没有经过聚焦直接进样使第二维峰展宽而分辨率下降。

全二维分离方法的出现大大扩展了一维色谱的分离能力，为复杂体系分析开辟了新途径（图 7-12）。全二维气相色谱（comprehensive two-dimensional gas chromatography，GC×GC）是把分离机制不同而又相互独立的两根色谱柱以串联方式结合成的二维色谱，两根色谱柱由调制器连接，起捕集、聚焦、再传送的作用。经第一根色谱柱分离后的每一个峰，都需进入调制器再以脉冲方式送到第二根色谱柱进一步分离。二维信号矩阵经处理后，得到以柱 1 保留时间为第一横坐标，柱 2 保留时间为第二横坐标，信号强度为纵坐标的三维色谱图（图 7-13）。全二维气相色谱具有分辨率高、峰容量大、灵敏度高（可比通常的一维色谱提高 20~50 倍）、分析时间短（总分析时间比一维色谱短）、定性可靠性增强等优点。自 1991 年 Liu 和 Phillips 首次报道了全二维气相色谱技术以来，目前已发展得比较成熟，达到了实用水平。一般来说，如样品中的组分超过 100，适合于用 GC×GC 分析，其分离效果比一维色谱好得多。

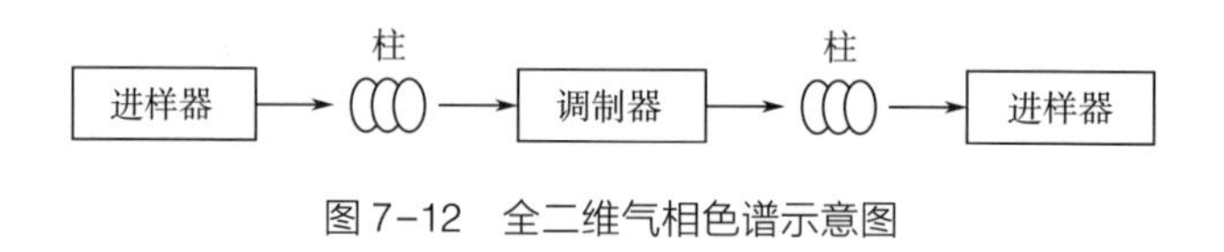

图 7-12　全二维气相色谱示意图

调制器是 GC×GC 的核心，GC×GC 的发展主要集中在调制器的发展上。调制器需满足以下条件：①能定时捕集和聚焦从第一柱流出的峰；②能迅速转移很窄的区带到第二柱的柱头，起第二维进样器的作用；③这种聚焦和再进样的过程应是可以重现的，而且对所有物质是非歧视性的。GC×GC 的调制器已从最初的阀调制（已不再使用），发展到目前的热调制、冷调制和冷喷调制。冷调制和热调制各有优势，但冷喷调制已逐步显示出它的优越性，有取代前两种调制方式的趋势（表 7-8）。

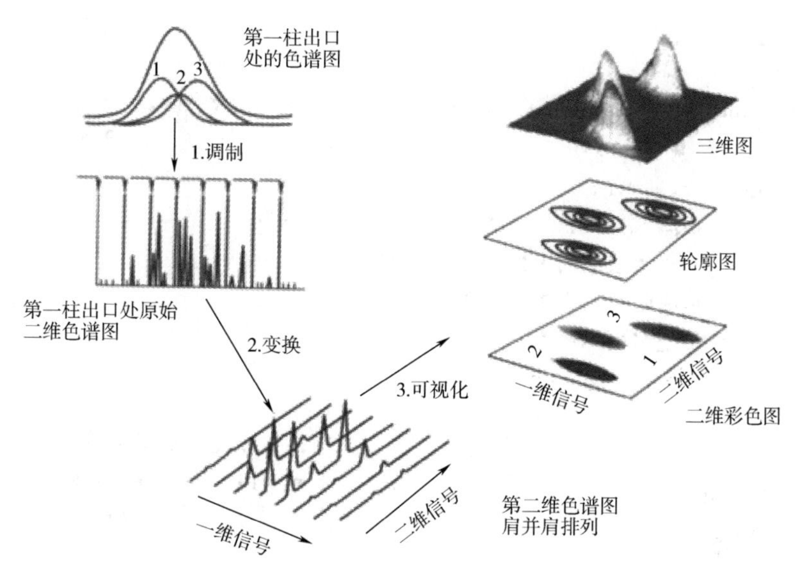

图 7-13　三维色谱图和二维轮廓图

表 7-8　　GC×GC 不同调制器的优缺点

调制器	优点	缺点
热调制器	加热器热质足够大，可提供一个稳定的、很好控制的温度	调制器温度必须比炉温高约 100℃，从而使第一柱的最高使用温度受限，对低沸点物质调制效果不好
冷阱调制器	调制器中的组分靠正常的炉温即可脱附，使系统比热调制系统能处理更高沸点的样品	热调管中的固定相处于-50℃的状态，温度较低时脱附效果不好，峰常展宽
冷喷调制器	结构简单易维护，操作简单，调制效果好，峰对称度高，调制器对第一柱的使用温度没有限制	

GC×GC 中第二维分离速度非常快，应在调制周期内完成第二维的分离，否则前一脉冲的后流出组分可能会与后一脉冲的前面组分交叉或重叠，引起混乱。在第二柱的柱头，调制脉冲的典型宽度为 60ms，第二柱流出的峰宽在 100～200ms 数量级。因此检测器的响应时间应非常快，采集速度至少是 100Hz。GC×GC 主要使用 FID 作检测器。质谱作为 GC×GC 的检测器将极大地增强定性能力，但传统的四极杆质谱采集速度慢（5 次扫描/s），不能适应 GC×GC 的出峰速度，飞行时间质谱（TOFMS）能高速扫描（500 次扫描/s），已有 GC×GC 与 TOFMS 成功联用。

虽然 GC、GC-MS、GC-O 在食品风味物质分析中应用广泛，但当某些食品风味成分组成和基质复杂时，这些方法存在杂峰干扰、分离度不够、峰容量小等缺点，一维气相色谱无法将其完全分离。而 GC×GC 以分离机制不同而又相互独立的两根色谱柱的正交方式，显著提升了色谱分离能力和分析速度，可满足食品中风味化学成分的二次分离。GC×GC 技术在未经二次加工的食品（如水果、蔬菜和肉类）和经过二次加工的食品（如乳制品、饮品和调味品）中风味物质的分析方面有着广泛应用。

在发酵食品方面，GC×GC 在酒类的风味分析中应用得比较多。李俊等利用全二维气相飞行时间质谱（GC×GC/TOFMS）分析 2012 年和 2013 年份贵州酱香型白酒生产的不同轮次基酒挥发性风味成分，初步鉴定了白酒中 62 种挥发性香气成分，分析七轮次白酒检出成分，其中酯、醛、酸的相对检出含量最高，各轮次的检出含量也有差异。刘志鹏等采用 GC×GC/TOFMS 分析不同季节酿造的青稞酒挥发性组分特征，采用多级鉴定策略在青稞酒中准确鉴定出 448 种挥发性化合物。研究得出不同季节酿造青稞酒中含量具有显著差异的 83 种物质。其中夏季青稞酒中 β-大马酮和二烯醛类化合物含量显著高于其他季节；春季青稞酒中 1-辛烯-3-酮、二甲基三硫、肉桂酸乙酯等香气物质含量较高；秋季青稞酒中吡嗪类化合物、4-甲基戊酸乙酯等物质含量较高；冬季青稞酒中风味物质含量在 4 个季节中相对较低。常宇桐等采用全二维气相色谱-四极杆质谱分析馥郁香型白酒中的挥发性香气成分，共检测到 308 种挥发性香气成分，远多于一维色谱的 65 种，其中酯类物质 102 种、醇类物质 42 种、酸类物质 33 种、醛类物质 26 种、酮类物质 19 种、其他物质 86 种，体现了馥郁香型白酒挥发性香气成分的复杂性，同时也充分证实了全二维气相色谱具有较大的峰容量，较高的灵敏度和较高的分辨率的特点。

此外，在酱方面，李伟丽等采用 GC×GC/TOFMS 分析了四川郫县豆瓣酱风味成分，共检测出 987 种化合物，定性鉴别得到包括有机酸类、氨基酸及其衍生物、糖类及其衍生物、醇类、酯类、酚类、酮类、醛类 10 类物质共 218 种成分，主要为有机酸类。

本课题组采用 HS-SPME 法提取酱油的挥发性成分，首次使用全二维气相色谱-质谱联用（GC×GC-MS）对酱油挥发性成分进行分析，共鉴定出 410 种物质（图 7-14），与 GC-MS 相比多检测出 189 种挥发性物质。主要为一些含量较低的物质、同分异构体和衍生物，以及一些含氮含氧的杂环类物质等，如丙酮醛、2-甲基-丙酸、2，5-二甲基吡嗪、2，3-二乙基吡嗪、3-乙酰基吡咯、甲酸-2-苯乙酯、乙酸香叶酯、大茴香醛、丁酸苯乙酯、9-丙基丙烯醛、对羟基苯乙酮、异丁香酚、月桂烯醇、乙酸桂酯、苯乙酮、大马士酮、3-丙基-苯酚和 5，6-癸二酮等，分离效果是 GC-MS 的 3 倍左右，其中 2-甲基-丙酸、丙酮醛、甲酸-2-苯乙酯在酱油中首次检出。

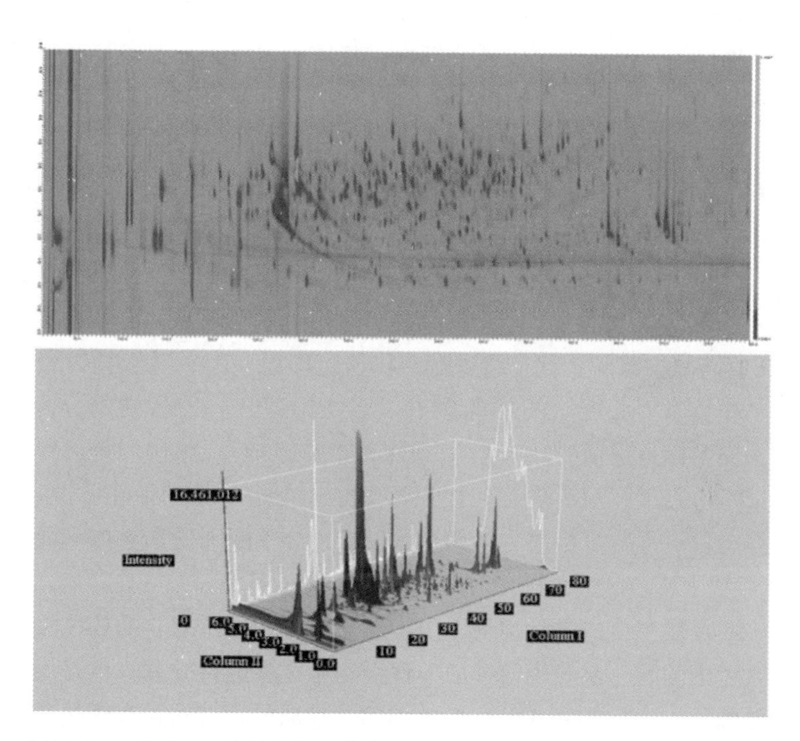

图 7-14　HS-SPME 提取方法下酱油 GC×GC-MS 的 2D 平面图和 3D 山峰图

GC×GC 色谱条件：第一个色谱柱为 DB-5MS 弹性石英毛细色谱柱（30m×0.25mm×0.25μm），第二个色谱柱为 BPX-50 弹性石英毛细色谱柱（2.75m×0.1mm×0.1μm），载气为高纯氦气，恒定流速为 1.0mL/min，进样口温度为 250℃，液体进样量为 1μL。程序升温条件为：初始温度 40℃，保持 5min，以 3℃/min 升至 250℃，保持 5min，分流比：10∶1。调制周期 6s，冷喷时间 350ms，冷喷是由干燥氮气经制冷机冷却而形成的。

其所使用 MS 条件：电子轰击电离（EI）离子源，电子能量 70eV，离子源温度 220℃；传输线温度 250℃；溶剂延迟时间 1.5min（固相微萃取）/3min（液体进样）；质量扫描范围 m/z：35～500；扫描模式为全扫描，数据采集速率为 0.03s。

三、香味物质评判方法

1. 芳香萃取物稀释分析法

芳香萃取物稀释分析（AEDA）法是 GC-O 嗅闻检测技术中比较常用的一种

分析方法。通过逐步稀释萃取物，然后再由一组经过专业培训的评价员（通常是3人以上）对经GC-O分析的每个稀释度（*R*）下的样品进行评价。评价员只需说明在哪个稀释度下仍然能闻到被分析物，并描述该气味，直到不能嗅闻出气味为止。分析结果得到风味化合物能够被检测到的最高稀释值即为稀释因子（FD）。当萃取物按照一定的稀释度稀释 *p*（*p*=0，1，2，3，……）倍之后，所得到的FD值就是 *Rp*。AEDA的分析结果可用以FD值为纵坐标，保留指数（retention index，*RI*）为横坐标的图谱表示，其图谱被称为FD色谱图。一般来说FD值越高说明其浓度较大或者其香味强度较大，属于重要的香味化合物。这种方法把食品萃取得到的风味化合物按照它们的相对强度来排列贡献大小，这样只需要对FD值高的少数几个化合物进行结构鉴定即可，大大减轻耗时费日的化学结构鉴定工作量。因此近年来大都趋向采取AEDA法。AEDA法的分析结果可以用图表示，横坐标是保留时间（*RT*）或保留指数（*RI*），纵坐标是稀释因子，常用对数（lg*Rp*）表示。AEDA法除了将萃取物（液体）梯度稀释后进行分析外，也有使用静态顶空进行分析的，稀释步骤可以改为不断降低顶空体积或者改变分流比。

（1）AEDA法主要的样品稀释方法　在采用AEDA法对食品的风味物质进行分析时，要考虑的问题是采用何种前处理方法对样品进行处理，再采用何种稀释方法进行稀释分析。虽然AEDA法中常用的几种前处理方法各有优缺点，但是前处理方法的采用对样品稀释方法的选择有着重要影响。目前，AEDA法中采用的样品稀释方法主要有以下几种。

①采用溶剂进行稀释。采用溶剂进行稀释的方法主要是将前处理好的萃取物（液体）用有机溶剂按照一定的比例（*R*=2、3、4、5或10等）连续稀释样品，然后进行嗅闻分析，评价员从低稀释倍数到高稀释倍数不断嗅闻样品直到不能嗅闻出气味为止。

对于非液体的物质，如采用溶剂进行稀释，首要问题是采用何种前处理方法将非液体物质变成液体，目前采用的前处理方法主要有：同时蒸馏萃取法（SDE）、溶剂萃取法（solvent extraction，SE）、溶剂辅助蒸馏萃取法（SAFE）和顶空吹扫捕集（headspace purge and trap，HSP&T）等。

②通过改变分流比进行稀释。它的原理主要是在进样后，通过改变GC的分流比使嗅闻口出来的风味物质按比例减少，从而达到稀释的目的。与采用溶剂进行稀释的方法相比，这种方法的前处理较简单。常用的前处理方法有固相微萃取（SPME）和顶空（headspace，HS）技术等。Hwan Kim等在利用HS-SPME-GC-O技术分析柚子茶的风味时，采用改变分流比来稀释，结果发现沉香萜醇和癸醛是重要的风味活性物质。结果也证明分流比是连续稀释分析中一个比较适合并且可靠的工具。作者在比较自然发酵和接种发酵两种大豆酱的香气成分时，采用了

SPME 对大豆酱的香气成分进行了萃取，再通过按 1∶10、1∶50、1∶100、1∶200 的比例改变分流比后进行 AEDA 法分析。S. Choi 等在对海州香薷芳香活性化合物进行分析时，采用了 HS-SPME 对海州香薷的芳香活性化合物进行分析，再通过按 1∶10、1∶50、1∶100、1∶150 的比例改变分流比后进行嗅觉测量稀释分析。但通过改变分流比进行稀释是用得比较少的稀释方法，主要是因为分流比的选择比较受局限（*R* 一般选择的是 10），所以 FD 值表征的风味化合物比较少。

③动态顶空稀释法。动态顶空稀释法（dynamic headspace dilution analysis，DHDA）是一种比较高效的分析方法，主要是采用动态顶空技术萃取所分析物质的芳香活性，通过改变吹扫捕集时间来达到稀释的目的。近年来，随着这种方法的广泛运用，DHDA 法逐渐发展成了一种与 AEDA 法平行的独立的稀释法。但是 DHDA 的成本比较高，而且所选择的稀释时间比较受局限，所以 DHDA 和 AEDA 法常一起联合使用共同检测鉴定风味物质。

（2）酱油 AEDA 法的分析　用二氯甲烷将酱油香气浓缩物的原始气味浓缩液逐步稀释至 1∶4、1∶16、1∶64、1∶256、1∶1024 和 1∶4096，每份（1μL）在色谱柱上通过毛细管气相色谱进行分析。两名受试者对每个样品进行三次 AEDA 法分析。每种化合物的检出率定义为不少于两名受试者的检测，而且每种化合物的 FD 因子以最大稀释度检测来确定。

感官评定人员接受为期 6 个月（1h/d）约 300 种气味物质的识别、描述和辨别检测内部程序。将每份酱油样品（5mL）于 25℃倒入陶瓷白蝶中，并对其前鼻腔香气进行盲试验。感官小组成员被要求在 1（弱）到 7（强）的范围内对焦糖味/调味料味、熟马铃薯味、烧焦味/辣味、水果味和酸味的强度进行评分。香气评定用语定义如下：葫芦芭内酯呈焦糖味/调味料味，甲硫基丙醛呈熟马铃薯味，4-乙基-2-甲氧基苯酚呈烧焦味/辣味，2-甲基丁酸乙酯呈水果味，3-甲基丁酸呈酸味。双因素无重复试验方差分析应用于七点评分法的感官评价。

应用 AEDA 法评估酱油香气浓缩物的主要香气物质，检测出 23 种化合物，其 FD 因子不小于 4。其中，3-乙基-1，2-环戊二酮首次被确定为酱油的主要香气物质。4-乙基-2-甲氧基苯酚呈烧焦味/辣味，葫芦芭内酯呈焦糖味/调味料味，其 FD 因子最高，FD 因子 = 1024。甲硫基丙醛呈熟马铃薯味，HEMF 和 HDMF 呈焦糖味，2-甲氧基-4-乙烯基苯酚呈辣味，它们的 FD 因子都不低于 64。这些物质中的大部分可能是酱油香气的重要成分。相反，2-苯乙醇、4-乙基-2-甲氧基苯酚和 2-甲氧基-4-乙烯基苯被认为是由酵母发酵或阿魏酸热降解产生。

葫芦芭内酯，是由 L-苏氨酸或 2-氧代丁酸和 α-酮戊二酸通过缩合反应生成的。其他的主要香气物质，4-乙基-2-甲氧基苯酚和 2-甲氧基-4-乙烯基苯酚是由酵母发酵或阿魏酸热降解产生。HEMF 的 FD 因子 = 256，为第二高，是由以戊糖为基础的美拉德反应或美拉德反应物与后续的酵母发酵形成的。

感官评定表明，各酱油的香气特征强度与 AEDA 测定的具有高 FD 因子的主要香气物质的强度一致。尤其，熟土豆味可能是日本酱油最重要的特征之一，因为除了在所有酱油中有高 FD 因子外，还具有较高的感官评分。

另外，虽然在这些实验中某些高挥发性化合物表现出低的 FD 因子，但它们有可能在浓缩时从香气浓缩物中散失。为了确定这些化合物对酱油香气的贡献，最好结合动态顶空等方法来探讨酱油的主要香气物质。另外，一些主要香气物质的定量数据很少，例如甲硫基丙醛和葫芦芭内酯，由于它们在酱油中的低浓度，因此除了以前的研究外，还需进一步研究它们对各自酱油香气的影响。

2. OAV 法

除了通过 AEDA 分析可准确判断各挥发性成分的贡香强度，定量检测挥发性成分含量之外，根据阈值计算香气活性值（odor activity values，OAV）同样也可以间接推测关键致香成分及其贡香强度。

（1）香气成分定性定量分析

①定性分析。通过香气特征、质谱和保留指数对嗅闻到的香气成分进行初步定性，然后再使用该香气成分的标准品，如果香气特征、质谱和保留指数（retention index，RI）与嗅闻到的成分一致，则证明选择正确；如果不一致，则证明选择错误。

②定量分析。以 2-辛醇为内标（100mg/L），采用内标法进行定量。由于质谱检测器对每种成分的响应值不同，为了定量结果相对准确，测定了被定量成分与内标 2-辛醇的相对校正因子。取相同质量的被定量成分与 2-辛醇，用 GC-MS-O 分析，得到各自的峰面积，被定量成分与 2-辛醇的相对校正因子 f 可按照下式进行计算：

$$m = f_{内} S_{内} = f_x S_x$$

$$f = \frac{f_x}{f_{内}} = S_{内} / S_x$$

式中　f——被定量成分对内标 2-辛醇的相对校正因子；

$f_{内}$——内标的校正因子；

$S_{内}$——相同质量下内标 2-辛醇的峰面积；

f_x——被定量成分的校正因子；

S_x——相同质量下被定量成分的峰面积。

被定量成分在样品中的质量浓度（C）可按照下式计算：

$$C = fS_1 m / VS_2$$

式中　f——被定量成分对内标 2-辛醇的相对校正因子；

S_1——被定量成分的峰面积；

m——样品中添加的内标 2-辛醇的质量；

V——酱油样品提取液浓缩的体积；

S_2——内标 2-辛醇的峰面积。

（2）OAV 计算方法 OAV 即为酱油中的浓度与其自身阈值的比值。此处的阈值特指嗅觉阈值，即嗅觉器官能感受到气味时的气味物质最低浓度值，一般来说，阈值越小该物质的气味越容易被感受到。由于不同化合物的阈值具有差异，单凭化合物的浓度难以评价该物质的香味贡献程度，因此引入 OAV 的概念，在相等化学浓度条件下，阈值越小，化合物的香气表现越强烈，OAV 越大，反之 OAV 越小，香气强度越弱。通常认为 OAV≥1 的风味物质对样品整体香味具有重要贡献。

（3）酱油中风味活性物质的定量分析 OAV 是评价香气化合物重要性的一个指标，GC-O 实验得到的结果很可能因为香气化合物之间的相互作用或者食品基质的影响而产生误差，而 OAV 通过计算化合物浓度和在该食品体系中阈值的比值，可以消除这一误差。一般认为，OAV 大于 1 则对样品香气组成有贡献，OAV 越大，该香气化合物贡献越大。酱油的主要成分是水，故通过香气化合物的定量数据和文献报道该物质在水中的阈值计算关键香气组分的 OAV，结果如表 7-9 所示。

表 7-9 酱油中香气活性物质浓度及其香气活性值

香气活性物质	浓度/(μg/L)	阈值/(μg/kg)①	OAV
3-甲基丁醛	2658.23	1.2	2215
2-甲基丁醛	3388.92	4.4	770
2-甲基丙醛	2459.14	4.4	559
3-甲基戊酸	455.61	0.886	514
3-甲硫基丙醛	676.62	1.4	483
4-甲基戊酸乙酯	1.05	0.003	351
乙醇	14690068.09	100000	147
4-羟基-2-乙基-5-甲基-3（2*H*）-呋喃酮（HEMF）	2536.32	20	127
苯乙醛	369.02	4	92
甲硫醚	86.15	1.1	78
1-辛烯-3-醇	105.50	1.5	70
2-甲基丙酸乙酯	4.33	0.1	43

续表

香气活性物质	浓度/(μg/L)	阈值/(μg/kg)[①]	OAV
2-甲基丁酮	12603.54	320	39
3-甲基丁醇	31321.34	1000	31
二甲基三硫	2.95	0.1	29
4-羟基-2，5-二甲基-3（2*H*）-呋喃酮（HDMF）	675.18	25	27
乙酸	451025.66	22000	21
3-甲硫基丙酸乙酯	181.42	8.5	21
愈创木酚	193.81	9.5	20
4-乙烯基愈创木酚	27.05	3	9
苯乙醇	2861.15	390	7
丁酸乙酯	5.68	1	6
3-羟基-2-甲基-4-吡喃酮（maltol）	13294.93	2500	5
4-乙基愈创木酚	247.92	50	5
2-乙基-3，5-二甲基吡嗪	31.48	7.5	4
1-辛烯三酮	3.51	1	4
3-甲基丁酸乙酯	5.49	3	2
3-甲基丁酸	1501.16	1200	1
2-乙酰基吡咯	1311.09	1000	1
2，6-二甲基吡嗪	653.52	1500	<1
2-甲基丁酸	539.66	1200	<1
三甲基吡嗪	124.20	297	<1
苯乙酸乙酯	38.37	650	<1
苯甲酸乙酯	18.82	53	<1
乙酸苯乙酯	6.87	249.6	<1
3-苯基呋喃	3.68	5.9	<1
5-甲基-2-呋喃甲硫醇	60.78	—	—
甲酸糠酯	60.32	—	—
2-乙酰基呋喃	9.88	—	—
2-甲基戊酸乙酯	0.81	—	—

①指文献报道该化合物在水中的阈值；

—表示查询不到该化合物在水中阈值。

从表中可知，3-甲基丁醛（OAV=2215），2-甲基丁醛（OAV=770）和2-甲基丙醛（OAV=559）是风味活性物质中香气活性值最高的，它们都是贡献强烈麦芽香的醛类物质。3-甲基丁醛和2-甲基丁醛是共流出组分，保留时间十分相近，GC-O实验中一般只能嗅闻到一个浓烈的麦芽香气，但由于它们的OAV均大于700，所以认为3-甲基丁醛和2-甲基丁醛都是对酱油特征香气有重要贡献的化合物。

此外，还检测出5种OAV大于90的化合物，分别是3-甲基戊酸（酸臭味，OAV=514），3-甲硫基丙醛（马铃薯味，OAV=483），4-甲基戊酸乙酯（果香，OAV=351），乙醇（醇味，OAV=147），HEMF（焦糖香，OAV=127）和苯乙醛（花香，OAV=92）。其中3-甲硫基丙醛、HEMF均多次被报道在酱油中检出，是酱油的关键风味化合物，这两个化合物不仅具有较大的OAV，且GC-O嗅闻评分均高。乙醇被鉴定为OAV=147的重要香气活性化合物，但之前研究中少有涉及，原因可能是之前的研究普遍采用液体进样的方法，GC-O实验过程为避免有机溶剂峰对感官评价人员健康造成不良影响而错过了乙醇峰的流出。3-甲基戊酸在本实验中被描述为酸臭味，而此前它在低盐固态发酵酱油中被认为具有酸香或青草香，4-甲基戊酸乙酯则首次在酱油中被检出具有香气活性，这两个物质都是阈值极低的化合物。苯乙醛OAV=92，与Steinhaus等对日本酱油的研究结果相近，但却高于冯云子等对中式高盐稀态酱油的研究结果2倍，苯乙醛在嗅闻实验中评分为3分，其代表的花香是日式酱油的重要风味组成之一。

另外，三甲基吡嗪（巧克力香），2，6-二甲基吡嗪（玉米味），苯甲酸乙酯（甜香），苯乙酸乙酯（花香），乙酸苯乙酯（花香）和3-苯基呋喃（甜香）的OAV<1，但它们的香气强度评分均大于1。香气活性值分析与GC-O实验结果有一定差异，该现象也在此前的研究中出现过。原因可能是化合物在水中的阈值与其在酱油体系中的阈值有一定偏差，也或许因为香气化合物在食品基质中的协同与拮抗作用，这些OAV<1的化合物能被感官评价人员闻见很可能是因为某些其他化合物的协同作用。另外，根据史蒂文斯幂定律，每个香气化合物对感官的刺激与其浓度的关系均可以描绘为一条独特的S形曲线，刺激量并不简单地随浓度增大而增强，因此，OAV只能在一定程度辅证GC-O实验的结果。

四、电子鼻

在香味检测过程中，气相色谱为基础的气相色谱-质谱联用、气相色谱-串联质谱及全二维气相色谱质谱联用等技术以较高的色谱分辨率、灵敏度和准确度被广泛应用于酱油乃至其他食品挥发性化合物的分析。然而，利用这些技术对挥发性有机物进行分析前需要将样品进行复杂的预处理，然后展开耗时的定性定量分析过程，而且难以得到样品整体的香味特征。气味感官实验虽然能够评价食品样品的整体香气情况，但是这种方法的结果受评定员主观因素（心情、身体状况、个人偏好、经验等）影响较大，且精心的实验设计和评价员的严格培训使其成为一种较客观但更昂贵的选择。

电子鼻（electronic-nose，E-nose）是一种新的小巧轻便易于携带的电子设备，它可以在不破坏或提取食品的情况下实现快速、可靠的挥发物检测。因此已被应用于食品工业的质量控制、掺假识别和早期微生物感染等领域。在酱油行业，电子鼻多用于发酵控制及样品分类鉴别，可以有效防止一些不法商家标签造假，产品以次充好，促进整个行业的健康良性发展。不同香味检测方法的比较见图 7-10。

表 7-10 不同香味检测方法的比较

香味分析方法	感官分析		仪器分析	
	生物鼻	电子鼻	GC、GC-MS	GC-O
检测项目	嗅觉纯度、挥发性、持久性、阈值、香气强度	简单和复杂气体的识别	香味物质的定性定量分析	色谱峰、香味对应关系的确定
特点	具有主观性、与嗅觉属性一致、调香的依据	具有客观性、对香气的微小变化的分辨能力和鉴赏能力更强	具有客观性、结果稳定	具有一定的主观性、可以一一确定香味物质的风味特征

1. 电子鼻系统

电子鼻是一种通过结合交叉敏感的化学传感器阵列和一套有效的模式识别算法对各种气体或气味进行检测、识别或量化的智能嗅觉仿生系统，它对气味的灵敏度是狗鼻子的 1000 倍。

电子鼻的嗅觉过程与生物嗅觉具有很大的相似性（图 7-15），二者的第一步都是挥发性化合物（通常是复杂的混合物）与适当的受体之间的相互作用：生物鼻子中的嗅觉接收器，以及电子鼻中的传感器阵列。下一步是将感受器产生的信号存储在大脑或模式识别数据库中（学习阶段），然后识别存储的气味之一（分类阶段）。

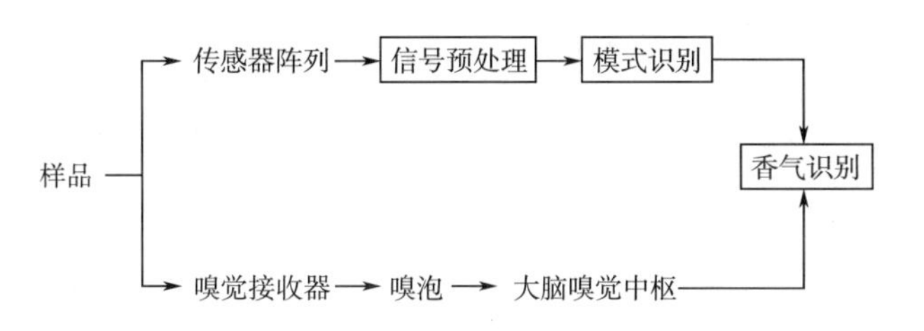

图 7-15　生物嗅觉系统与电子鼻系统原理示意图

电子鼻一般由香气提取系统、传感器阵列、控制测量系统和模式识别方法组成。电子鼻的典型结构的简单流程见图 7-16。

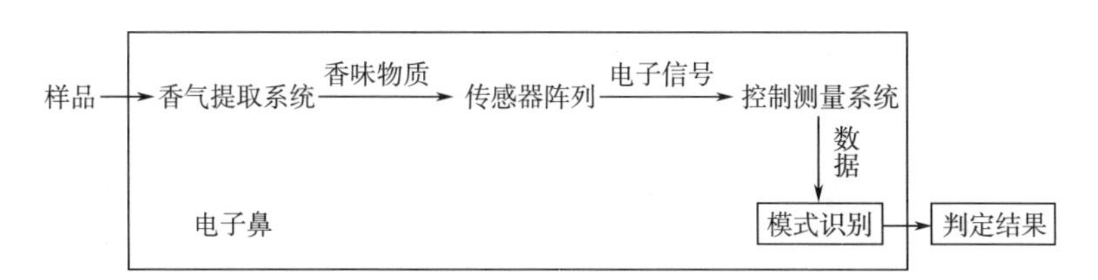

图 7-16　电子鼻系统结构图

（1）香气提取系统　香气提取系统或采样方法将样品中的挥发性化合物带到感应室，对气味传感系统的性能和可靠性有重要贡献。样品流动、静态和预浓缩器系统的各种技术可与电子鼻一起使用。结合样品类型、适用性和便携性，选择最适合的香气提取系统。配以集中器通常可以提高灵敏度，并且可以用来自主地提高传感器阵列的选择性。无论是否使用浓缩器，取样方法都有一个基本分类。香气提取系统主要有两种类型，即流动样品系统和静态系统。在流动样品系统中，传感器被放置在蒸汽流中，这允许蒸汽的快速交换，因此可以在短时间内测量许多样品。在静态系统中，传感器周围没有水蒸气流动，通常测量传感器在恒定浓度的水蒸气中的稳态响应。食品应用中用于固体或液体样品的最常用技术是静态顶空（HS）、吹扫捕集（P&T）和固相微萃取（SPME）。

（2）传感器阵列　电子鼻最重要的部分是检测系统或化学传感器，能够将环境中的化学变化转化为气体传感器中的电信号，并对气体或液体中特定化合物的浓度做出反应（表 7-11）。电子鼻目前使用多个单独的传感器（通常为 5~100 个），化学传感器可以基于电、热、质量或光学原理，不同的传感器具有一定的特异性，常用的化学传感器有：导电聚合物、半导体器件、石英晶体微天平传感器和声表面波传感器。

表 7-11 不同领域传感器的应用介绍

传感器类型	敏感物质类别	主要应用领域
SS1	芳香族化合物类：酚、酚醚、芳香醛（有芳香味）、苯甲醛（杏仁香味）、桂皮醛（肉桂香味）、香草醛（香草味）、丁香酚（丁香味）、茴香脑（茴香味）	香辛料、中草药、香料植物等
SS2	氮氧化合物、小分子胺类（几乎都有恶臭）如甲胺、二甲胺、三甲胺、腐胺、尸胺等	肉制品、水产品及乳制品的加工贮藏变化
SS3	硫化物类，硫醇、硫醚、二丙烯基二硫化合物，如1-烯基有洋葱味、2-烯基有大蒜味）、硫化丙烯化合物（多有香辛味）	蔬菜类香气检测
SS4	有机酯和萜类为主、其次为酮、醇、酸等	瓜果成熟度的检测、酱油及其他发酵产品的检测
SS5	生物合成（萜类、酯类）加热、烘烤等。如美拉德反应生成的吡嗪类化合物、类胡萝卜素氧化降解生成的茶叶香气	调香增香产品、酶解产品、烹饪食品、乳制品、烘焙类产品等
SS6	香菇精（含硫化合物）、1-辛烯-3-醇（蘑菇中的特征香气物质）	蘑菇及各种食用菌
SS7	脂肪烃及含氧衍生物，小分子的醇、醛、酮、酸、酯	油脂酸败、奶油及低级脂肪酸的哈败
SS8	氨类	产品腐败、环境检测、气体检测
SS9	氢类	环境检测、气体检测
SS10	碳氢化合物	酱香类物质、发酵类产品、肉制品加工
SS11	挥发性有机化合物，如烷类、芳烃类、烯烃类、卤代烃类、醛类、酮类等	环境检测、恶臭味测定
SS12	硫化物	定量检测
SS13	乙烯	定量检测
SS14	食品烹调中的挥发性物质	环境及烹饪检测

（3）控制测量系统　控制测量系统包括测量传感器产生的信号所需的所有电子电路，如接口电路、信号调理和 A/D 转换器。这种传感器电子设备通常对

传感器信号进行放大和调节。信号必须转换成计算机要处理的数字格式，这是由模数转换器（例如，12 位转换器）执行的，然后是多路复用器，以产生接口到微处理器上的串行端口（例如，RS-232、USB）或数字总线（例如，GPIB）的数字信号。微处理器被编程以执行多个任务，包括对依赖时间的传感器信号进行预处理，以计算输入向量 X_j，并根据存储在存储器中的已知向量对它们进行分类。最后，传感器阵列的输出和气味分类可以显示在 LCD 或 PC 监视器上。

（4）模式识别　电子鼻的主要目的是识别气味样本，并估计其浓度。传感器阵列获得的多变量信息可以被发送到显示器，这样就可以读取该信息并进行操作或分析。此外，这些信息，即测量到的挥发性化合物的电子指纹，可以被发送到计算机进行自动分析，并模拟人类的嗅觉。这些来自统计模式识别、神经阵列和化学计量学方法的自动化分析是一种开发能够检测、识别或量化导致食品不同挥发性化合物的气体传感器阵列的关键部分。这个过程可以细分为以下步骤：预处理和特征提取、降维、分类或预测、决策。

①预处理。预处理补偿传感器漂移，压缩传感器阵列的瞬态响应，并减少样本之间的变化。典型的技术包括：操纵传感器基线；对阵列中所有传感器的传感器响应范围进行归一化（归一化常数有时可用于估计气味浓度）；以及压缩传感器瞬变。

②特征提取。特征提取有两个目的：一是降低测量空间的维数，二是提取与模式识别相关的信息。例如，在具有 32 个传感器的电子鼻中，通常从传感器的每个原始响应中提取一个特征，并且测量空间具有 32 维。

③降维。降维阶段将该初始特征向量投影到较低维空间，以避免与高维稀疏数据集相关联的问题。也许，他们中的一些可能会以相似但不完全相同的方式回应。这意味着可以在不丢失任何信息的情况下减少数据集中的维度数量。它通常是通过线性变换来执行的，例如经典的主成分分析（PCA）和线性判别分析（LDA）。所得到的低维特征向量进一步用于解决给定的预测问题，通常是分类、回归或聚类。

④分类。聚类是一个与分类相关的一般过程，在这个过程中，概念和对象被识别、区分和理解。在这种情况下，通常通过人工神经网络（ANN）将未知样本识别为先前学习的类别。人工神经网络是一种信息处理系统，具有与生物神经网络相同的性能特征。它允许电子鼻在解释人类鼻子中嗅觉传感器的反应时，以大脑的方式发挥作用。在训练过程中，人工神经网络调整突触权重来学习不同气味的模式。训练后，当一种不明气味出现时，人工神经网络将其模式通过不同的神经元层进行反馈，并分配提供最大反应的类别标签。

最后，分类器为未知样本产生类的估计，以及对类分配的置信度的估计。如果有任何特定于应用的知识可用，例如，与不同分类错误相关联的置信度阈值或风险，则可以使用最终决策阶段。通常采用交叉验证，并在验证集中的最小错误点处停止训练，以检测和避免过度训练。

2. 电子鼻在酱油风味检测中的应用

不同等级及品牌的酱油在制造工艺方面有所差异，导致酱油风味物质间的含量及比例也存在不同，从而使其在香味方面各有特色，利用电子鼻技术对酱油风味分析可以很好测定样品间的不同。本课题组利用 PEN3 型电子鼻对不同温度（25℃和 95℃）下的头抽、生抽、味极鲜类酱油分别进行分析，结果表明不同酱油样品对电子鼻感受器的响应存在差异，结合表 7-12 和图 7-17 可知，用 10 种对不同物质敏感的感受器分析 6 种样品，其中对甲基类（包括酯类、醇类、醛酮类物质）敏感 W1S（电子鼻传感器名称）的响应值最高，尤其是将酱油进行 95℃处理后，该感受器响应值更高，平均达到了 70.576，是 25℃（25.907）条件下的近 3 倍，表明高温条件下更有利于酱油中酯类、醇类、醛酮类物质的挥发。另外，95℃下对醇类、醛酮类灵敏的 W2S、对有机硫化物灵敏的 W2W 和对氢化物有选择性的 W6S 响应值也比 25℃条件下要高。而高温条件下对氨类、芳香成分灵敏的 W3C，对芳香成分、苯类物质灵敏的 W1C 和对硫化物灵敏的 W1W 的响应值却出现了不同程度的降低，尤其是生抽类酱油对 W1W 响应值降低最严重，表明高温条件下酱油样品中氨类、苯类物质和硫化物会发生损失。

表 7-12 不同条件下酱油样品对电子鼻传感器响应值的结果

传感器名称	25℃			平均响应值	95℃			平均响应值
	头抽类	生抽类	味极鲜类		头抽类	生抽类	味极鲜类	
W1C	0.418	0.126	0.390	0.311	0.324	0.045	0.170	0.180
W1S	11.600	46.754	19.367	25.907	39.509	129.383	42.835	70.576
W1W	6.103	39.907	6.858	17.623	5.907	15.799	7.510	9.739
W2S	8.024	17.971	11.755	12.583	19.237	49.534	32.161	33.644
W2W	8.725	12.130	11.689	10.848	14.987	41.626	20.273	25.629
W3C	0.803	0.249	0.766	0.606	0.690	0.449	0.622	0.587
W3S	1.603	1.696	1.659	1.653	2.390	3.566	2.294	2.750
W5C	0.842	0.268	0.833	0.648	0.759	0.552	0.705	0.672
W5S	5.964	25.375	9.292	13.544	12.790	48.707	17.142	26.213
W6S	1.213	1.160	1.256	1.210	1.596	4.716	1.538	2.617

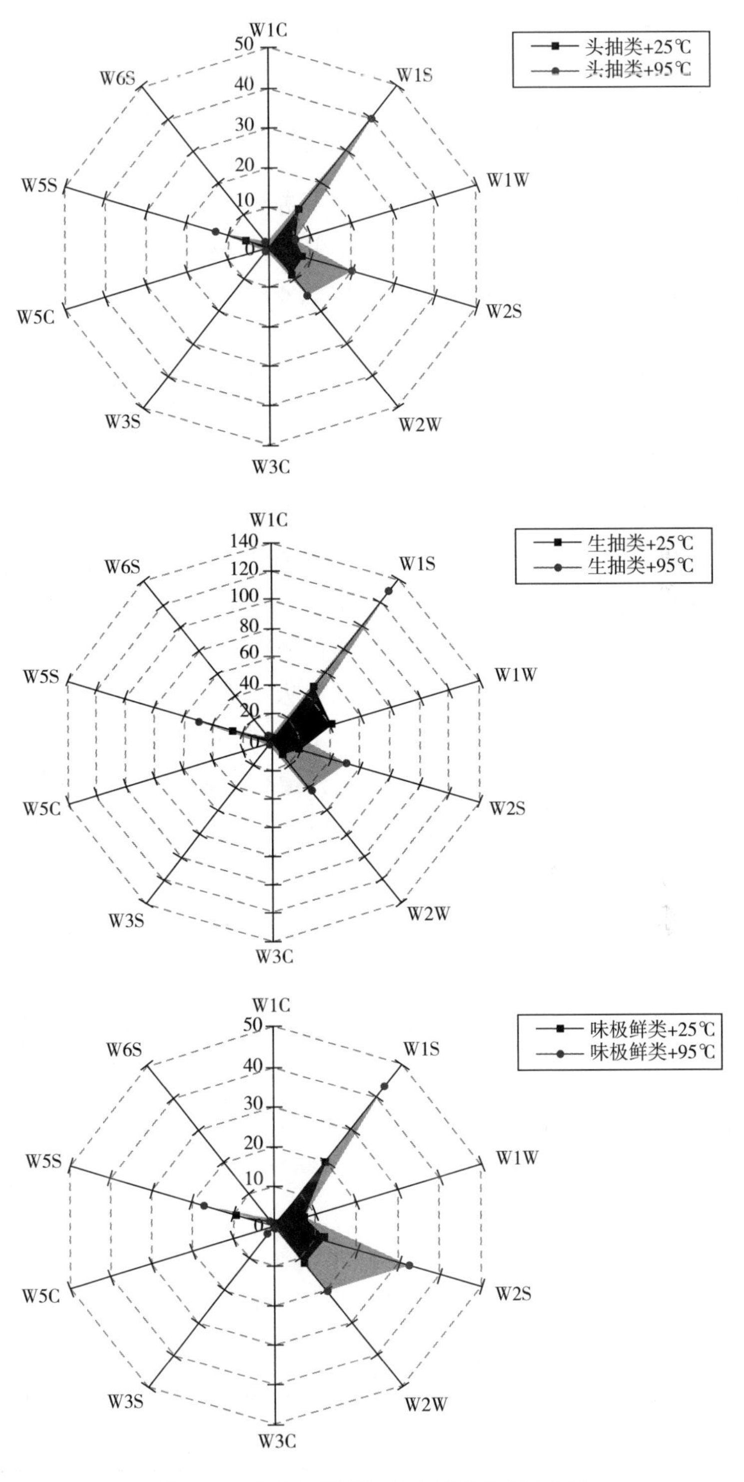

图 7–17 不同品牌酱油的电子鼻响应值分析

第二节 酱油滋味检测技术

酱油的滋味主要包括酸、甜、苦、咸、鲜等味觉刺激。酱油滋味是多种滋味物质的宏观综合体现，其中，鲜味是酱油中最典型的滋味，主要来源于蛋白降解酶对蛋白质原料发生作用产生具有鲜味的氨基酸类物质，以及淀粉酶在酿造过程中水解淀粉原料产生的葡萄糖进而生成谷氨酸和天门冬氨酸等具有鲜味的氨基酸。酱油的甜味来源于4个部分，原料淀粉在水解作用下生成的葡萄糖、果糖、麦芽糖是主要部分，还有原料蛋白水解生成的甜味氨基酸，脂肪酶将油脂分解的甘油及后期调配增加的蔗糖甜味剂均包含在内。酱油中的咸味来源于添加食盐，糖类、氨基酸类和有机酸类物质均可以使咸味变得温和。来源于醇、醛氧化生成及曲霉菌代谢的乳酸、柠檬酸、异戊酸等多种有机酸，为酱油的酸味做出贡献。酱油中的苦味一般感觉不到，但外添加食盐中的氯化镁、硫酸镁及原料分解的苦味氨基酸能够呈现出苦味，低含量苦味能够提升酱油的醇香厚重感，但品质高的酱油不会表现出苦味（表7-13）。酱油中的滋味物质对香气也有影响。芳香化合物可以由滋味化合物的热降解、糖或脂类与其他滋味物质的热相互作用而产生。滋味化合物如糖类物质和氨基酸类物质是美拉德反应必不可少的物质，可以为酱油风味和颜色的形成奠定基础。在烹调过程中，脂肪酸可以形成醛类、酮类、酯类和其他芳香类物质。同时，脂肪酸和乙醇的反应可以产生各种芳香内酯，为酱油的滋味增加丰富度。

表7-13 常见氨基酸的呈味特性

氨基酸	呈味特性	氨基酸	呈味特性
天冬氨酸（Asp）	鲜	异亮氨酸（Ile）	苦
谷氨酸（Glu）	鲜	亮氨酸（Leu）	苦
丝氨酸（Ser）	甜	酪氨酸（Tyr）	苦
苏氨酸（Thr）	甜	苯丙氨酸（Phe）	苦
丙氨酸（Ala）	甜	组氨酸（His）	苦
甘氨酸（Gly）	甜	色氨酸（Try）	苦
半胱氨酸（Cys）	苦	精氨酸（Arg）	苦
甲硫氨酸（Met）	苦	脯氨酸（Pro）	甜、苦
缬氨酸（Vla）	苦	赖氨酸（Lys）	甜、苦

滋味是酱油非常重要的感官属性之一，是酱油品质的外在体现，能够直接影

响消费者的购买意愿。因此，在评估酱油质量中滋味化合物的检测方面起着重要的作用，酱油滋味的检测对提升酱油品质，推动酱油行业的发展有着深远的意义。

一、滋味物质提取方式

酱油的成分复杂，在做滋味物质的检测分析时应尽可能地去除无味的物质，而更多地去富集滋味物质，同时使得样品符合仪器的测定要求。因此酱油样品在上机分析前需要经过一系列的前处理，包括去除杂质和分离纯化，有时还需要柱前衍生化处理。

1. 杂质去除

滋味物质只有溶解于唾液中才能进入味孔产生刺激，被舌头所感知到呈味特性，所以它们都是一些水溶性的化合物，在提取时用水或一些强极性的有机试剂如甲醇、乙醇即可。杂质去除主要是去除一些大分子物质，以免它们进入液相系统时堵塞色谱柱。

酱油中的滋味物质多采用甲醇进行提取，一方面甲醇的极性大，可以很好地溶解呈味化合物，另一方面甲醇可以沉淀酱油发酵过程中未被完全水解的蛋白质。样品经甲醇处理后离心可使不溶于甲醇的成分沉淀，取上清液即为滋味物质的提取液，避免堵塞色谱柱，提取液一般还需要过 0.45μm 或者更小的微孔滤膜。如杨荣华等在提取酱油中的呈味核苷酸时利用 75%的甲醇溶液对酱油样品进行 10 倍稀释并静置后，在 8000r/min 条件下离心 5min，取上清液再稀释 5 倍后过 0.45μm 滤膜后即可进行呈味物质的测定。林耀盛利用 75%的甲醇溶液提取酱油并去除不溶性沉淀，再经分离纯化过 0.22μm 滤膜后对呈味物质进行高效液相色谱分析。

2. 衍生化技术

针对一些待测组分性质与检测仪器不匹配的情况，需要在检测前将样品进行衍生化反应处理，主要步骤是利用化学方法把化合物转化成类似化学结构的物质，从而改善样品检测的灵敏度。关于酱油中滋味物质的衍生化涉及衍生化结合气相色谱和衍生化结合高效液相色谱两种情况。

衍生化结合气相色谱是为了降低不挥发或难挥发性滋味化合物的沸点，使其进入气相色谱时能够被气化从而利用程序升温将各组分分离开。如将硅烷衍生化结合 GC-MS 的技术可以对酱油中的滋味物质进行统一检测。硅烷衍生化是使用衍生化试剂中的烷基硅烷基对化合物结构中的活泼氢（羟基或氨基）进行置换，使一些不利于挥发的物质变成易于挥发且热稳定性好的烷基硅烷基产物，再通过GC-MS检测出来。常用的硅烷衍生化试剂有很多不同组合和类型，根据需要衍生化物质的性质结构进行选择。其中，常用于胺基和羟基代谢物检测的衍生化一般使用*N*，*O*-双三甲基硅基三氟乙酰胺（BSTFA）和三甲基氯硅烷（TMCS）的组合，可以阻挡较多的伯胺和被空间隔断的羟基单独与BSTFA产生反应，提高了检测的效率。药物、类固醇类的鉴定常用*N*-甲基叔丁基二甲基硅基三氟乙酰胺（MTBSTFA）来进行；较常使用的硅烷衍生化试剂之一的*N*-甲基三甲基硅基三氟乙酰胺（MSTFA）是通过引入三甲基硅基来发生转化反应的。

本课题组通过硅烷衍生化将酱油中非挥发性滋味物质中的羟基、羧基、氨基中的活泼氢转化为三甲基硅，变成易于挥发性的物质后通过气相色谱-质谱联用技术检测出来，再回归原物质。具体衍生化操作如下：50μL的样品在-80℃冰箱中冷冻后进行真空冷冻干燥6h（-80℃）以去除水分，然后添加100μL的*N*，*N*-二甲基甲酰胺（DMF）涡旋振荡、超声溶解后12000r/min，3min离心。取50μL离心上清液加入5μL十七烷酸内标溶液（DMF溶液溶解，10mg/mL）后添加100μLBSTFA+TMCS（99：1）进行硅烷衍生化，放入70℃水浴2h。冷却至室温后取1μL样品进行分析。此技术下共鉴定出5组酱油样品中的214种滋味化合物，包括糖类、有机酸类、酯类、氨基酸类、醇类、酮类、酚类等化合物，其中糖类物质占比高达37.24%~77.24%。

衍生化结合高效液相色谱可以改变组分的化学性质，使其对特定的检测有响应，或改善在色谱柱中的保留特性。如一些化合物无紫外吸收，可以通过处理加上生色基团从而能够被紫外检测器所检测到。荧光检测器虽然灵敏度很高，但是能产生荧光的化合物种类有限，利用荧光衍生化技术可以实现滋味化合物的痕量分析。根据反应的不同，衍生化可分为紫外衍生化、荧光衍生化、电化学衍生化、手性衍生化等。而高效液相色谱中常用的衍生化试剂有2，4-二硝基氯苯、邻苯二甲醛（OPA）、磺酰氯二甲胺偶氮苯（Dabsyl-Cl）、2，4-二硝基氟苯（FDNB）、异硫氰酸苯酯（PITC）、氯甲酸芴甲酯（FMOC）等。

3. 分离纯化

（1）膜分离技术（ultrafiltration，UF）　膜分离技术是利用选择透过性膜两侧的压力差作为动力对样品组分进行分离纯化的方法，常用于大分子与中等分子间的分离纯化。膜分离的操作可在室温下完成，且无需加入化学试剂，也不会发生相变，简单易行无污染。膜分离技术在酱油滋味物质的分离纯化方面已有应用。如Lioe H. N. 等利用超滤膜技术分离得到酱油中高鲜味的短肽。苏国万等利用超滤系统对酱油中的鲜味肽进行超滤膜分离，得到了>5ku、3k~5ku、1k~3ku和<1ku的四种鲜味组分。

（2）固相萃取技术（macroporous resin chromatography，MRC） 固相萃取技术利用固体吸附剂对样品中的组分进行选择性吸附，然后再利用洗脱液对各组分进行洗脱从而使组分依次从固相萃取小柱上流出而达到分离纯化的目的（图7-18）。根据固体吸附剂对化合物保留机制的不同可分为吸附剂保留目标化合物和吸附剂保留杂质，利用吸附剂保留目标化合物的固相萃取法进行分离纯化时一般包括四个步骤，即活化、上样、淋洗和洗脱，活化的目的是为了去除吸附剂中的杂质并使吸附剂与溶剂相互饱和，淋洗的目的是为了最大限度地除去样品中的干扰成分，使得目标化合物被吸附剂保留，而上样和洗脱与高效液相色谱的分离系统运行原理相似；利用吸附剂保留杂质固相萃取的操作可分为三个步骤，即活化、上样和洗脱，由于吸附剂保留了杂质，因此在上样时就要开始收集样品，此法常用于食品分析中去除样品的色素类物质。固相萃取技术在酱油滋味物质的分离纯化应用方面十分广泛，如黄文武等在测定酱油中的呈味核苷酸前，将75%甲醇提取并离心后的上清液过 C_{18} 的固相萃取小柱以脱色和去除其他干扰分析的杂质。Mingzhu Zhuang 等先将冷冻干燥后的XAD-0%组分在超纯水中重组，使其浓度达到10mg/mL，然后在恒温（25℃）下将等量的XAD-0%组分小心地加载到 C_{18} 凝胶柱的顶部。

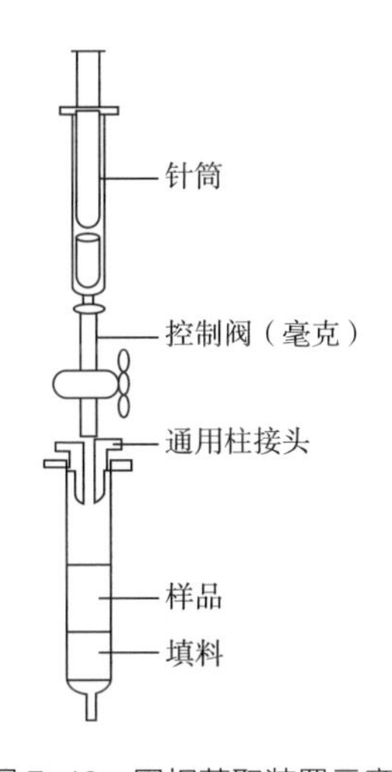

图7-18 固相萃取装置示意图

（3）大孔树脂层析法（macroporous resin chromatography，MRC） 大孔树脂是一种非离子型多孔性高分子材料，通过分子间作用力吸附样品中的组分。具有易于洗脱，可再生，吸附容量大等特点（图7-19）。Mingzhu Zhuang 等在XAD-16大孔吸附树脂上对酱油风味多肽进行分离纯化，酱油依次用去离子水、20%（*V/V*）乙醇和40%（*V/V*）乙醇洗脱，得到XAD-0%、XAD-20%和XAD-40%三个级分。

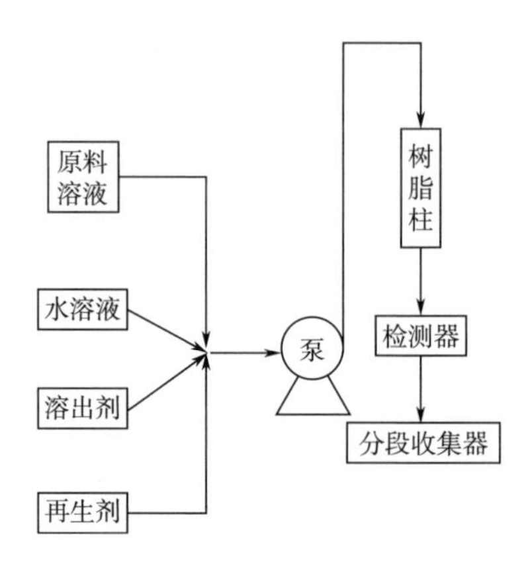

图 7-19 大孔树脂层析流程图

（4）凝胶过滤色谱法（gel filtration chromatography，GFC） 凝胶过滤色谱法利用色谱柱内的填充物具有多孔的网状结构，当不同分子大小的组分流经色谱柱时，分子直径大的组分不能进入凝胶微孔中，而从凝胶珠间的空隙经过，被先洗脱出来。而分子直径小的组分进入凝胶微孔中，从凝胶珠内纵横交错的网状孔隙中经过，被后洗脱出来。根据分子质量大小的不同，在色谱柱中滞留的时间也有所差异，从而达到分离纯化的效果。苏国万将超滤膜分离得到的四种组分鲜味肽经 0.45μm 水相滤膜过滤后用凝胶过滤色谱再次分离纯化，进而得到八种组分的呈味肽。

二、滋味物质检测手段

与风味物质相比，滋味物质多为不挥发或难挥发的化合物，如糖类、氨基酸类、有机酸类、酯类等，这些化合物难以在气相系统直接气化分离检测，因而滋味物质的检测多借助于液相系统或者通过衍生化后利用气相进行检测分析。与气相色谱相比，液相色谱不受样品挥发性和热稳定性限制，适用于 70%以上有机物的分离分析（表 7-14）。

表 7-14 气相色谱与液相色谱的异同比较

色谱类型		气相色谱	高效液相色谱
不同点	仪器组成	载气系统、进样系统、分离系统、检测系统、记录系统	输液系统、进样系统、分离系统、检测系统、数据记录系统
	流动相	惰性气体	液体
	流动相功能	运载组分，不参与分配平衡	运载组分，并参与分配平衡
	色谱柱	填充柱、毛细管柱	填充柱

续表

	色谱类型	气相色谱	高效液相色谱
不同点	色谱柱长	几米~几十米	几厘米~几十厘米
	运行温度	高温，常压	常温，高压
	特点	分离能力强、灵敏度高、分析速度快、操作方便、选择性好	高压、快速、高效、高灵敏度
	适用范围	热稳定性好，沸点低（500℃以下），相对分子质量<400u 的物质	无热稳定性及沸点要求，分子质量>400u 的不同极性物质
	进样要求	能气化	溶液、无须气化
	检测器类型	浓度型：热导池检测器、电子捕获检测器；质量型：氢火焰离子化检测器、火焰光度检测器、氮磷检测器	通用型：示差折光化学检测器 选择型：紫外吸收检测器、荧光检测器、二极管阵列紫外检测器、电化学检测器
	提高分离效率	程序升温	梯度洗脱
相同点		色谱分离及色谱柱的分离效能可用塔板理论和速率理论进行解释； 均可以利用保留时间来定性，利用峰面积或峰高来定量； 均适用于外标法、内标法和归一化法等定量方法。	

1. 高效液相色谱分析

高效液相色谱法（high performance liquid chromatography，HPLC）又称高压液相色谱法，兴起于 20 世纪 60 年代末期，是在经典液相的基础上添加了高压泵、高效固定相和高灵敏度的检测器，从而具备快速、高效、高灵敏的特点。高效液相色谱的运行原理与经典液相色谱法相似，即以液体作为流动相，在高压输液系统的作用下将含有待测组分的流动相泵入固定相，经过固定相时由于不同待测物质在固定相和流动相之间具有不同的分配系数、吸附能力和亲和力，致使其在固定相中滞留时间不同，从而先后从固定相中流出到达检测器完成分离检测的过程。如图 7-20 所示，样品中含有 A、B、C 三种组分，随流动相一起进入固定相色谱柱，分配系数最小的组分 C 不易被固定相截留，因而随流动相在固定相中前进时走在最前端，也最先流出固定相色谱柱，分配系数最大的组分 B 在固定相中滞留时间长，最晚流出固定相色谱柱，而分配系数介于组分 B 和 C 之间的组分 A 则第二个流出固定相色谱柱。

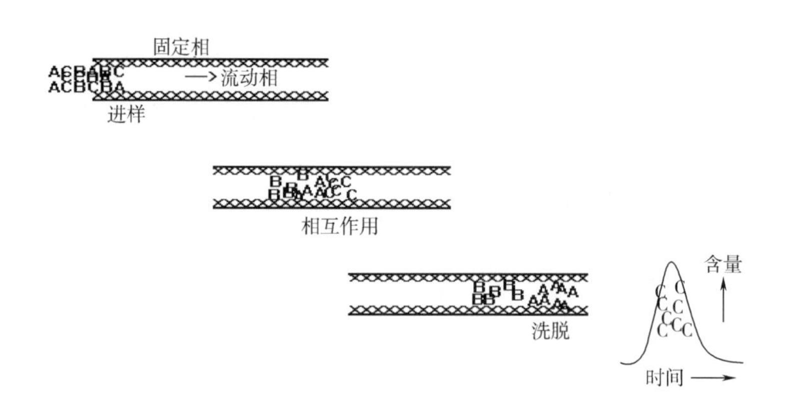

图 7-20 色谱分离原理

（1）高效液相色谱仪 高效液相色谱仪主要由输液系统、进样系统、分离系统、检测系统、数据记录处理系统构成，各系统间的具体组合见图 7-21。

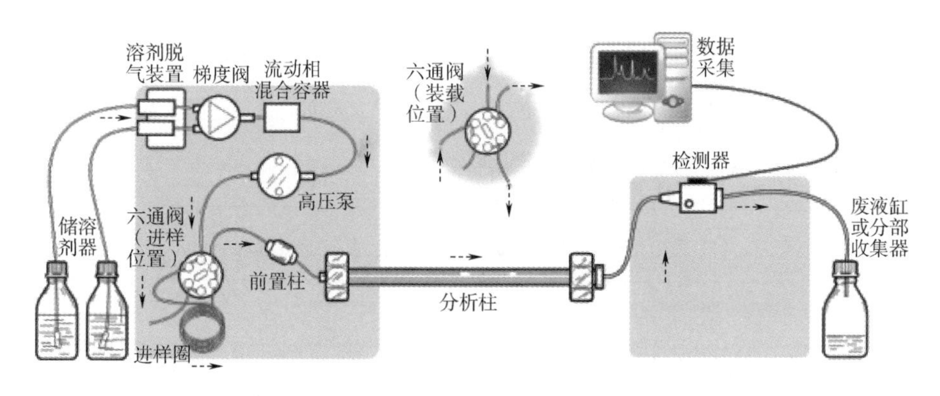

图 7-21 高效液相色谱仪的系统示意图

①输液系统。输液系统包括高压泵、流动相储存罐、在线脱气装置、梯度洗脱装置。高压泵是高效液相系统的重要组件之一，能够提供 15~45MPa 的压强，是基于色谱柱内径窄小、填充物粒径小，流动相阻力大的现象应运而生的，能够很大程度地缩短流动相经过色谱柱的时间，从而实现液相色谱分析的高效特性。流动相储存罐应具备化学惰性，不与流动相发生反应，多使用玻璃材质瓶，流动相储存罐的摆放应高于高压泵以产生静压差。在线脱气装置是用于去除流动相中因溶解或混合而产生的气泡。气泡的存在会影响物质的分离检测结果：气泡中存在的氧气会氧化固定相成分，从而影响色谱柱的分离能力；泵中气泡使液流波动，改变保留时间和峰面积；气泡随流动相由色谱柱进入检测器时，由于压力骤减而被释放会影响待测物质的峰形，致使色谱图上出现一些不规律的毛刺峰。除了在线脱气法外，也可以利用抽真空脱气法、超声波脱气法、吹氦脱气法及加热回流法提前对流动相进行脱气处理。

滋味物质组分十分复杂，一般情况下难以利用一种流动相将不同极性的组分依次洗脱下来，因此需要借助两种不同极性的流动相，通过不同浓度梯度的组合来形成具有不同极性的混合液从而能够将不同组分很好地分离开，即梯度洗脱（表 7-15）。选择流动相组合时，流动相 A 为低强度溶剂，流动相 B 为高强度溶剂，这样确保流动相 B 的强度能够在洗脱过程中使得所有预测组分被洗脱下来。梯度洗脱需要借助梯度洗脱装置来实现，该装置主功能是按照设定要求定量吸取不同的流动相并将其混合送入色谱柱。梯度洗脱装置可分为外梯度装置和内梯度装置两种，外梯度装置是两个不同的流动相在常压下混合，然后在高压条件下泵入色谱柱；而内梯度装置则是将两种流动相在高压条件下泵入混合室内混合，然后再进入色谱柱（图 7-22）。当流动相 A、B 始终以同一比例混合完成洗脱时称为等度洗脱。

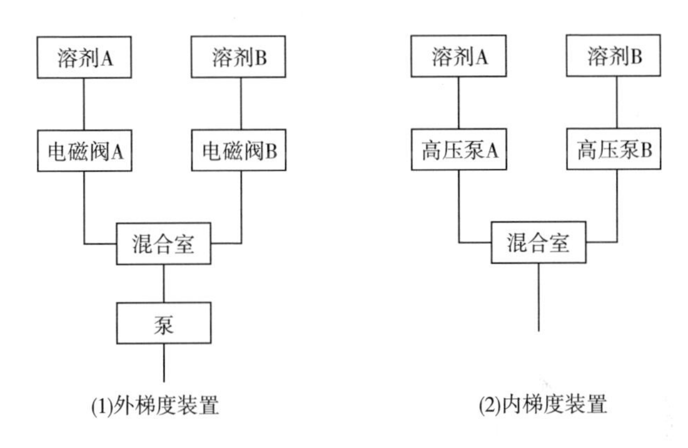

图 7-22　梯度洗脱装置示意图

表 7-15　常用流动相的性质参数

流动相	截止波长/nm	折射率（25℃）	沸点/℃	黏度/（mPa·s）（25℃）	极性参数 P'	溶剂强度 ε^0	介电常数（25℃）
正庚烷	195	1.385	98	0.40	0.2	0.01	1.92
正己烷	190	1.372	69	0.30	0.1	0.01	1.88
环己烷	200	1.404	49	0.42	-0.2	0.05	1.97
四氢呋喃	212	1.405	66	0.46	4.0	0.57	7.6
丙胺	—	1.385	48	0.36	4.2	—	5.3
乙酸乙酯	256	1.370	77	0.43	4.4	0.53	6.0
氯仿	245	1.443	61	0.53	4.1	0.40	4.8
丙酮	330	1.365	56	0.3	5.1	0.56	37.8

续表

流动相	截止波长/nm	折射率(25℃)	沸点/℃	黏度/(mPa·s)(25℃)	极性参数 P'	溶剂强度 ε^0	介电常数(25℃)
乙腈	190	1.341	82	0.34	5.8	0.65	32.7
甲醇	205	1.326	65	0.54	5.1	0.95	80
水	187	1.333	100	0.89	10.2	—	—

②进样系统。高效液相系统多采用六通阀进样，这是高效液相系统最理想的进样器。进样运行如图 7-23 所示，取样时样品液由 6—1 进入定量环，充满定量环后多余的液体由 4—5 作为废液排出。进样时阀与液相系统相连，流动相在高压泵的作用下由 2—1 进入定量环带着定量环中的样品从 6—4—6 进入分离系统。

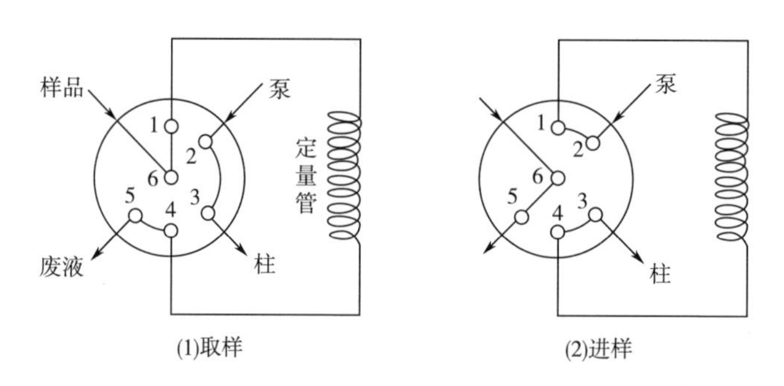

图 7-23　高压六通阀进样示意图

③分离系统。分离系统由色谱柱和柱温箱构成，色谱柱是高效液相色谱的心脏，包括分析柱和前置柱。分析柱的一般要求柱效高，选择性好，分析速度快。分析柱的长度一般为 10~50cm，内径为 2~5mm（图 7-24）。高效液相色谱仪的色谱柱多为直形柱管，由不锈钢或硬质玻璃制成，两端安装有烧结不锈钢或多孔聚四氟乙烯过滤器，内部装有 3~10μm 的高效固定相微粒。

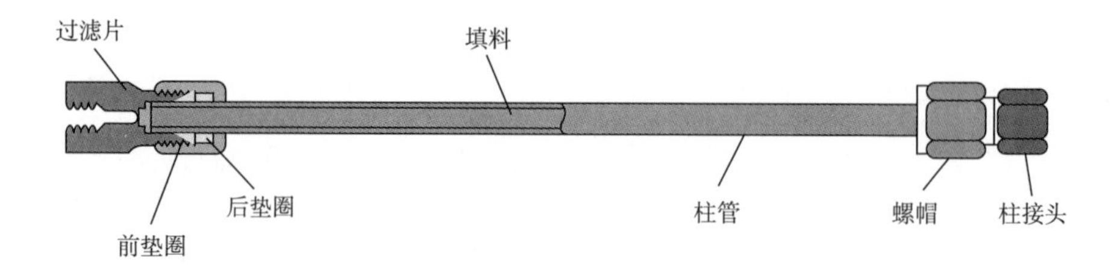

图 7-24　分析柱示意图

根据所填充的固定相微粒极性的不同，高效液相色谱可分为正相色谱和反相色谱。当固定相极性大丁流动相时称为正相，常见的正相色谱固定相有硅胶柱和 NH_2 柱；当流动相组分大于固定相时则称为反相，常见的反相固定相有 C_{18} 柱。根据相似相溶原理，在正相色谱中洗脱组分时，极性大的组分更容易与色谱柱结合，极性小的组分随流动相先被洗脱流出。反之，在反相色谱中极性大的组分先被洗脱出来。因此，正向色谱系统一般用于分离极性化合物，而反相色谱多用于分离非极性的化合物（表 7-16）。由于滋味物质几乎都是水溶性化合物，因此在分离酱油中滋味化合物时采用反相高效液相色谱。

表 7-16　　正相色谱与反相色谱比较

色谱类型	正相色谱	反相色谱
固定相特点	极性大于流动相	极性小于流动相
物质流出特点	极性小的组分先流出	极性大的组分先流出
常用流动相	正己烷，三氯甲烷，四氯化碳，丙酮	水，甲醇，乙腈，丙酮，异丙醇
适用范围	极性化合物	弱极性化合物

前置柱又叫保护柱或预柱，其填充内容物与分析柱一致，但颗粒直径较大，安装在分析柱之前。前置柱主要有两种作用，避免来自流动相或样品中的不溶性固体微粒进入分析柱而导致堵塞情况的发生，另外前置柱可以先与流动相相互饱和，防止分析柱的成分被流动相改变而影响分离性能。高效液相色谱中的温度对流动相的黏度及待测组分的溶解度和扩散系数均有影响，温度升高时组分的扩散系数增加，流动相的黏度下降。柱温箱用于保证分离系统的温度恒定，避免由于温度波动对色谱基线和保留时间的影响。

④检测系统。检测器是高效液相色谱的另一个非常重要的组件，直接决定分析结果的准确性和灵敏性。检测器应具备灵敏度高、线性范围宽、重复性好、死体积小、对温度和流量不敏感等特点。高效液相色谱常配的检测器有示差折光化学检测器（differential refractive Index detector，RID）、紫外吸收检测器（ultraviolet detector，UVD）、荧光检测器（fluorescence detector，FD）、二极管阵列紫外检测器（photodiode array detector，PDAD）、电化学检测器（electrochemical detector，ED）等（表 7-17）。

表 7-17　　不同检测器间的对比

检测器类型	示差折光化学检测器	紫外吸收检测器	荧光检测器	二极管阵列紫外检测器	电化学检测器
应用范围	通用	选择性	高度选择性	选择性	高度选择性
使用梯度洗脱情况	不可以	可以	可以	可以	不可以

续表

检测器类型	示差折光化学检测器	紫外吸收检测器	荧光检测器	二极管阵列紫外检测器	电化学检测器
线性范围	10^4	10^5	~10^3	10^6	10^6
最小检测量	μg	ng	pg	pg	pg
在±1%噪声时满量程灵敏程度	2×10^{-6}RI	0.002AU	0.005	3×10^{-6}AU	2×10^{-9}μA
对温度的敏感程度	10^{-4}RIU/℃	低	低	低	1.5%/℃

在酱油的滋味物质分析鉴定时，流动相的选择、洗脱方式、流速、柱温以及检测器的选择等都会对分析结果造成影响。用 0.05mol/L KH_2PO_4 溶液作为流动相，对 5′-肌苷酸二钠盐（IMP）和 5′-鸟苷酸二钠盐（GMP）进行等梯度洗脱，流速 1.0mL/min，柱温为 30℃，以 UVD 作为检测器，检测波长为 254nm，当流动相 pH 为 7 时，GMP 和 IMP 的色谱峰几近重叠，当降低流动相 pH 时这两种物质的分离度逐渐提高，当 pH 为 4.7 时两峰被较好地分开，如图 7-25 所示。

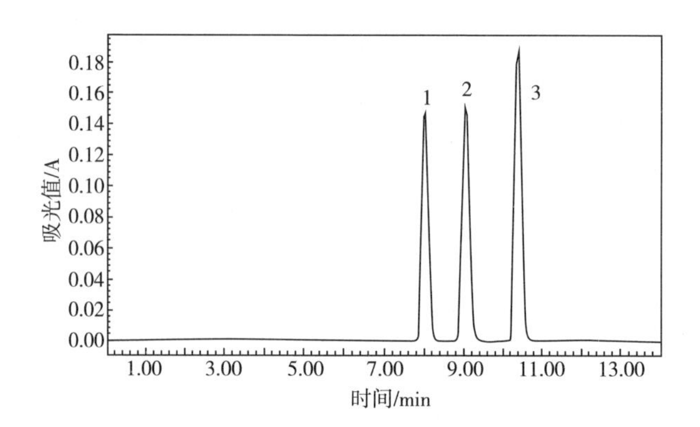

图 7-25 呈味核苷酸高效液相色谱图

峰 1 代表 GMP，峰 2 代表 IMP，峰 3 代表次黄嘌呤。

（2）高效液相色谱仪滋味物质的定性定量方法

①定性方法。高效液相色谱分析的定性方法最常采用的是保留值定性法，保留值定性是依据每种化合物在相同色谱条件下的保留值具有特征性的特点形成的方法，待测未知物既可以与已有的纯物质在相同色谱条件下的保留时间对比进行定性，也可以按文献所述的色谱条件实验比较保留值进行定性。需要注意的是在相同色谱条件下，保留值相同的不一定是同一种化合物，但保留值不同的一定不是同一种化合物。

②定量方法

内标法。直接在样品中加入一定量的内标物，根据被测物和内标物的量及在图相应的峰面积比求出目标物的含量，可以很好地消除基质效应。内标法对内标物的选择有一定的要求，内标物必须是试样中不存在的纯物质；必须完全溶于试样中；理化性质应与被测组分相近，最好是被测物质的同位素；出峰位置应在被测组分的峰位置附近，或者在几个被测组分的中间；内标物添加的量应与被测组分接近。

$$X_i = f \times \frac{A_i}{A_s/X_s}$$

式中　X_i——组分 i 的含量；

A_i——组分 i 的峰面积；

A_s——内标物的峰面积；

X_s——加入的内标物的量；

f——相对校正因子。

外标法。组分较少的样品或针对某一或某些组分的样品可采用外标法，将标准加至和样品相同的基质中进行处理，制作校正曲线，试样通过查找校正曲线上的点而定量。标样和样品的处理方法和测定条件要保持一致。不过选用绝对相同的基质有时候可能比较难。

归一化法。归一化法要求试样中所有的组分均能出峰，对进样量不做严格要求，也不需要标准样品，但定量并不十分准确。

$$X_i = \frac{A_i \times f_i}{\sum A_n \times f_n} \times 100\%$$

式中　X_i——组分 i 的含量；

A_i——组分 i 的峰面积；

f_i——组分 i 的校正因子。

2. 高效液相色谱-质谱分析

高效液相色谱-质谱分析（high performance liquid-chromatography-mass spectrometry，HPLC-MS）中高效液相色谱作为分离系统，而质谱充当通用型检测器的角色，它结合了高效液相色谱对不挥发组分的良好分离能力及质谱仪很强的组分分析鉴定能力双重优点。样品经液相系统分离后由进样接口进入质谱分析仪。质谱分析仪系统由进样系统、离子源、质量分析器和检测接收器构成，其中进样系统与液相色谱出口相连，高效液相色谱-质谱配备的离子源主要有大气压化学离子源（APCI）和电喷雾（ESI）离子源。大气压化学离子源需要样品具有一定的挥发性，因此在分析酱油样品中滋味化合物时多选用电喷雾离子源。电喷雾离子化大致可分为带电小液滴的形成、溶剂蒸发和气相离子形成三个过程。质量分析器是将离子源中产生的离子按质荷比的大小进行分离聚焦，常见的质量分析器有四极杆分析器、离子阱分析器和时间飞行分析器。

利用上述高效液相色谱仪器能够对酱油中的滋味物质进行分离，从而展开定性定量分析，但仪器分析难以得到滋味物质的滋味特性。目前，关于滋味化合物的呈味特性仍然需要借助感官分析手段来进行，常用的方法是利用制备型色谱对滋味组分进行分离收集，然后对分离到的滋味化合物梯度滋味稀释分析（taste dilution analysis，TDA），描述其滋味特性，并确定滋味稀释因子（taste dilution factor，TD）。另外，在此基础上还可以开展滋味重组实验和滋味缺失实验来确定样品中滋味化合物的贡献度。滋味重组实验是指对食品中所有可能的重要滋味物质进行定量，并将所有可能的重要滋味物质以所测得的含量重新融于食品基质中，然后对该重组基质进行滋味评价并与原食品样品的滋味做对比，以此来评判重要滋味物质的完整性。滋味消除实验是将重组食品基质中的一种或一类滋味物质去除，然后将去除组分的样品与原重组样品做滋味比较，找出差别以此来确定该去除滋味物质的关键性。

三、电子舌

电子舌（electronic-tongue，E-tongue）又称味觉传感器，是一种通过紧密模仿人类的嗅蕾组织来实现对液体样品定性或定量分析的新型仿生学测试仪器。电子舌头的概念最早是在 1997 年由 Natale 和他的同事提出的。2005 年，国际理论与应用化学联合会（IUPAC）制定了国际液体电位分析命名标准。在这种情况下，电子舌被定义为多传感器系统，它由多个低选择性传感器组成，并使用基于模式识别和/或多变量分析的高级数学程序进行信号处理。液体样品特性可以通过电子舌头获得，其中可以测量样品的整体质量（例如味道信息），而不是测量样品中的某个组分的信息（如浓度或阈值）的传统技术。

与传统的分析方法相比，电子舌的优点包括：灵敏度高，易于构建和使用，分析价格低，分析所需时间短，仅仅需要两三分钟甚至是数秒。基于小型化和自动化，电子舌可以用于现场、在线或实时分析，另一个优势是它是一种非破坏性的分析方法。

电子舌系统包括传感器阵列、信号采集系统及计算机模式识别系统三个部分（图 7-26）。其中传感器是电子舌系统的核心，在大多数情况下，通过使用具有不同选择性和灵敏度的交叉敏感传感器阵列和用于数据处理的多变量模式识别技术的应用来获得质量参数的信息，而不是使用特定单一的传感器来测量单个参数。为了开发传感器阵列，电子舌系统的传感器可分为电化学（电位法、伏安法、安培法、阻抗法、电导法）和生物传感器。

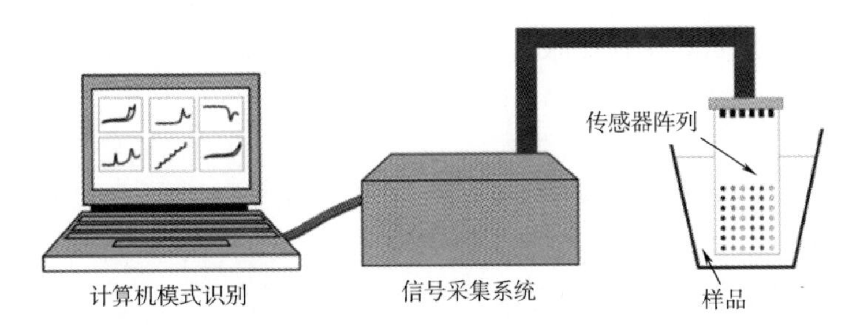

图 7-26　电子舌系统总体方案图

1. 电子舌技术在酱油滋味检测中的应用

电子舌技术虽然起步较晚，但发展迅速，已经被广泛地应用于食品行业。近年来，酱油领域也有关于电子舌对其滋味方面的研究。本课题组利用电子舌中的5种不同传感器对5款市售酱油样品中5个基本味指标（包括酸、苦、涩、咸、鲜）和2个回味指标（苦味和鲜味的回味）展开测定，另外利用GL1传感器检测样品的甜度指标。其结果如图7-27所示，其中余味-B指苦味的回味指标，丰富度指鲜味的回味指标，箱线图的范围值（极差）大小反映不同酱油样品间该滋味属性的差异性，范围值越大表明差异性越大。鲜味和咸味作为酱油中最重要

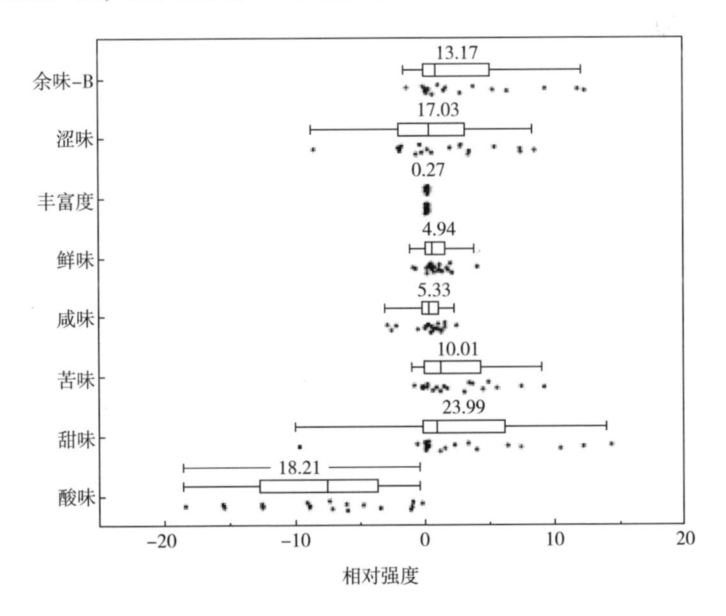

图 7-27　电子舌检测酱油的滋味指标

的两种滋味特征，其范围值分别为 4.94 和 5.33，是除丰富度外极差最小的两种滋味指标，表明我国酱油在制作过程中对鲜味和咸味的把控较好，使得不同酱油样品间的差异不大。而主要由糖类物质提供的甜味的极差值最大，达到 23.99，表明不同酱油样品间的甜味指标差异很大，这意味着甜味物质可作为区分酱油类型的一项指标。

2. 电子舌与电子鼻联用技术

食品感官是包括色香味形等复杂得多感官综合体验，对于作为调味品的酱油而言，风味是其最为重要的感官属性，包括香气和滋味。单用电子舌或电子鼻评估酱油品质往往具有片面性，电子鼻由具有选择性的电化学传感器阵列和适当的模式识别系统组成，可识别并区分不同的气味。电子舌和电子鼻联用可更好地模拟食品的风味，获得更可靠的区分和鉴别结果。易宇文等以 8 种酱油为研究对象，通过电子鼻、电子舌检测技术，结合主成分、区别指数、质量控制模型、马氏距离发现，电子鼻能够区分大多数样品，但无法区分某些在香气成分上极为相似的样品。相对于电子鼻或电子舌的单独使用，电子鼻/舌信号融合后综合评价能力强，能够综合气味和滋味信息，凸显样品间细微的差异。

现代科学发展日新月异，电子鼻和电子舌等智能感官技术虽然越来越便捷，但这些高新技术并不能完全取代传统的感官分析，因为它们不具备对香气及滋味感受的喜爱偏好能力。大量的研究已经表明，电子鼻和电子舌是与人类嗅觉及味觉系统和传统方法的感官分析相兼容的很有前途的传感技术。

第八章

酱油生产常见问题及其解决方法

第一节　酱油生产问题

酱油是以大豆或脱脂大豆、小麦、小麦粉或麦麸为主要原料，经微生物发酵制成的具有特殊色、香、味的液体调味品。在酱油的生产中会出现很多质量问题，其中杂菌的污染是一个关键因素，它最终会直接导致很多的产品质量问题。酱油作为人们日常必需的调味品，不仅要求风味好，营养高，更重要的是安全可靠，无其他毒害物质。虽然少量非病原菌对人体危害不大，但在一定条件下，很容易引起食品败坏，不利于保存。同时，当人体一次摄入大量杂菌时，也会引起食物中毒。酱油含菌量高，还影响灭菌效果，并且会导致成品混浊。杂菌污染严重的酱油，风味不正，原料利用率也低。

一、大曲酶活力低

1. 大曲酶活力低的原因

制曲是酿造酱油的关键，制曲的目的是使米曲霉生长繁殖，得到最大酶活和最佳酶系组合。米曲霉在制曲过程中生长的好坏，关系到蛋白酶和淀粉酶活力的强弱，最终关系到酱油的产量和质量。制曲阶段是典型的微生物培养过程，如果蒸料不彻底，管理不善，导致杂菌污染，是最终大曲酶活力下降的最根本原因，严重的会降低出品率或影响质量。杂菌的污染主要是因为生产过程环境、设备、空气污染，互相影响、互相渗透形成恶性循环。虽然密封式种曲机使用后可以减少细菌的混入数目，但是还会存在 10^5CFU/g 的细菌。因为制曲时也有由空气和器物混入的很多细菌。枯草芽孢杆菌等菌的孢子耐热性强，杀菌不充分便会残留，所以有时杂菌也来自原料中。

空气中存在很多有害菌。污染酱油的杂菌主要包括微球菌和芽孢杆菌，很有可能从制曲阶段就已经污染，后期会逐渐放大。杂菌中，微球菌中又包含微球菌属、葡萄球菌属及动性球菌属，均系无孢子球菌，细胞分裂为二或三平面上进行，所以呈单球、双球、四联球、八联球不规则集块，很少成短链状。属于革兰阳性菌，运动性少，多生成黄、橙、粉红、红色等色素，也存在少量白色色素。从酱油及豆酱所分离出的耐盐性微球菌大多数为黄白色、圆形、平坦、中部凸起，在琼脂斜面上成珠状、羽毛状。酱油、豆酱酿造的微球菌的生长最适温度为30~35℃，但是表皮葡萄球菌在45℃也能繁殖良好，是一种耐高温的菌株，产酸的温度一般是在30~45℃，表皮葡萄球菌的产酸度也较高。在18%高盐浓度下，无论在生长还是产酸都会受到抑制。

酱油中的芽孢杆菌通常是耐盐性的枯草芽孢杆菌，以芽孢的状态在酱油中存在。在发酵过程中其酶活发挥着至关重要的作用。枯草芽孢杆菌蛋白酶活性最强。枯草芽孢杆菌会生成枯草杆菌素、杆菌霉素以及杆菌抗霉素。在孢子形成前后生产耐热性的抗菌毒性物质，如果在制曲时被这些枯草菌所污染制醪后便会妨碍酵母的生长发酵。一般污染菌和曲霉混合培养时较曲霉单独培养要迟缓，CO_2产生量也少，酶活也较低。尤其是枯草芽孢杆菌会抑制曲霉的生长，同时减少生长的菌丝。

2. 解决措施

为了制成质量优良的曲，不但要正确处理原料，还要注意制曲设备的清洁，制曲温度的管理，以及细致的操作。用旋转式蒸煮锅处理，即刻出锅的蒸料要比过夜出锅的料易于污染杂菌，高压短时间连续蒸煮的蒸料也易受细菌的污染。制曲被细菌污染严重的会抑制曲霉的生长，影响蛋白水解酶的生成。因此必须防止制曲时细菌的污染，注意制曲设备、器具的清洁和灭菌。严格控制好制曲过程，温度一定不能升高超过40℃，超过40℃容易烧曲。在微生物安全管理上，应该特别注意避免枯草芽孢杆菌的肆意增殖。可以多使用细菌少的种曲，采取污染菌未繁殖前创造对曲霉生长有利的条件，使曲霉尽快成为优势菌。

另外，我国酱油的生产绝大多数采用沪酿3.042米曲霉单一菌种制曲，成品酱油红色指数偏低，氨基酸态氮含量不高，缺少酯香等。多菌种酿造酱油是酿造调味品行业的一项先进技术，尤其是在高盐稀态发酵酱油中的应用，取得了理想的效果。发酵出来的酱油酱香、醇香、酯香浓郁，营养丰富，富含多种人体必需氨基酸，是不可或缺的调味佳品。近年来许多企业采用多菌种制曲，在改善酱油色泽、风味等方面取得了良好的效果。为提高酱油风味，比较常用的菌种除了米曲霉，还有黑曲霉、红曲霉、酱油曲霉及其他霉菌。采用米曲霉和黑曲霉混合制曲的生产性试验表明，酱油风味比单一米曲霉生产酱油风味明显改善，全氮利用率和氨基酸态氮生成率均有提高。制曲时黑曲霉的添加能明显提高酱油的质量。因为酱油的发酵过程处于偏酸性条件下，有利于酸性蛋白酶发挥作用。而黑曲霉代谢酸性蛋白酶活性较强，可以弥补米曲霉分泌的碱性蛋白酶在酸性环境下失效的作用。黑曲霉所产的酶类较多，生成的风味成分也较多，加强了原料蛋白质的分解。红曲霉可在一定程度上增加酱油色泽，提高酱油红色指数。

二、酱油产膜

1. 酱油产膜的原因

酱油生霉是由于污染了一些耐盐性产膜酵母的原因，这些微生物主要有盐生结合酵母、粉状毕赤氏酵母、醭酵母、日本结合酵母、球拟酵母。酱油生霉是由于浓度过稀、含糖过多、食盐不足、灭菌不彻底、防腐剂添加不当（未全部溶解、搅拌不匀或添加不足）等引起的。如果酱油本身质量好、浓度高、盐分大（18g/100mL），其渗透压力也将增大，天然发酵或低温长时间酿制的优质酱油，由于含有较多的醇类、脂肪酸、酯类、多种有机酸等，对杂菌有一定的抑制作用。另外受外来因素的影响，如接触不干净的容器，染有生霉的微生物及污水等，受气候、地区、温度的影响，在温度高、潮湿的地区容易生霉，特别是静置的层面，因吸收空气中的水分而降低了盐度更易生霉。在密闭的容器内因受热，水分蒸发造成冷凝水回滴于酱油表面引起长白生霉。受环境空气的污染，当酱油污染产膜酵母后，如不及时注意灭菌，就会在空气及工具上传播，造成恶性循环。

2. 解决措施

酱油生产的全过程，也是微生物活动的全过程，应该在生产过程中，从温度、水分、含氧量、酸碱度等条件上创造适宜的环境去培养和利用某些于酱油生产有利的微生物，同时抑制和消灭某些对酱油生产不利的微生物，但是由于各厂主客观因素不同，后一类微生物即杂菌污染程度也不同，而且其差距也相当大。酱油生产过程的杂菌污染情况，酱油原料含菌量，经过高压蒸煮后，杂菌基本消灭。但从种曲开始到大曲，杂菌数骤增，种曲杂菌较低的每克数百万至数千万个，最高可达每克数十亿个，一般每克数亿个。由于种曲杂菌数增加，大曲杂菌数一般再次增大 10 倍，较低的每克数千万个到数百亿个。发酵过程，虽然总的杂菌数逐渐下降，但其中也有升降因素在内。

酱油主要的变质问题是产生白膜，但针对酱油中产膜菌及其抑制方面的研究还很少。市场上的产品大多采用苯甲酸钠作为防腐剂。规定其在酱油中的最大使用量为 1.0g/kg。苯甲酸钠是一种酸性防腐剂，其抑菌的最佳 pH 范围是 2.5~4.0。酱油的 pH 一般大于 4.0，苯甲酸钠作为防腐剂在酱油中虽被广泛使用，但其在酱油中对产膜菌的抑制效果并不清楚。应用试验表明，产品 pH 控制在 4.4 以下时，添加苯甲酸钠对酱油的防腐有较好的效果，可使酱油 30d 也不长膜，从而延长酱油开盖后的使用期。而产品 pH 高于 5.2 时，添加防腐剂苯甲酸钠起不到较好的抑菌作用。

三、酱油胀气

酱油胀气在调味品行业由来已久。酱油胀包不仅会影响酱油的品质，而且会给企业造成诸多不利影响。

1. 酱油胀气的原因

由于酱油成分复杂，后期酱油在储存和运输的环节又面临不同的环境条件，很多因素都可能会导致酱油产气。基本上，酱油产气胀包的原因有三大类，即物理因素、化学因素和生物因素。其中，物理因素对酱油影响最大的就是温度。夏季是酱油胀包的高发期，因为此时温度较高，给残留在酱油中的一部分微生物提供了良好的生长条件，造成微生物大量繁殖，出现酱油腐败变质的情况。化学原因造成的产气较少，一般是发生化学反应导致产气，如酸碱作用产生气体，酸与马口铁的铁锈作用会放出气体，造成铁胀现象。通常，普遍认为生物因素是导致酱油产气的最主要原因。酱油的酿造过程本身就是在一个复杂开放的空间中进行的，在整个发酵过程中，有多种微生物参与。这些微生物除了酱油生产中用到的菌种以外，也有可能含有生产车间的微生物，虽然在酱油灌装前均会灭菌，但是，一些致病菌或者厌氧菌并未被杀死，反而在酱油储存的过程中，生长代谢，产生 CO_2，从而造成酱油产气胀包。

有研究对酱油胀包前后的感官和理化指标进行测定，结果表明，胀包后的酱油各项感官指标与正常酱油并无显著性差异。对于理化指标，胀包后的酱油，总酸含量平均上升了 0.05g/100mL，氨基酸态氮含量平均下降了 0.13g/100mL，还原糖含量平均下降了 0.66g/100mL，pH 平均上升了 0.14，全氮含量下降了 0.11g/100mL，含盐量平均下降了 1.15g/100mL。胀包前后，可溶性无盐固形物含量并未见显著性差异。

2. 解决措施

添加 0.3%乙酸钠和乳酸来防止酱油的胀气是可行的。但是，对于个别酵酵母种类引起的胀气，其效果不是很好。当然，在我们实际工作中所见到的产品胀气，很少是由酵酵母引起的。乙酸和乳酸由于是酱油发酵时正常产生的，这些物质本身就属于酱油风味的一部分。因此，可以采用添加乙酸钠和乳酸的方法来防止酱油胀气问题，如果能从发酵的角度来增加乳酸和乙酸的产量来防止酱油胀气则更好。

采用第二次加热可以抑制酱油胀气。其最大的优点是不需要添加任何食品添加剂就能起到作用。但是，成品酱油的第二次加热过程不仅能耗大、生产成本高，还给工艺带来麻烦。并且，成品酱油往往会因为再次加热而改变产品中的各种参数，造成产品质量不稳定。防止酱油胀气是贯穿整个生产过程的工作，必须从原料蒸煮到成品灌装，对有害微生物进行有效的管理。同时，还可以对现有的生产工艺存在的问题去摸索与胀气的内在联系。也可以调节酱油营养物质的平衡，如适当地发酵提高产品乙醇的浓度来防止酱油的胀气。这些措施对于防止酱油胀气是个好的思路，还能起到提高产品风味的作用。

四、酱油混浊与沉淀

酱醪发酵的主代谢途径是蛋白质原料的分解，它首先通过米曲霉培养获得蛋白酶，而随后在制酱过程中是蛋白质原料酶解和风味物质产生的过程，其中主要是利用米曲霉分泌的蛋白酶将蛋白质原料中的蛋白质水解为氨基酸。在通风制曲过程中米曲霉还将分泌和积累其他酶，如糖化酶、纤维素酶等。这些酶与酱油的酿造也有一定的关系，会在一定程度上影响到酱油生产的质量。在酱醪中由于高食盐浓度，曲中污染的一些非耐盐性细菌的菌体则自溶而消亡，而芽孢杆菌则以孢子状态存在于酱醪中。但是酱醪中还存在一些耐盐性的微球菌和芽孢杆菌，它们对酱油酱醪的质量并无大的影响。酱油混浊的原因也包含灭死的菌体不能自溶而进入成品形成沉淀。但是在高温固态发酵时，菌体可以自溶。此外，酱醪中的菌体压榨后还会进入酱油中，这时除加热方法外还可以通过硅藻土过滤，但还是不能除尽。污染菌对曲的全氮利用率的影响也很大。

微球菌、链球菌、芽孢杆菌、粪链球菌以及一些肠道菌群在酱油发酵过程中会产生不同的影响。首先，微球菌、链球菌在制曲初期开始增殖产酸使 pH 下降，芽孢杆菌的生长会因此受到抑制，但是 pH 的下降却对曲霉的生长有益。当微球菌大量增殖使 pH 快速下降就会危害酱醪，这也是构成酱油混浊的原因。直径 1μm 以下微细粒子是微球菌的死细胞，因此在这种情况下的混浊就与芽孢杆菌无关。微球菌增殖后还会使曲呈现酸臭味，同时降低中性蛋白酶、碱性蛋白酶的活性，由此便会降低酱油中全氮水解率。其次，芽孢杆菌的芽孢在 100℃需要 175~185min 才能死亡，因此原料处理加热后还可能有部分存在。如果它在酱油中增殖旺盛，会形成很多有害的作用。例如，消耗曲中的碳水化合物、有机酸、分解氨基酸生成氨或胺，使曲的 pH 上升，产生丁酸、氨等恶臭。此外芽孢杆菌最大的有害作用是曲霉增殖的抑制作用，降低曲霉的蛋白酶活力，制醅后也会降低酵母的发酵力。污染较多芽孢杆菌的曲还会使酱油色调变浅或者增加黏性等。这是由于芽孢杆菌产生的多糖类物质所致。粪链球菌又称肠球菌，是人、温血动物内的寄生菌，有的还有溶血性。一般认为是食品的粪便污染指标菌。

酱油的沉淀和混浊，除了想办法降低污染杂菌之外，还应该规范生产，想办法提高原料利用率，提高酶活力水平，都是不错的办法。

第二节　酱油安全问题

一、氨基甲酸乙酯

氨基甲酸乙酯具有致癌作用，不仅在发酵的酒类饮料中含有，而且在大豆的发酵制品如酱油中也存在氨基甲酸乙酯。氨基甲酸乙酯（ethyl carbamate，EC）是一种具有基因致癌的多位点致癌物质，进入人体后会对免疫系统造成不可逆的损伤，在人体内被细胞色素 P450 氧化后，促使 DNA 发生损伤，从而导致癌变。2007 年 2 月被国际癌研究机构将其从 2B 类升级为 2A 类，但是在它被定义为可能致癌物质以前，它曾经在医学上作为抗肿瘤药物和麻醉剂使用过。它也是发酵食品，酱油、腐乳、干酪和酒精饮品在发酵过程的中间产物。越来越多的国家认识到这种物质的危害性。

1. 氨基甲酸乙酯的毒性

氨基甲酸乙酯主要会引发肺癌、肝癌等严重性肿瘤疾病，并且对人体的免疫系统造成影响，其传播可以通过口服、呼吸、皮下注射、腹膜等传播途径进行。有研究表明：氨基甲酸乙酯可以在体内对肿瘤细胞的免疫灵敏性产生影响。氨基甲酸乙酯在生物体内的代谢途径主要有两条：一是通过酯酶代谢；二是通过细胞色素 P450 代谢。目前研究一般在鼠类动物中进行。氨基甲酸乙酯的代谢经历过程为：加入的氨基甲酸乙酯中有 5%被动物排出而并不发生任何变化，超过 90%的氨基甲酸乙酯被肝脏中的微粒酯酶水解，形成甲醇、氨和二氧化碳，大约有 0.1%吸收的氨基甲酸乙酯被细胞色素 P450 可逆地转化成乙基-*N*-羟基氨基甲酸酯，而低于 0.5%的氨基甲酸乙酯被细胞色素 P450 代谢成乙烯基氨基甲酸酯，这个代谢产物比氨基甲酸乙酯本身更具致癌性。氨基甲酸乙酯可以通过粉尘或者食品等途径被人体或者生物体吸收，从而造成危害，氨基甲酸乙酯本身及其在人体内的代谢产物可以同人体内 DNA、RNA 和蛋白质等大分子物质结合形成加合物。

2. 氨基甲酸乙酯的生成

在酱油生产过程中，尿素或瓜氨酸会与乙醇反应，产生氨基甲酸乙酯。酱油污染氨基甲酸乙酯的阳性率和污染水平均位于前列，甚至高于酒精饮料，存在较高的食品安全风险。在偏好型氮源存在时，鲁氏酵母对尿素和瓜氨酸的利用并不受到抑制，丙氨酸和甘氨酸还能够促进酵母对二者的利用。鲁氏酵母在单一氮源培养条件下不会降解精氨酸而积累尿素和瓜氨酸，反而可以大量利用氨基甲酸乙酯的前体物尿素和瓜氨酸。但在盐胁迫下，鲁氏酵母利用尿素和瓜氨酸受到阻遏，从而造成酱油中氨基甲酸乙酯前体物不能被充分利用而积累。盐胁迫可以阻遏鲁氏酵母对尿素和瓜氨酸的利用，造成酱油发酵过程中氨基甲酸乙酯前体物的积累。

3. 氨基甲酸乙酯的降低

已报道，通过诱变育种提高解淀粉芽孢杆菌利用精氨酸的能力，并将其用于降低酱油中的氨基甲酸乙酯及前体，可以提高酿造酱油的安全性。通过等离子诱变和紫外诱变可以进一步提高解淀粉芽孢杆菌降低酱油中 EC 及其前体瓜氨酸的能力，具有控制或减少酱油中生物危害物的应用潜力。消除酱油中氨基甲酸乙酯的最好的方法是抑制瓜氨酸的积累。瓜氨酸主要是在酱油发酵（乳酸发酵阶段）的第 1~21d 由嗜酸片球菌通过精氨酸脱亚胺酶（ADI）途径产生的。ADI 途径包含三个反应步骤（8-1）。嗜盐四联球菌等一些乳酸菌可以通过 ADI 途径将积累的瓜氨酸转化为鸟氨酸，对瓜氨酸的利用率近 18%，瓜氨酸到鸟氨酸的转化率为 100%，既可以降低有害物质含量，也可以提高产品风味。

$$\text{L-精氨酸}+H_2O \xrightarrow{\text{ADI}} \text{L-瓜氨酸}+NH_3$$

$$\text{L-瓜氨酸}+Pi \xleftrightarrow[\ ]{\text{鸟氨酸氨甲酰转移酶 (OTC)}} \text{L-鸟氨酸}+\text{氨甲酰磷酸合成酶}$$

$$\text{氨甲酰磷酸合成酶}+ADP \xleftrightarrow[\ ]{\text{氨甲酸激酶 (CK)}} ATP+CO_2+NH_3$$

图 8-1 ADI 途径包含三个反应步骤

4. 氨基甲酸乙酯的检测

目前检测发酵食品中氨基甲酸乙酯常用的方法有高效液相色谱-荧光检测法（HPLC-FLD），气相色谱-质谱联用法（GC-MS）以及液相色谱-质谱联用法（LC-MS）等。发酵食品较饮料、酒更为复杂，液相色谱法存在较强的杂质干扰，易出现假阳性。采用 LC-MS 法或 GC-MS 法时，因 EC 分子质量小，碎片特征性不足，导致背景噪声大，方法特异性较差。四极杆/静电场轨道阱高分辨质谱检测酱油类调味品中氨基甲酸乙酯的方法具有较好的检测灵敏度和准确度。应用到酱油的前处理后，无基质效应且快速、高效、环境友好，能满足于日常监督中的快速筛查，为酱油的质量安全提供保障。

二、生物胺

生物胺是一类含氨基的低分子质量且具有一定生物活性的有机化合物的总

称，广泛存在于多种食品中，尤其是鱼类及其相关产品，酒类、肉类、干酪、豆制品、酱油及其他发酵制品中。组胺、酪胺、腐胺、尸胺、精胺、苯乙胺和色胺被认为是食物中最普遍的生物胺。食品中的生物胺由于其潜在的生理和毒性作用对人类健康产生了极大危害。如果摄入过量的生物胺会引起一系列的健康问题，会出现如头痛、恶心、血压不稳、心悸等症状，在各类生物胺中，普遍认为对人类健康危害最大的是组胺和酪胺。

1. 生物胺的生成

酱油酿造原料富含蛋白质，酱油的酿造过程中，原料中的蛋白质被逐渐水解成小分子肽类、氨基酸和氨类。酱油特有的风味在发酵和老化过程中逐渐形成，同时形成了高含量的自由氨基酸，自由氨基酸的产生使酱油具有了更加特有的风味和营养，同时可能也是生物胺潜在的主要来源。生物胺是酱油在长期发酵过程中非常容易产生的一类有害物质。生物胺主要是由微生物脱羧酶在辅酶 5-磷酸吡哆醛的作用下，作用于相应的氨基酸，脱去羧基所形成的。生物胺的形成需要具备以下条件：存在可以分泌氨基酸脱羧酶的微生物；有相应氨基酸的存在；有利于相关微生物生长，可以提高相应脱羧酶活性的环境。

2. 生物胺的降低

目前可以通过控制氨基酸含量，抑制产氨基酸脱羧酶微生物的生长及增加生物胺的降解水平 3 个方面控制酱油中的生物胺。酱油中的氨基酸减少会导致其营养和品质降低，因此主要从其他两个方面控制生物胺含量。通过充入臭氧、增加压力环境可以降低微生物的代谢，达到抑菌的效果。研究发现臭氧处理过的发酵食品中的腐胺和尸胺含量都降低了。此外，大蒜提取物能够使腐胺、尸胺、组胺、酪胺和亚精胺含量降低。依靠微生物代谢产生胺脱氢酶和胺氧化酶。王新南等将 *Wickerhamomyces anomalus* 和 *Millerozyma frrinosa* 两株生物胺降解菌加入到酱油的酿造过程中，在酱油酿造后期发现实验组中常见的 8 种生物胺含量明显低于空白组。*W. anomalus* 细菌对腐胺的降解率达到 100%，对组胺、尸胺、酪胺的降解率都超过 50%。酱油大曲发酵阶段，诱导黑曲霉产生胺氧化酶，酱油样品中的生物胺的降解率得到提高。在酱油发酵过程中添加能够产胺氧化酶的微生物以降解生物胺或者添加能够产生物素、有机酸（如乳酸或乙酸等）的微生物以抑制产脱羧酶微生物的生长被认为是控制酱油中生物胺的有效措施。

研究发现，在酱醪发酵初期添加嗜盐片球菌不但能够显著推迟酱油二次沉淀出现时间（15d）并减少其生成量（减少 89. 12%），显著改善酱油外观品质，而且显著减少了终产品的总生物胺含量（55. 21%），提高了酱油安全性。添加该嗜盐片球菌降低了终产品的糖类物质含量和甜味，但提高了其酸类物质含量及其酸味、酸香和焦糖香。因此，在酱醪发酵前期添加嗜盐片球菌不但可以改善其外观品质，提高其生物安全性，同时在一定程度上也可以改善其风味。

3. 生物胺的检测方法

目前，检测生物胺的方法主要是高效液相色谱法、气质联用法、酶学测定法等。其中最常用的是高效液相色谱法。由于高效液相色谱法具有灵敏性高、选择性好、分析准确等优点，较为成熟，可以同时测定一类物质的多种类物质的含量成为食品中生物胺的重要检测方法。此外，生物胺的检测和分析方法还包括毛细管电泳法、生物传感器法、薄层色谱法、离子色谱法。但与其他食品不同，酱油成分复杂，蛋白质及油脂含量高，样品基质复杂，为样品的前处理和准确定量带来了困难。

第三节　添加剂超标问题

一、焦糖色素

酱油生产企业使用焦糖色有长久历史，焦糖色的作用已经在酱油生产企业中得到肯定。GB 2760—2014《食品安全国家标准　食品添加剂使用标准》中允许焦糖色在酱油、食醋和调味酱等调味品中使用。目前，越来越多的酱油生产企业在合理的使用焦糖色以提高产品品质，增加企业效益。一方面可以增加酱油色泽、改善酱油体态、提高品质、缩短发酵周期；另一方面减少氨基酸因颜色的深化而造成的损失，提高了酱油的收率。

色泽是酱油主要的感官指标。酿造酱油的色泽主要在发酵过程中产生。焦糖色是一种浓黑褐色黏稠物质，等电点为 pH = 3. 0 ~ 6. 9，属于食品添加剂的范畴，由于其着色力强、水溶性好且性质稳定，在酱油、食醋等调味品行业中得到了广泛应用。对于生抽酱油，色率并非越高越好。为了达到清澈红亮的效果，色率强度（单位 EBC）一般最好控制在 10000 以下。老抽酱油的色率相对要高，主要靠焦糖色调配。制酱油所用的焦糖色必须在 16%氯化钠的溶液中透明、无沉淀。焦糖色的等电点在酱油、食醋等生产中具有重要意义。如使用了等电点不恰当的焦糖色，就会产生絮凝、混浊以致沉淀、褪色的现象，故需做混浊实验。称取 5 份焦糖色，每份 5g 分别用蒸馏水、16%氯化钠溶液、4%醋酸溶液、2%柠檬酸溶液、16%乙醇溶液定容至 100mL，观察透明、混浊及沉淀状况。

1. 焦糖色素定义及分类

焦糖色素（caramel）又称焦糖色、酱色。焦糖色是以食品级糖类为原料，在高温高压和一定催化剂作用下，经过美拉德反应和焦糖化褐变反应，长时间生成的混合物。用于生产焦糖色的原料，包括可食用糖类中的葡萄糖、转化糖、麦芽糖、蔗糖和淀粉水解物质及衍生成分。国内焦糖色企业最常采用的有玉米淀粉糖浆、葡萄糖母液、蔗糖和糖蜜。美国食品和药物管理局把焦糖色列为人造色素，联合国粮食及农业组织和世界卫生组织（FAO/WHO）的添加剂委员会、世界卫生组织及我国原卫生部等均将焦糖色列为天然食用色素，应用十分广泛。

根据 GB 1886.64—2015《食品安全国家标准　食品添加剂　焦糖色》规定，将食品添加剂焦糖色分为四大类。

①普通法焦糖色。以碳水化合物为主要原料，加或不加酸（碱）而制得，不使用氨化合物和亚硫酸盐。

②苛性亚硫酸盐法焦糖色。以碳水化合物为主要原料，在亚硫酸盐存在下，加或不加酸（碱）而制得，不使用氨化合物。

③氨法焦糖色。以碳水化合物为主要原料，在氨化合物存在下，加或不加酸（碱）而制得，不使用亚硫酸盐。

④亚硫酸铵法焦糖色。以碳水化合物为主要原料，在氨化合物和亚硫酸盐同时存在下，加或不加酸（碱）而制得。

我国允许的通常在食品的生产过程中使用的是第一类、第三类和第四类焦糖色，且得率很高。

2. 焦糖色的理化性质

（1）色率　焦糖色最重要的指标就是色率强度（单位 EBC）。我国规定 0.1%的焦糖溶液（*W/V*）采用精密分光光度计在 610nm 的波长下，可以通过 1cm 厚的比色皿所测定的吸光度值，再通过公式换算得出色率。

（2）红色指数　红色指数是指在波长 510nm 与 610nm 下所测得的光密度特性指数，可确定焦糖色的色彩度。红色指数越高，表示焦糖色中红色组分所占比例越高。

（3）pH　在食品生产的实际应用中焦糖色的 pH 也是很重要的指标之一。当焦糖色的 pH 大于 5.0 时，容易被微生物所污染；当焦糖色的 pH 小于 2.5 时，在较短的时间内就会发生树脂化反应。焦糖色的 pH 越低，树脂化反应越快。耐酸的焦糖色，pH 平均范围在 2.9~3.0。

（4）黏度　黏度反映焦糖色的黏稠性和附着力。附着力强，应用于酱油可使体态稠厚，挂壁性好。

根据 GB 1886.64—2015 要求，焦糖色理化指标如下：0.01 ≤ 吸光度（0.1%，1cm，610nm）≤1.00；氨氮（以 N 计）≤0.6%；二氧化硫（以 SO_2）

≤0.20%；4-甲基咪唑≤200mg/kg；总氮（以N计）≤3.3%；总硫（以S计）≤3.5%；总砷（以As计）≤1.0mg/kg；总铅（Pb）≤2mg/kg；总汞（以Hg计）≤0.1mg/kg。

3. 焦糖色的安全性

氨法焦糖色和亚硫酸铵法焦糖色在生产过程中，会产生含氮杂环咪唑类化合物：4-甲基咪唑（4-MI）和2-甲基咪唑（2-MI），这两种物质属同分异构体，是影响焦糖色安全性的重要因素，4-MI是焦糖色的特征性副产物，分子式为$C_4H_6N_2$，从4-MI的含量可以反推焦糖色的使用量。4-MI在大剂量的情况下能导致动物肿瘤，也有可能给人体带来致癌风险。毒理学实验表明，4-MI是一种神经毒素，能导致动物兴奋、痉挛甚至诱发癫痫症。现在国内一些小型焦糖厂家和地方土制焦糖因受生产技术、工艺和生产设备条件的限制，容易造成4-MI含量超标以及理化指标达不到国家规定的标准。目前4-MI和2-MI的检测方法主要有以下几种：紫外分光光度法、气相色谱法、液相色谱法和气相色谱-质谱联用。

5-羟甲基糠醛（5-HMF）和糠醛是制备焦糖色素反应过程中常产生的有毒有害物质。这两种物质具备增香调色功能，参与生成多种香味物质和深色物质。5-HMF和糠醛达到一定的剂量时可对人体产生危害。一定剂量的糠醛或5-HMF被机体吸收后，会对呼吸道、肝脏、肾脏、心脏、中枢神经系统等器官产生不良影响。5-HMF还会造成动物横纹肌麻痹和内脏损害。

二、山梨酸钾和苯甲酸钠

由于酱油中含有丰富的氨基酸及各种营养成分，常常使用各种添加剂来保证酱油质量，使其不会过早变质，延长其保存时间。根据国家标准要求，允许添加一定种类和含量的防腐剂以确保酱油品质，但一些商家为了节约成本，谋取更大利益，会在酱油中添加过量的防腐剂，导致对人体产生一定危害。酱油中的防腐剂包括天然防腐剂和化学防腐剂。目前，市场上的化学防腐剂包括苯甲酸及其钠盐、山梨酸及其钾盐、双乙酸钠、对羟基苯甲酸酯类（尼泊金酯）、脱氢乙酸钠等。GB 2760—2014中规定，苯甲酸（钠）及山梨酸（钾）在酱油中的最大使用限量都是1.0g/kg。

1. 山梨酸钾的安全性

山梨酸钾具有不饱和性，人体代谢系统可接收分化成水与CO_2，无残留，普遍观点认为其毒副作用较小。在密封状态下性质稳定，一般认为是安全的，但接触潮湿空气氧化变色后可能产生毒性。溶于水后易导致 pH 升高，产生微弱的碱性，对于人的皮肤和内部肠胃具有刺激作用。

2. 苯甲酸钠的安全性

苯甲酸钠 ADI 为 0~5mg/kg，LD_{50} 为 4070mg/kg（大鼠经口）。苯甲酸钠的毒性明显高于山梨酸钾。

（1）破坏细胞膜结构　苯甲酸钠能使细胞膜结构的顺序性遭到毁坏，膜的功能性混乱，以致断裂细胞数量增加，细胞平衡系统粉碎，它还会与一些自由活动的氢氧基产生苯，导致毒物增生。苯及苯的化合物是目前公认的常见化学致癌物。在食品实际生产时，苯甲酸钠与食品着色剂柠檬黄或食品甜味剂糖精钠混合使用时毒性有叠加作用，可能对细胞膜造成二次破坏。

（2）致癌作用　以添加苯甲酸钠的碳酸饮料为蓝本，观察酵母细胞的活动性和相关指标变化，发现苯甲酸钠与维生素 C 反应生成苯环，会破坏线粒体，造成人体免疫功能的下降。还有实验证明，饮用含苯甲酸钠的碳酸饮料时间过长会诱使儿童不当行为频率增加。

（3）损害神经系统　苯甲酸有时是由胃液与苯甲酸钠碰撞融合而成。苯甲酸低毒，但过量超标使用会导致慢性苯中毒。具体表现为四肢软绵、头昏脑涨、夜有惊梦或辗转反侧等官能性症状，血液逐渐发生变化，白细胞减少，血虚症状产生，血小板数量降低等。食用含有苯甲酸钠的食品过度可导致大脑体积缩水，神经系统受损，癌症的可诱性增强。

三、味精

向酱油中添加适量的味精（谷氨酸钠）可以提高酱油的鲜味，GB 2760—2014《食品安全国家标准　食品添加剂使用标准》对酱油中谷氨酸钠的限量要求为按生产需要适量使用，并无明确数值要求。然而在生产中也不能一味地为提高酱油的鲜味而大量加入味精。当谷氨酸钠被加热到 120℃时会发生分子内脱水生成有毒无鲜味的焦谷氨酸（即 5-羧基吡咯烷酮）。美国 ChemIDplus 数据库给出的焦谷氨酸的 LD_{50} 为>1g/kg（大鼠经口），焦谷氨酸钠的 LD_{50} 为 10.4g/kg（小鼠经口）。有文献提到焦谷氨酸能使小白鼠致癌。有研究表明向小鼠脑纹状体内注射焦谷氨酸，会产神经毒性。

第九章

酱油产品的正确选择

第一节 调味汁/料

调味汁/料是未经发酵过程制作的，辅以各种香辛料配制而成的，在饮食、烹饪和食品加工中广泛使用，可调和滋味和气味。GB 2717—2018《食品安全国家标准 酱油》将配制酱油剔除出酱油定义，配制酱油今后只能称为调味汁/料。

调味汁/料的种类有：决定味道的咸味汁/料（食用盐等）、鲜味汁/料（味精、酵母提取物、水解植物蛋白等）、甜味汁/料（白砂糖、葡萄糖、果葡糖浆等），决定风味特征的香辛汁/料（辛辣性香辛料有胡椒、辣椒、咖喱、洋葱粉等；芳香性香辛料有丁香、肉桂、茴香等），以及着色汁/料（焦糖色、辣椒红等）、油脂（食用大豆油、花椒油等）类等。

一、调味汁/料的发展

根据中国调味品的发展历程，将调味品分为三代。第一代是单一口味的调味品，包含酱油、醋、胡椒、花椒等天然香辛料，其流行期长。第二代包含加鲜味精、鸟苷酸钠（GMP）、肌苷酸钠（IMP）、甜味剂阿斯巴甜、酵母抽提物、食用香精等高浓度和高味素调味品，从20世纪70年代风行至今。第三代是复合调味料。19世纪80年代，我国正式将“复合调味料”这一产品名投入使用。而距今2600多年的春秋战国时期的“易牙十三香”、距今1400多年的北魏贾思勰所著《齐民要术》中的“八和齑”都是中国古代复合调味料的雏形与典范。1982—1983年，天津市调味品研究所开发了专供烹调中式菜肴的“八菜一汤”复合调味料。北京、上海、广州等地紧随其后，开启了我国复合调味品之门。1987年制定了ZBX 66005—1987《调味品名词术语》，规定了“复合调味料”专用名词、术语及定义标准。复合调味料可以按用途、原料、风味和体态来分类。进入20世纪90年代，复合调味料的发展尤为迅速。为适应市场的需要和发展形势的要求，GB/T 20903—2007《调味品分类》对复合调味料重新作了分类。随着人均收入的不断增长、人们对食物的要求不断提高，从而对调味品的安全品质提出了更严格甚至是苛责的要求，GB 31644—2018《食品安全国家标准 复合调味料》将复合调味料的定义修改为：用两种或两种以上调味料为原料，添加或不添加辅料，经相应工艺加工制成的可成液态、半固态或固态的产品。

近年来，为满足社会需要，调味品行业发展趋势转向了新型、天然和方便快捷的复合调味料，与传统调味料相比，新型调味料的品种更多，企业产品结构调整更明显。产品主要向高档化、快餐化靠拢，侧重于二次加工食品调料、复合调味料的研发。

二、调味汁/料的特点

在调味品行业中，满足便于贮存又方便携带要求的同时，最重要的是安全卫生和营养风味的复合，调味汁/料具有以下几个共同特点。

（1）产品使用便利化　在调味汁/料的研发中，生产商会考虑不同类型的食品以及相应的不同生产方法。调味汁/料的主要风味类型主要是菜肴口味特点。

（2）多风味结合　如今，中西文化在横向和纵向上相互影响，国内调味汁/料的开发和生产深受其他国家传统风味的影响。随着时代的变迁，中国的人口流动迅速增加，为各大菜系相互借鉴、相互融合提供了可能，各种调味汁/料应运而生。

（3）传统调料现代化　传统的调味品，如酱油、醋、豆瓣酱、豆豉等，在生产过程中复杂且耗时。利用乳化、微胶囊化等现代技术，实现传统调味品的现代化。科学生产，保质保量，大大缩短生产周期，减少生产过程中的人为因素，同时简化生产过程，对成品质量有较大的可控性。此外，它还将在我国传统调味品中得到更广泛的应用，如将家庭式的“老汤”生产模式投入工业生产，满足“怀旧”情绪，使传统调味品更加现代化。

（4）技术高新化　目前，越来越多的高新技术应用于调味汁/料的生产，具有溶解速度快、安全卫生、风味好等特点，香料中的油树脂采用蒸馏萃取、超声波萃取、微波萃取、超临界 CO_2 萃取等方法代替水蒸气萃取。

（5）产品包装新颖化　近年来，国内外食品企业在食品包装领域不断创新，采用了对人体健康无毒、对生态环境无污染的新材料、新技术（如无菌包装、空调包装等）。当然，这也是当代社会环保、健康、节能的发展趋势。根据主食量的差异，可以分为不同规格和质量的包装形式（如 5g、10g、40g、100g 等包装，单人份或多人份），方便市民购买，主要体现了节能的世界主题。

三、调味汁的分类

根据原材料的不同，将调味汁/料分为天然调味汁/料和化学合成调味汁/料。天然调味汁/料以动、植物为原料，经萃取、浸出等工序得到抽提物甜味料、咸味料、鲜味料、助鲜剂、香辛料、食品胶等。化学合成调味汁/料是具有动、植物风味的香精、香料、甜味剂、鲜味料、咸味料、助鲜剂、香辛料、食品胶等。

天然调味汁/料根据其功能及作用可以划分为两大类，一类是通用型调味汁/料，它们与基本调味料一样，可以用来烹调各式中西菜肴，制作各式汤，也可以用于佐餐、凉拌蘸食、制馅等，用途较广泛。另一类是烹调专用型调味汁/料，用来烹调某一种风味的菜肴、汤或专门用来调馅、蘸食、凉拌、浇汁的调味汁，其品种繁多。调味汁的分类如图 9-1 所示。

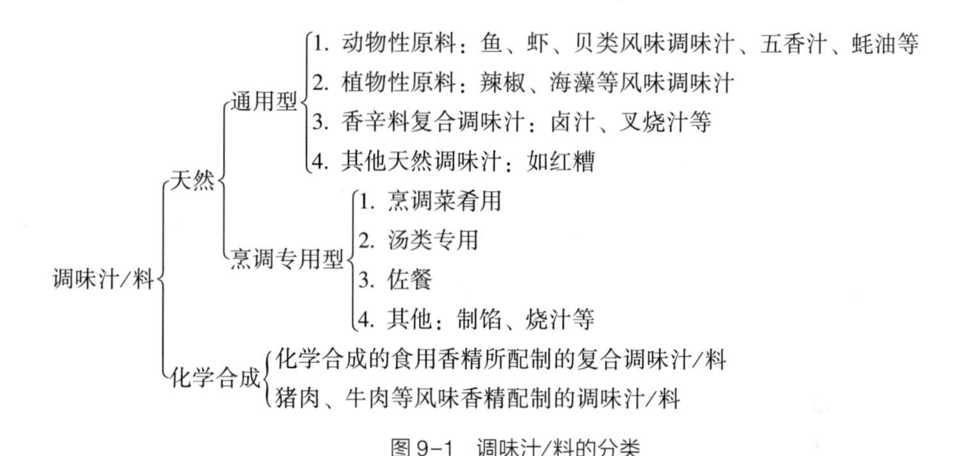

图 9-1　调味汁/料的分类

四、经典调味汁的加工

1. 五香汁

五香汁属冷菜汁，是制作卤味的汤汁，最适合烧煮牛肉、羊肉及鸡、鸭等，其浓郁的五香味可以除去牛、羊肉的腥膻味。

（1）主要设备　贮料罐、夹层锅、灭菌设备、灌装设备。

（2）配方　酱油 10kg、砂糖 2.5kg、料酒 1.5kg、食盐 5kg、葱、姜各 2kg、花椒、大料、茴香各 0.25kg、桂皮 0.1kg、糖色适量、鸡骨架 5kg。

（3）工艺流程

鸡骨架→煮沸→加辛香料→加调味料→文火煮沸→过滤→加糖色→灭菌→灌装→成品

（4）操作要点

①鸡骨架煮沸。将鸡骨架放入锅内，加入 150kg 水，烧开后撇去浮沫。

②加辛香料。将花椒、大料、茴香、桂皮一起倒入鸡汤，约煮 10min 后，再加入食盐、料酒、砂糖、葱、姜，用文火煮沸 2h。

③出成品。停火后将鸡骨架捞出（可再利用），再将汤过滤，最后加入酱油、糖色，灭菌后灌装。

（5）质量标准　成品色泽酱红，无沉淀，无分层，味道醇香。

（6）注意事项

①鸡骨架汤中的白沫及油都要撇去。

②五香汁可反复使用，在每次酱完食品后要把汁内浮油撇净，冷藏。

③要酱制鸡、鸭、猪肉或牛肉等，须先将其放入开水中煮透，捞出洗去血沫，煮或油炸至七八成熟后，再放入卤汁内烧开，撇去浮沫，小火煮烂，捞出晾凉，酱制鸡鸭还应抹上香油，以免皮干裂。

2. 红烧型酱油调味汁

红烧型酱油调味汁适用于红烧猪肉、鱼、鸡等的调味。

（1）主要设备　夹层锅、浸泡缸、瞬时灭菌器。

（2）配方　酱油 100kg、香菇 0.1kg、白糖 3kg、料酒 3kg、食盐 3kg、味精 0.2kg、酱色 3kg、辛香料 0.2kg、水适量。

（3）工艺流程

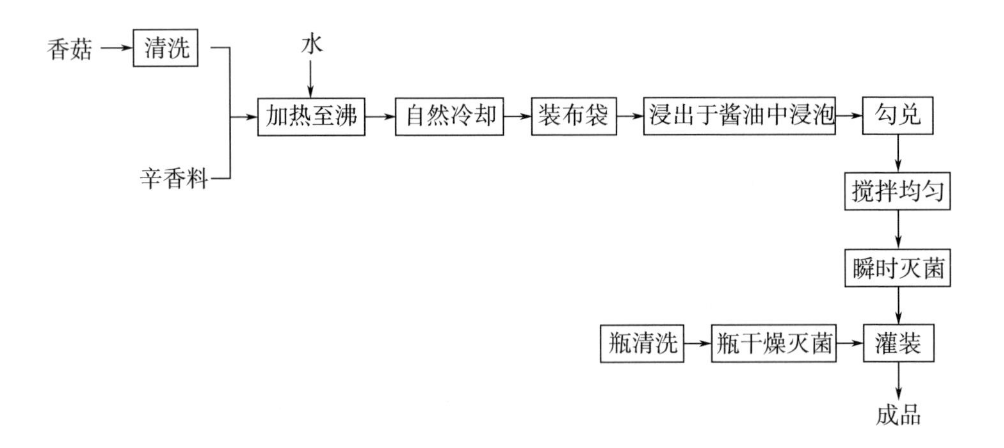

（4）操作要点

①加热灭菌。将香菇清洗后与各种辛香料加适量水放于夹层锅中加热至 10min 以达到浸出与杀灭辛香料中杂菌的目的。待其自然冷却后，装入布袋中。

②浸出。将装入布袋中的辛香料放于灭菌后的酱油中，在浸泡罐中浸泡 7~10d，使辛香料中成分充分浸出。

③勾兑。将所有原料按比例调配，并搅拌均匀。

④瞬时灭菌。所得红烧型酱油调味汁经瞬时灭菌器灭菌后，即可灌瓶（空瓶清洗，干燥灭菌后备用）。

（5）质量标准

①感官指标。红褐色，鲜艳，有光泽；有酱香和酯香；口味鲜美、醇厚，咸甜适口；澄清、浓度适当，无杂质。

②理化指标。无盐固形物（g/100g）≥20.00，氨基酸（以氮计 g/100mL）≥

0.70，还原糖（以葡萄糖计 g/100mL）≥4.50，食盐（以氯化钠计 g/100mL）≥17.00，全氮（以氮计 g/100mL）≥1.40，总酸（以乳酸计 g/100mL）≤2.50，相对密度（20℃）1.18。

③卫生指标。砷（以 As 计 mg/L）≤0.5，铅（以 Pb 计 mg/L）≤1，黄曲霉毒素 B_1（mg/kg）≤5，细菌总数（个/mL）≤5000，大肠菌群（个/100g）≤30，致病菌（系指肠道致病菌）不得检出。

3. 鱼香汁

鱼香汁是四川美食家们独创的特殊风味，甜、酸、辣、咸各味俱全，在美味的菜肴中即便没有鱼，也能散发出浓郁的鱼香味。

（1）主要设备　不锈钢锅、胶体磨、灭菌设备、灌装设备。

（2）配方　酱油 1.5kg、米醋 1kg、黄酒 1kg、砂糖 2kg、葱、姜、蒜各 1kg、味精 0.2kg、泡辣椒 1kg（或红辣椒糊）。

（3）工艺流程

酱油、砂糖→加热→溶解→加调味料→勾芡→煮沸→过胶体磨→灭菌→灌装

（4）操作要点

①溶解。酱油与砂糖一起加热，溶解，并搅拌均匀。

②加调味料、添加剂。继续加热，并加入葱、姜、蒜和泡辣椒，搅拌均匀，最后加入米醋、黄酒、味精，煮沸片刻，即停火。

③勾芡。在鱼香汁中添加 4%的淀粉溶液，边加边充分搅拌。

④成品。将配好的鱼香汁通过胶体磨，并灭菌、灌装。

（5）质量标准　成品呈红色，均匀，无沉淀，有亮度；口感甜、酸、辣、咸，有浓郁的鱼香味。

（6）注意事项

①辣椒是鱼香味中最重要的调料，没有它就形不成鱼香味，因此不能缺少。

②根据当地的口味，可适当调整其他调味料的比例。

③加热配制鱼香汁时，沸腾即可，不宜长时间煮沸。

4. 叉烧汁

叉烧汁属烤肉用佐料，主要以砂糖、酱油、白酒等为原料，经煮沸、调配而成。酱肉放入叉烧汁中腌 1d，放入烤炉烤 20min，再用旺火收汁，浇在肉上即可。其味道甜咸醇香，风味独特。

（1）主要设备　夹层锅、灭菌设备、灌装设备。

（2）配方　砂糖 8kg、酱油 8kg、白酒 10kg、芝麻酱 5kg、甜面酱 3kg、精盐 60g、香油 1kg、味精 0.1kg、着色剂少量。

（3）工艺流程

酱油、麻酱→搅拌→调配→加热煮沸→加酒→灌装

（4）操作要点

①搅拌。将酱油、麻酱一同注入锅内，搅拌均匀。

②调配煮沸。将砂糖、甜面酱、精盐一同加入，并用文火加热，边加热边搅拌，使其充分溶解，加热至微沸时即停火。

③加酒。停火后加入白酒、香油、味精搅拌均匀，灭菌、灌装。

（5）质量标准　成品呈枣红色，香气纯正；口感以甜为主，甜咸醇香。

（6）注意事项

①切勿将糖熬煳。

②成品也可热灌装，不需灭菌设备。

③可根据当地口味，自行调整配料。

5. 红糟调味汁

红糟是福建民间最受欢迎的调味料之一，逢年过节，几乎家家都做糟鸡、糟鸭、糟鱼、糟肉等。红糟是由红曲和糯米酿制米酒的副产物——酒糟再次发酵制得的，用红糟调味汁腌制的菜别具风味。

（1）主要设备　夹层锅、配料罐、胶体磨、灌装设备。

（2）配方

配方1：红糟35kg、砂糖15kg、绍兴黄酒30kg、高粱酒20kg、食盐3kg、鸡精1kg、五香粉0.5kg。

配方2：红糟15kg、食盐3kg、黄酒35kg、姜粉1.5kg、味精1kg、增稠剂5kg。

（3）工艺流程

红糟→煮沸→过滤→滤汁→调配→细磨→罐装→灭菌→成品

（4）操作要点

①煮沸、过滤。将红糟剁细，加500kg水煮沸，用干净的纱布（或豆包布）过滤，滤汁待用。

②调配。将调味料一同加入滤汁中，加热搅拌，使调味料溶解即可。

③灌装。将搅匀后的调味汁过胶体磨，装瓶或装袋，经巴氏灭菌后，即为成品。

（5）注意事项

①调配时一定要将调味料充分溶解，再过胶体磨。

②在加工过程中注意各环节的卫生。

③在做糟鸡、糟肉等菜肴时，注意应除净鸡或肉的污血，醉糟时要密封严

实，时间越长，香味越浓。

第二节　酱油的品种

一、生抽

生抽，即指酱油，滋味鲜美协调，豉味浓郁，体态清澈透明。生抽颜色较淡，一般情况下呈红褐色，常在拌凉菜或炒菜时使用。生抽咸味较重，因此在烹饪时需注意使用量。

1. 头抽

发酵后的原料进缸内加盐水晒 3~4 个月后成熟便可抽取酱油（稀醪发酵则直接淋油），一批发酵成熟的酱醅原料会有 60%左右的酱汁流出，被称为头抽。头抽抽走后，会在缸内继续注入盐水进行第二遍晒制，抽油得二抽，如此类推，3 遍之后晒成的生抽（即三抽）质量与头抽和二抽相比稍差。头抽中发酵的成分含量最高，产品价格也相应较高。

2. 味极鲜

在普通生抽中添加鲜味物质，鲜味突出，氨基酸态氮≥1. 2g/mL。浆液外观浅褐清透，口感醇厚有回味，用于烹饪或点蘸、凉拌菜肴，只需几滴，便能尝到与众不同的鲜美味道。以提升鲜味为主的生抽大多是通过添加鲜味剂而获得浓厚鲜味。

3. 海鲜生抽

在生抽中加入了新鲜的海鲜汁，使海鲜酱油的鲜味醇厚绵长，吃后不会感到口干。海鲜酱油最适合点蘸，不仅能保持食材的原味，绵长的鲜味液更能够使满口留鲜，是佐餐的好伴侣。

二、老抽

老抽，是在生抽的基础上，再经过一些其他工艺制成的，如更长时间的发酵，或者添加焦糖色。老抽比生抽更浓郁，入口有一种鲜美的微甜，同时具有酱香，颜色较深，适合烹饪时增色之用。

1. 草菇老抽

是在原有的老抽中加入新鲜的草菇汁，增加了老抽的鲜味，改进了传统老抽只成色不鲜的特点，而且具有独特的菇型香气，红润不黑，使菜肴的色泽非常诱人，而且经过长达6~9个月的晒制后，体态浓厚，少少几滴就能使菜肴增色不少。乌状红润的草菇老抽，能让炒、煲、炖菜肴色泽红亮、美味可口，且久炒、久煮不变黑。

2. 双茶老抽

老抽酱油都用于鸡、鸭、鱼肉的红烧、爆炒、炖焖等多油的烹调方式，这些菜肴虽然浓香诱人，但也因其油腻的口感，而使注重饮食健康的人们或浅尝辄止或敬而远之。为了满足消费者的需求，“茶”以一种前所未有的崭新方式进入消费者的日常饮食。精选优质黄豆天然生晒酿造，并以独特工艺添加绿茶和普洱茶，色泽红润，醇厚自然，更有茶叶清香，在享受佳肴的同时，减少油腻感。

3. 双蘑老抽

在古法高盐稀态工艺天然酿制而成的浓香型老抽中添加天然“野生口蘑”和“松茸”，产品色泽红褐，亮净，滋味鲜美，醇厚，后续绵长，鲜、咸、甜适口，酱香浓郁，具有独特的口蘑香味，含有人体必需氨基酸，营养丰富。

4. 宴会老抽

“宴会”并不表示它的等级，而是指在酱油中加入了多种鲜味剂，鲜度非常高，适合宴会场合烹饪使用。

三、功能性酱油

为推进健康中国建设，提高人民健康水平，根据中国共产党第十八届中央委员会第五次全体会议战略部署制定了《“健康中国2030”规划纲要》，自实施以来，推崇健康调味品的理念越来越被消费者认同。在酱油中添加或不添加某种成分，以适应不同人群的食用。

1. 减盐酱油

减盐酱油成为市场大趋势，各大调味品企业也竞相争夺该领域市场份额。薄盐酱油，精选优质黄豆天然酿造并经先进技术处理，与同品牌精选生抽相比，其盐分减少35%。另外，无盐酱油以药用氯化钾、氯化铵代替钠盐，适宜心脏病、肾病和高血压患者食用。

2. 无碘酱油

以不加碘的食盐进行天然发酵，适合甲亢和甲状腺患者，以及高碘地区或平常饮食（海带、海鱼等）含碘丰富的人群阶段性食用。

3. 海带酱油

以海带为主要辅料，经过热溶配制而成，它含有大量碘元素，长期食用可预防大骨节病、高血压、结核病等。

4. 铁强化酱油

铁强化酱油是以强化营养为目的，按照标准在酱油中加入一定量的乙二胺四乙酸铁钠（NaFeEDTA）制成的营养强化酱油，以改善缺铁性贫血人群铁缺乏的症状。

附录一　GB 2717—2018《食品安全国家标准　酱油》

1　范围

本标准适用于酱油。

2　术语和定义

2.1　酱油

以大豆和/或脱脂大豆、小麦和/或小麦粉和/或麦麸为主要原料，经微生物发酵制成的具有特殊色、香、味的液体调味品。

3　技术要求

3.1　原料要求

原料应符合相应的食品标准和有关规定。

3.2　感官要求

感官要求应符合表1的规定。

表1　感官要求

项目	要求	检验方法
色泽	具有产品应有的色泽	取混合均匀的适量试样置于直径60~90mm的白色瓷盘中，在自然光线下观察色泽和状态，闻其气味，并用吸管吸取适量试样进行滋味品尝
滋味、气味	具有产品应有的滋味和气味，无异味	
状态	不混浊，无正常视力可见外来异物，无霉花浮膜	

3.3　理化指标

理化指标应符合表2的规定。

表2　理化指标

项目		指标	检验方法
氨基酸态氮/(g/100mL)	≥	0.4	GB 5009.235

3.4　污染物限量和真菌毒素限量

3.4.1　污染物限量应符合GB 2762的规定。

3.4.2　真菌毒素限量应符合GB 2761的规定。

3.5　微生物限量

3.5.1　致病菌限量应符合 GB 29921 的规定。

3.5.2　微生物限量还应符合表 3 的规定。

表 3　　微生物限量

项目	采样方案[a]及限量				检验方法
	n	c	m	M	
菌落总数/(CFU/mL)	5	2	5×10^3	5×10^4	GB 4789.2
大肠菌群/(CFU/mL)	5	2	10	10^2	GB 4789.3 平板计数法

a　样品的采样及处理按 GB 4789.1 执行。

3.6　食品添加剂和食品营养强化剂

3.6.1　食品添加剂的使用应符合 GB 2760 的规定。

3.6.2　食品营养强化剂的使用应符合 GB 14880 的规定。

附录二　GB 18186—2000《酿造酱油》

1　范围

本标准规定了酿造酱油的定义、产品分类、技术要求、试验方法、检验规则和标签、包装、运输、贮存的要求。

本标准适用于第 3 章所指的酿造酱油。

2　引用标准

下列标准所包含的条文，通过在本标准中引用而构成为本标准的条文。本标准出版时，所示版本均为有效。所有标准都会被修订，使用本标准的各方应探讨使用下列标准最新版本的可能性。

GB/T 601—1988　化学试剂　滴定分析（容量分析）用标准溶液的制备

GB 2715—1981　粮食卫生标准

GB 2717—1996　酱油卫生标准

GB 2760—1996　食品添加剂使用卫生标准

GB 4789. 22—1994　食品卫生微生物学检验　调味品检验

GB/T 5009. 39—1996　酱油卫生标准的分析方法

GB 5461—2000　食用盐

GB 5749—1985　生活饮用水卫生标准

GB/T 6682—1992　分析实验室用水规格和试验方法

GB 7718—1994　食品标签通用标准

3　定义

本标准采用下列定义。

酿造酱油　fermented soy sauce

以大豆和/或脱脂大豆、小麦和/或麸皮为原料，经微生物发酵制成的具有特殊色、香、味的液体调味品。

4　产品分类

按发酵工艺分为两类。

4.1　高盐稀态发酵酱油（含固稀发酵酱油）

以大豆和/或脱脂大豆、小麦和/或小麦粉为原料，经蒸煮、曲霉菌制曲后与盐水混合成稀醪，再经发酵制成的酱油。

4.2　低盐固态发酵酱油

以脱脂大豆及麦麸为原料，经蒸煮、曲霉菌制曲后与盐水混合成固态酱醅，再经发酵制成的酱油。

5　技术要求

5.1　主要原料和辅料

5.1.1　大豆、脱脂大豆、小麦、小麦粉、麸皮，应符合 GB 2715 的规定。

5.1.2　酿造用水：应符合 GB 5749 的规定。

5.1.3　食用盐：应符合 GB 5461 的规定。

5.1.4　食品添加剂：应选用 GB 2760 中允许使用的食品添加剂，还应符合相应的食品添加剂的产品标准。

5.2　感官特性

应符合表 1 的规定。

表 1

项目	要求							
	高盐稀态发酵酱油（含固稀发酵酱油）				低盐固态发酵酱油			
	特级	一级	二级	三级	特级	一级	二级	三级
色泽	红褐色或浅红褐色，色泽鲜艳，有光泽		红褐色或浅红褐色		鲜艳的深红褐色，有光泽	红褐色或棕褐色，有光泽	红褐色或棕褐色	棕褐色
香气	浓郁的酱香及酯香气	较浓的酱香及酯香气	有酱香及酯香气		酱香浓郁，无不良气味	酱香较浓，无不良气味	有酱香，无不良气味	微有酱香，无不良气味
滋味	味鲜美、醇厚、鲜、咸、甜适口		味鲜，咸、甜适口	鲜咸适口	味鲜美，醇厚，咸味适口	味鲜美、咸味适口	味较鲜，咸味适口	鲜咸适口
体态	澄清							

5.3　理化指标

5.3.1　可溶性无盐固形物、全氮、氨基酸态氮应符合表 2 的规定。

表 2

项目	指标							
	高盐稀态发酵酱油（含固稀发酵酱油）				低盐固态发酵酱油			
	特级	一级	二级	三级	特级	一级	二级	三级
可溶性无盐固形物，g/100mL　≥	15.00	13.00	10.00	8.00	20.00	18.00	15.00	10.00
全氮（以氮计），g/100mL　≥	1.50	1.30	1.00	0.70	1.60	1.40	1.20	0.80
氨基酸态氮（以氮计），g/100mL　≥	0.80	0.70	0.55	0.40	0.80	0.70	0.60	0.40

5.3.2 铵盐

铵盐的含量不得超过氨基酸态氮含量的 30%。

5.4 卫生指标

应符合 GB 2717 的规定。

6 试验方法

所用试剂均为分析纯；实验用水应符合 GB/T 6682 中三级水规格。

6.1 感官特性

按 GB/T 5009.39—1996 第 3 章检验。

6.2 可溶性无盐固形物

样品中可溶性无盐固形物的含量按式（1）计算：

$$X = X_2 - X_1 \quad (1)$$

式中：X——样品中可溶性无盐固形物的含量，g/100mL；

X_2——样品中可溶性总固形物的含量，g/100mL；

X_1——样品中氯化钠的含量，g/100mL。

6.2.1 可溶性总固形物的测定

6.2.1.1 仪器

a）分析天平：感量 0.1mg；

b）电热恒温干燥箱；

c）移液管；

d）称量瓶：ϕ25mm。

6.2.1.2 试液的制备

将样品充分振摇后，用干滤纸滤入干燥的 250mL 锥形瓶中备用。

6.2.1.3 分析步骤

吸取试液（6.2.1.2）10.00mL 于 100mL 容量瓶中，加水稀释至刻度，摇匀。

吸取上述稀释液 5.00mL 置于已烘至恒重的称量瓶中，移入（103±2）℃电热恒温干燥箱中，将瓶盖斜置于瓶边。4h 后，将瓶盖盖好，取出，移入干燥箱内，冷却至室温（约需 0.5h），称量。再烘 0.5h，冷却，称量，直至两次称量差不超过 1mg，即为恒重。

6.2.1.4 计算

样品中可溶性总固形物的含量按式（2）计算：

$$X_2 = \frac{m_2 - m_1}{\frac{10}{100} \times 5} \times 100 \quad (2)$$

式中：X_2——样品中可溶性总固形物的含量，g/100mL；

m_2——恒重后可溶性总固形物和称量瓶的质量，g；

m_1——称量瓶的质量，g。

6.2.1.5　允许差

同一样品平行试验的测定差不得超过 0.30g/100mL。

6.2.2　氯化钠的测定

6.2.2.1　仪器

微量滴定管。

6.2.2.2　试剂

0.1mol/L 硝酸银标准滴定溶液：按 GB/T 601 规定的方法配制和标定。

铬酸钾溶液（50g/L）：称取 5g 铬酸钾，用少量水溶解后定容至 100mL。

6.2.2.3　分析步骤

吸取 2.0mL 的稀释液（吸取 5.0mL 样品，置于 200mL 容量瓶中，加水至刻度，摇匀）于 250mL 锥形瓶中，加 100mL 水及 1mL 铬酸钾溶液，混匀。在白色瓷砖的背景下用 0.1mL 硝酸银标准滴定溶液滴定至初显桔红色。同时做空白试验。

6.2.2.4　计算

样品中氯化钠的含量按式（3）计算：

$$X_1=\frac{(V-V_0)\times c_1\times 0.0585}{2\times\frac{5}{200}}\times 100 \qquad (3)$$

式中：X_1——样品中氯化钠的含量，g/100mL；

V——滴定样品稀释液消耗 0.1mol/L 硝酸银标准滴定溶液的体积，mL；

V_0——空白试验消耗 0.1mol/L 硝酸银标准滴定溶液的体积，mL；

c_1——硝酸银标准滴定溶液的浓度，mol/L；

0.0585——1.00mL 硝酸银标准滴定溶液［c（$AgNO_3$）= 1.000mol/L］相当于氯化钠的质量，g。

6.2.2.5　允许差

同一样品平行试验的测定差不得超过 0.10g/100mL。

6.3　全氮

6.3.1　仪器

a）凯氏烧瓶：500mL；

b）冷凝器；

c）电热恒温干燥箱；

d）氮球；

e）分析天平：感量 0.1mg；

f）酸式滴定管：25mL；

g）移液管。

6.3.2 试剂

a）混合指示液：1 份 0.2%甲基红乙醇溶液与 5 份 0.2%溴钾酚绿乙醇溶液配合；

b）混合试剂：3 份硫酸铜与 50 份硫酸钾混合；

c）硫酸：95%~98%；

d）2%硼酸溶液：称取 2g 硼酸，加水溶解定容至 100mL；

e）锌粒；

f）40%氢氧化钠溶液：称取 40g 氢氧化钠，溶于 60mL 水中；

g）0.1mol/L 盐酸标准滴定溶液：按 GB/T 601 规定的方法配制和标定。

6.3.3 分析步骤

吸取试样 2.00mL 于干燥的凯氏烧瓶中，加入 4g 硫酸铜-硫酸钾混合试剂、10mL 硫酸，在通风橱内加热（烧瓶口放一个小漏斗，将烧瓶 45°斜置于电炉上）。待内容物全部炭化、泡沫完全停止后，保持瓶内溶液微沸。至炭粒全部消失，消化液呈澄清的浅绿色，继续加热 15min，取下，冷却至室温。缓慢加水 120mL，将冷凝管下端的导管浸入盛有 30mL2%硼酸溶液及 2~3 滴混合指标液的锥形瓶的液面下。沿凯氏烧瓶瓶壁缓慢加入 40mL40%氢氧化钠溶液、2 粒锌粒，迅速连接蒸馏装置（整个装置应严密不漏气），接通冷凝水，振摇凯氏烧瓶，加热蒸馏至馏出液约 120mL。降低锥形瓶的位置，使冷凝管下端离开液面，再蒸馏 1min，停止加热。用少量水冲洗冷凝管下端的外部，取下锥形瓶。用 0.1mol/L 盐酸标准滴定溶液滴定收集液至紫红色为终点。记录消耗 0.1mol/L 盐酸标准滴定溶液的毫升数。同时做空白试验。

6.3.4 计算

样品中全氮的含量按式（4）计算：

$$X_3=\frac{(V_2-V_1)\times c_2\times 0.014}{2}\times 100 \tag{4}$$

式中：X_3——样品中全氮的含量（以氮计），g/100mL；

V_2——滴定样品消耗 0.1mol/L 盐酸标准滴定溶液的体积，mL；

V_1——空白试验消耗 0.1mol/L 盐酸标准滴定溶液的体积，mL；

c_2——盐酸标准滴定溶液浓度，mol/L；

0.014——1.00mL 盐酸标准滴定溶液［c（HCl）= 1.000mol/L］相当于氮的质量，g。

6.3.5 允许差

同一样品平行试验的测定差不得超过 0.03g/100mL。

6.4　氨基酸态氮

6.4.1　仪器

a）酸度计：附磁力搅拌器；

b）碱式滴定管：25mL；

c）移液管。

6.4.2　试剂

a）甲醛溶液：37%~40%；

b）0.05mol/L 氢氧化钠标准滴定溶液，按 GB/T 601 规定的方法配制和标定。

6.4.3　分析步骤

吸取 5.0mL 样品，置于 100mL 容量瓶中，加水至刻度，混匀后吸取 20.0mL，置于200mL烧杯中，加60mL水，开动磁力搅拌器，用氢氧化钠标准溶液［c（NaOH）=0.05mol/L］滴定至酸度计指示 pH=8.2［记下消耗氢氧化钠标准滴定溶液（0.05mol/L）的毫升数，可计算总酸含量］。

加入 10.0mL 甲醛溶液，混匀。再用氢氧化钠标准滴定溶液（0.05mol/L）继续滴定至 pH=9.2，记下消耗氢氧化钠标准滴定溶液（0.05mol/L）的毫升数。

同时取 80mL 水，先用氢氧化钠溶液（0.05mol/L）调节 pH 为 8.2，再加入 10.0mL 甲醛溶液，用氢氧化钠标准滴定溶液（0.05mol/L）滴定至 pH=9.2，同时做试剂空白试验。

6.4.4　计算

样品中氨基酸态氮的含量按式（5）计算：

$$X_4 = \frac{(V_4 - V_3) \times c_3 \times 0.014}{V_5 \times \frac{5}{100}} \times 100 \qquad (5)$$

式中：X_4——样品中氨基酸态氨的含量（以氮计），g/100mL；

V_4——滴定样品稀释液消耗 0.05mol/L 氢氧化钠标准滴定溶液的体积，mL；

V_3——空白试验消耗 0.05mol/L 氢氧化钠标准滴定溶液的体积，mL；

V_5——样品稀释液取用量，mL；

c_3——氢氧化钠标准滴定溶液浓度，mol/L；

0.014——1.00mL 氢氧化钠标准滴定溶液［c（NaOH）=1.000mol/L］相当于氮的质量，g。

6.4.5　允许差

同一样品平行试验的测定差不得超过 0.03g/100mL。

6.5　卫生指标和铵盐

分别按 GB 4789.22 和 GB/T 5009.39 检验。

7 检验规则

7.1 交收检验

交收检验项目包括：感官特征、可溶性无盐固形物、全氮、氨基酸态氮、铵盐、微生物（菌落总数、大肠菌群）。

7.2 型式检验

型式检验项目包括：技术要求中的全部项目。

型式检验每半年进行一次，有下列情况之一时，亦应进行：

a）更改主要原料；

b）更改关键工艺；

c）国家质量监督机构提出要求时。

7.3 组批

同一天生产的同一品种产品为一批。

7.4 抽样

从每批产品的不同部位随机抽取6瓶（袋），分别做感官特性、理化、卫生检验，留样。

7.5 判定规则

7.5.1 交收检验项目或型式检验项目全部符合本标准判为合格品。

7.5.2 交收检验项目或型式检验项目如有一项不符合标准，可以加倍抽样复验。复验后如仍不符合本标准，判为不合格品。

8 标签

8.1 标签的标准内容应符合GB 7718的规定。产品名称应标明“酿造酱油”，还应标明氨基酸态氮的含量、质量等级、用于“佐餐和/或烹调”。

8.2 执行标准的标注方法：高盐稀态发酵酱油标为“GB 18186—2000 高盐稀态”；低盐固态发酵酱油标为“GB 18186—2000 低盐固态”。

9 包装

包装材料和容器应符合相应的国家卫生标准。

10 运输

产品在运输过程中应轻拿轻放，防止日晒雨淋。运输工具应清洁卫生，不得与有毒、有污染的物品混运。

11 贮存

11.1 产品应贮存在阴凉、干燥、通风的专用仓库内。

11.2 瓶装产品的保质期不应低于12个月；袋装产品的保质期不应低于6个月。

GB 18186—2000《酿造酱油》第 1 号修改单

本修改单业经国家质量监督检验检疫总局于 2001 年 7 月 4 日以质检办标函［2001］028 号文批准，自发布之日起实施。

a. 5.3.2 条采用新条文：

“5.3.2 铵盐

铵盐（以氮计）的含量不得超过氨基酸态氮含量的 30%。”

b. 6.2.1.3 条第四行中更改文字：

“移入干燥箱内”更改为“移入干燥器内”。

c. 6.5 条采用新条文：

“6.5 卫生指标和铵盐

按 GB 4789.22 和 GB/T 5009.39 检验。GB/T 5009.39 铵盐含量计算公式中的 0.017 改为 0.014。”

GB 18186—2000《酿造酱油》第 2 号修改单

本修改单经中国国家标准化管理委员会于 2002 年 1 月 31 日以国标委农轻函［2002］5 号文批准，自 2002 年 1 月 31 日起实施。

a 第 8 章采用新条文：

“8 标签

标签的标注内容应符合 GB 7718 的规定。产品名称应标明“酿造酱油”；还应标明产品类别、氨基酸态氮的含量、质量等级、用于‘佐餐和/或烹调’。”

附录三　GB 8953—2018《食品安全国家标准酱油生产卫生规范》

1　范围

本标准规定了酱油生产过程中原料采购、加工、包装、贮存和运输等环节的场所、设施、人员的基本要求和管理准则。

本标准适用于酱油的生产。

2　术语和定义

GB 14881—2013 中界定的术语和定义适用于本文件。

3　选址及厂区环境

应符合 GB 14881—2013 中第 3 章的相关规定。

4　厂房和车间

4.1　设计和布局

4.1.1　应符合 GB 14881—2013 中 4.1 的规定。

4.1.2　根据酱油生产工艺需要，可设置原料处理、制曲、酿造、浸淋、调配、灭菌、灌装等工序。

4.1.3　各生产车间或内部区域应分为清洁作业区（灌装间）、准清洁作业区（制曲、发酵、浸淋、调配、灭菌等），及一般作业区（原料库和成品库）。生产车间应分别设置人员通道及物料运输通道。

4.2　建筑内部结构与材料

4.2.1　一般要求

4.2.1.1　应符合 GB 14881—2013 中 4.1.1 的规定。

4.2.1.2　厂房的高度应能满足工艺、卫生要求，以及设备安装、维护、保养的需要。

4.2.2　制曲室

4.2.2.1　室内地面应平坦防滑、有适当坡度，以利排水、清洗；并要求无毒、无吸水性、不透水的材料建造，如用混凝土地面应磨平或涂以耐磨树脂。

4.2.2.2　墙壁表面应光滑，不透水，耐腐蚀，利于清洗。

4.2.2.3　制曲室中与物料直接接触的部位应无毒、耐腐蚀，利于清洗。

4.2.2.4　曲箱中与物料直接接触的部位应便于清洗及避免杂菌孳生。

4.2.3　发酵场所

4.2.3.1　发酵场所不得设于厂区低洼处，不得有积水。

4.2.3.2　发酵场所应防止来自周围环境的污染，具有防虫害措施。

4.2.3.3　发酵场所周围应设置合理的排水管网，并保持排水通畅。

4.2.4　顶棚

应符合 GB 14881—2013 中 4.2.2 的规定。

4.2.5　墙壁

4.2.5.1　应符合 GB 14881—2013 中 4.2.3 的规定。

4.2.5.2　墙裙砌 1.5m 以上的浅色瓷砖或相当的材料。

4.2.6　门窗

应符合 GB 14881—2013 中 4.2.4 的规定。

4.2.7　地面

应符合 GB 14881—2013 中 4.2.5 的规定。

5　设施与设备

5.1　设施

5.1.1　供水设施

5.1.1.1　应符合 GB 14881—2013 中 5.1.1 的规定。

5.1.1.2　直接或间接接触产品包装的循环冷却水应保持清洁，防止污染产品。

5.1.2　排水设施

5.1.2.1　应符合 GB 14881—2013 中 5.1.2 的规定。

5.1.2.2　应采用圆弧式排水沟，但清洁作业区不得设置明沟。

5.1.3　清洁消毒设施

5.1.3.1　应符合 GB 14881—2013 中 5.1.3 的规定。

5.1.3.2　根据包装容器的不同，应当配有冲洗、消毒设施。

5.1.3.3　生产车间内应配置设备、设施和工器具的清洗、消毒设施；合理配置空气消毒设施。

5.1.4　废弃物存放设施

5.1.4.1　应符合 GB 14881—2013 中 5.1.4 的相关规定。

5.1.4.2　应在生产车间以外的适当地点设置废弃物集中存放场所、设施，有明显标识。

5.1.5　个人卫生设施

5.1.5.1　应符合 GB 14881—2013 中 5.1.5 的相关规定。

5.1.5.2　准作业区和清洁作业区的入口处应设置鞋靴消毒池或鞋底清洁设施（设置鞋靴消毒池时，若使用氯系消毒剂，游离氯浓度应保持在 200mg/kg 以上）。需保持干燥的清洁作业场所应有换鞋设施。

5.1.5.3　洗手设施中应包括免关式洗涤剂和消毒液的分配器、干手器或擦手纸巾等。手消毒，若使用氯系消毒剂，游离氯浓度应达到 50mg/kg。

5.1.5.4 洗手设施的排水应直接接入下水管道，有防止逆流、有害动物侵入及臭味产生的装置。

5.1.5.5 在生产车间更衣室内设置卫生间的，卫生间出入口不得正对生产车间门。卫生间内应设有冲水装置和脚踏式或感应式洗手设施，并有良好的排风及照明设施。

5.1.6 通风设施

5.1.6.1 应符合 GB 14881—2013 中 5.1.6 的相关规定。

5.1.6.2 酿造、包装及贮存等场所应保持通风良好，防止室内温度过高、蒸汽凝结或产生异味。必要时，应装置通风设备。

5.1.6.3 制曲室应具备空气调节设施。

5.1.6.4 通风排气装置应易于拆卸清洗、维修或更换，通风口应有耐腐蚀网罩。进气口必须距地面 2m 以上，并远离污染源和排气口。

5.1.6.5 蒸煮、制曲、淋油等场所应安装足够能力的排气设备。

5.1.6.6 机械通风进气口应安装易于清洗、更换的耐腐蚀启闭式防护罩，并远离污染源和排气口。

5.1.7 照明设施

5.1.7.1 应符合 GB 14881—2013 中 5.1.7 的相关规定。

5.1.7.2 在灌装工序中如有灯检设施，应满足灯检条件需要。

5.1.8 仓储设施

5.1.8.1 应符合 GB 14881—2013 中 5.1.8 的相关规定。

5.1.8.2 贮存粮食的仓库应阴凉、通风、干燥、洁净，并有防霉、防虫、防鼠、防雀等设施。

5.1.8.3 贮存包装容器的场所应有适当的防污染设施。

5.1.8.4 食品添加剂应独立存放，安全包装，明确标识。

5.1.8.5 应配备与酱油工艺和产量相适应的贮存容器和场所。

5.1.9 温控设施

应符合 GB 14881—2013 中 5.1.9 的相关规定。

5.2 设备

5.2.1 生产设备

5.2.1.1 一般要求

5.2.1.1.1 应符合 GB 14881—2013 中 5.2.1.1 的规定。

5.2.1.1.2 生产车间内应配置设备及工器具的清洗消毒设施，鼓励使用可原位清洗的（CIP）设备。

5.2.1.2 材质

5.2.1.2.1 应符合 GB 14881—2013 中 5.2.1.2 的规定。

5.2.1.2.2　酱油生产车间内，不与产品接触的设备和器具，其材质和结构也应易于保持清洁。

5.2.1.3　设计

5.2.1.3.1　应符合 GB 14881—2013 中 5.2.1.3 的规定。

5.2.1.3.2　酿造设备及管道的设计和结构应易于排水。

5.2.1.3.3　食品接触面应平滑、边角圆滑、无死角和裂缝，以减少食品碎屑、污垢及有机物的聚积。

5.2.2　监控设备

应符合 GB 14881—2013 中 5.2.2 的相关规定。

5.2.3　设备的保养和维修

5.2.3.1　应符合 GB 14881—2013 中 5.2.3 的相关规定。

5.2.3.2　厂房、设备、其他机械设施以及给水、排水系统在正常情况下，每年至少进行一次全面检修、保养和维护。

6　卫生管理

6.1　卫生管理制度

应符合 GB 14881—2013 中 6.1 的相关规定。

6.2　厂房及设施卫生管理

6.2.1　应符合 GB 14881—2013 中 6.2 的规定。

6.2.2　应定期对车间及设备进行清洁和消毒。

6.2.3　制曲室和种曲室应定期清洁和消毒，采取措施防止种曲和成曲被杂菌污染。

6.3　食品加工人员健康管理与卫生要求

6.3.1　食品加工人员健康管理

6.3.1.1　应建立并执行食品加工人员健康管理制度。

6.3.1.2　食品加工人员每年应进行健康检查，取得健康证明；上岗前应接受卫生培训。

6.3.1.3　食品加工人员如患有国家相关法规规定的有碍食品安全的疾病，应当调整到其他不影响食品安全的工作岗位。

6.3.2　食品加工人员卫生要求

6.3.2.1　应符合 GB 14881—2013 中 6.3.2 的相关规定。

6.3.2.2　成品灌装车间的工作人员应穿戴洁净的工作衣帽、口罩。

6.3.3　来访者

应符合 GB 14881—2013 中 6.3.3 的相关规定。

6.4　虫害控制

应符合 GB 14881—2013 中 6.4 的相关规定。

6.5 废弃物及副产品的处理

6.5.1 应符合 GB 14881—2013 中 6.5 的相关规定。

6.5.2 酱油生产车间及其他工作场地的废弃物应定期清除，收集于污物设施内，及时清理出厂区。

6.5.3 副产品应及时从生产车间运出，贮存于副产品场所。

6.5.4 废弃物及副产品存放场地应定期清洗、消毒。

6.6 工作服管理

应符合 GB 14881—2013 中 6.6 的相关规定。

7 食品原料、食品添加剂和食品相关产品

7.1 一般要求

应符合 GB 14881—2013 中 7.1 的规定。

7.2 食品原料

7.2.1 应符合 GB 14881—2013 中 7.2 的规定。

7.2.2 生产过程中使用的菌种等发酵剂应符合生产工艺要求；选用的菌种应定期进行纯化和更新，必要时应进行鉴定。

7.2.3 原料必须经过熟化、冷却，尽快降至规定的温度后，立即接入种曲，投入制曲池。

7.2.4 食品原料的入库和使用应遵循“先进先出”的原则，按食品原料的不同批次分开存放。贮藏过程中注意防潮防霉，并定期或不定期检查，及时清理有变质迹象和霉变的原料。

7.2.5 食品原料如有特殊贮存条件要求，应对其贮存条件进行控制并做好记录。

7.2.6 合格与不合格食品原料应分别存放，并有明确醒目的标识加以区分。

7.3 食品添加剂

应符合 GB 14881—2013 中 7.3 的规定。

7.4 食品相关产品和其他

应符合 GB 14881—2013 中 7.4 和 7.5 的规定。

8 生产过程的食品安全控制

8.1 产品污染风险控制

8.1.1 应符合 GB 14881—2013 中 8.1 的规定。

8.1.2 鼓励采用危害分析与关键控制点体系（HACCP）对酱油加工过程中的关键控制点（如温度、时间、压力、消毒浓度等）进行控制。

8.1.3 生产监控发现异常时，应迅速查明原因，及时纠正并做好记录。

8.1.4 各种产品应在符合相关生产操作规程或有关标准规定的条件下存放，应采取有效措施，防止在生产过程中或在贮存时被二次污染。

8.1.5　用于输送、装载、贮存原材料、半成品、成品的设备、容器及用具，其操作、使用与维护应避免对加工过程中或贮存中的产品造成污染。

8.2　生物污染的控制

8.2.1　一般要求

8.2.1.1　应符合 GB 14881—2013 中 8.2 的规定。

8.2.1.2　酱油加工过程的微生物监控参照附录 A 的规定执行。

8.2.1.3　生产前应对灌装车间在设备、设施、管道及工器具清洗、消毒。

8.2.1.4　应对生产车间定期清洗、消毒，防止积尘、凝水和霉菌生长。

8.2.1.5　应对生产设备、设施、工器具、操作台、管道等定期进行清洗消毒。

8.2.1.6　洗手用的水龙头、干手设施应保持正常使用状态，消毒剂应由专人按说明配制，保证消毒效果。

8.2.2　菌种选用与培养

8.2.2.1　菌种应选用蛋白酶活力强、不产毒、不变异、酶系适合酱油生产、适应环境能力强的符合国家标准相关规定的菌种。

8.2.2.2　菌种移接应在无菌室或超净工作台中进行，无菌室或超净工作台应定期消毒灭菌，无菌室内的用具、试管、三角瓶、接种环等应消毒灭菌。

8.2.2.3　接触菌种人员应穿戴经严格清洗消毒的工作服、工作帽、工作鞋等，接种过程应进行无菌操作。

8.2.3　种曲

8.2.3.1　种曲过程中应严格控制杂菌污染，种曲设施在每批投料前应清扫干净，必要时进行消毒。

8.2.3.2　培养成熟的种曲应达到孢子数多、健壮、无污染；贮存在通风、干燥、低温、洁净的专用房间内。

8.2.4　制曲

8.2.4.1　投料前应将制曲室清扫干净

出曲后清扫曲池、地面，保持干净，必要时消毒。

8.2.4.2　培养成曲时应按工艺规定严格操作，制曲时间的长短应根据所应用菌种、制曲工艺及发酵工艺确定。

8.2.4.3　成曲应及时拌入盐水并移入发酵容器中，防止因温度过高而引起杂菌污染。室外发酵容器应有防雨水和昆虫进入发酵容器装置。

8.2.5　发酵

8.2.5.1　发酵的容器（池、灌、桶、缸）边缘应高出地面 15cm 以上，防止清洗时污水流入容器内，室外发酵容器应有防雨和防虫装置，容器中的涂料应无毒无害。

8.2.5.2　使用水浴保温的发酵池，保温用水应定期更换，不得有异味。

8.2.5.3 贮油罐、冲盐池（或化盐池、溶盐池）、盐水罐（槽）、淋油池应经常清洗，不得留有沉淀物。

8.2.6 淋油（或压榨）、杀菌、沉淀

8.2.6.1 淋油（或压榨）装置应保持清洁卫生，以防杂菌、异物污染。

8.2.6.2 如采用加热杀菌，应控制杀菌温度、时间或流量，保证杀菌效果。

8.2.6.3 杀菌设备应定期清洗，必要时及时清洗。贮罐、冲盐池（或化盐池、溶盐池）、盐水罐（槽）、淋油池应及时清理，保持清洁。

8.2.6.4 经灭菌（或除菌）后的酱油应注入沉淀罐贮存沉淀，并取其上清液罐装。

8.2.7 调配

调配容器应按相关要求清洗消毒，保持清洁。

8.2.8 灌装

8.2.8.1 贮存酱油的专用容器的材质应符合食品安全国家标准的要求。

8.2.8.2 灌装车间应具有空气消毒和净化设施。采用紫外线消毒的，应按每立方米不少于1.5W照射时设置。

8.3 化学污染的控制

应符合GB 14881—2013中8.3的规定。

8.4 物理污染的控制

应符合GB 14881—2013中8.4的规定。

8.5 包装

应符合GB 14881—2013中8.5的规定。

9 检验

应符合GB 14881—2013中第9章的相关规定。

10 产品的贮存和运输

应符合GB 14881—2013中第10章的相关规定。

11 产品召回管理

应符合GB 14881—2013中第11章的相关规定。

12 培训

应符合GB 14881—2013中第12章的相关规定。

13 管理制度和人员

应符合GB 14881—2013中第13章的相关规定。

14 记录和文件管理

应符合GB 14881—2013中第14章的相关规定。

附录 A　酱油加工过程微生物监控程序指南

酱油加工过程的微生物监控可参照表 A. 1 执行

表 A. 1　　酱油加工过程微生物监控要求

监控项目		建议取样点[a]	建议监控微生物指标	建议监控频率[b]
环境的微生物监控	清洁区与食品或食品接触表面邻近的接触表面	灌装嘴外表面、设备外表面、支架表面、控制面板等接触表面	菌落总数	每两周或每月
	清洁区内的环境空气	靠近裸露产品的位置	菌落总数	每两周或每月
	无菌室或超净工作台（菌种移接用）	靠近接种操作的位置	菌落总数	每月或每季度
	过程产品的微生物监控	杀菌后的产品	菌落总数	每两周或每月

a　可根据加工设备及加工过程实际情况选择或增加取样点。

b　可根据食品安全风险实际状况确定监控频率。

附录四　GB/T 23530—2009《酵母抽提物》

1　范围

本标准规定了酵母抽提物的定义、产品分类、要求、试验方法、检验规则和标志、包装、运输、贮存。本标准适用于酵母抽提物的生产、检验与销售。

2　规范性引用文件

下列文件中的条款通过本标准的引用而成为本标准的条款。凡是注日期的引用文件，其随后所有的修改单（不包括勘误的内容）或修订版均不适用于本标准，然而，鼓励根据本标准达成协议的各方研究是否可使用这些文件的最新版本。凡是不注日期的引用文件，其最新版本适用于本标准。

GB/T 191　包装储运图示标志（GB/T 191—2008，ISO 780：1997，MOD）

GB/T 601　化学试剂　标准滴定溶液的制备

GB/T 5009.91　食品中钾、钠的测定

GB 7718　预包装食品标签通则

3　术语和定义、缩略语

3.1　术语和定义

下列术语和定义适用于本标准。

3.1.1　酵母抽提物　yeast extract

以食品用酵母为主要原料，在酵母自身的酶或外加食品级酶的作用下，酶解自溶（可再经分离提取）后得到的产品，并富含氨基酸、肽、多肽等酵母细胞中的可溶性成分。根据需要可添加适量辅料进行调配，也可在生产后期增加美拉德反应工艺，属于食品配料。

3.2　缩略语

下列缩略语适用于本标准。

I+G：5′-肌苷酸二钠和5′-鸟苷酸二钠的总和［disodium 5′-inosinate（IMP）and disodium 5′-guanylate（GMP）］

4　产品分类

根据生产工艺配方的不同分为：

4.1　纯品型：纯酵母抽提物，可添加食盐。

4.2　I+G型：以高核酸酵母为原料，生产的I+G型酵母抽提物，其天然I+G含量高。

4.3　风味型：以纯酵母抽提物为基料而制得的产品。

5 要求

5.1 感官要求

应符合表1的规定。

表1 酵母抽提物感官要求

项目		纯品型	I+G型	风味型
色泽	液状	黄色至褐色	—	黄色至褐色
	膏状	黄色至褐色		
	粉状	黄色		
形态	液状	液浆形		
	膏状	液浆形或膏状形		
	粉状	粉末形		
气味		特有的气味，无异味		
外观		无正常视力可见杂质		
滋味		具有该产品特有的滋味		

5.2 理化要求

5.2.1 纯品型

应符合表2的规定。

表2 纯品型理化要求

项目		液状	膏状	粉状
水分/%	≤	62.0	40.0	6.0
pH		4.0~7.5		
总氮（除盐干基计）/%	≥	9.0		
氨基酸态氮（除盐干基计）/%	≥	3.0		
氨基酸态氮转化率/%		25.0~55.0		
铵盐（以氮计，以除盐干基计）/%	≤	2.0		
灰分（除盐干基计）/%	≤	15.0		
氯化钠/%	≤	50		
钾/%	≤	5.0		
不溶物/%	≤	2.0		
谷氨酸/%	≤	12.0		

5.2.2 I+G型

应符合表3的规定。

表3 I+C 型理化要求

项目		膏状	粉状
水分/%	≤	40.0	6.0
I+G 含量（以钠盐水合物干基计）/%	≥	2.0	
总氮（除盐干基计）/%	≥	7.0	
谷氨酸/%	≤	12	
（IMP+GMP）：（CMP+UMP）[a]	≤	2.1：1	
铵盐（以氮计，以除盐干基计）/%	≤	2.0	
灰分（除盐干基计）/%	≤	15.0	
氯化钠/%	≤	50	
pH		4.5~6.5	

a CMP：5′-胞苷酸二钠；UMP：5′-尿苷酸二钠。

5.2.3 风味型

应符合表4的规定。

表4 风味型理化要求

项目		液状	膏状	粉状
水分/%	≤	62.0	40.0	8.0
总氮（除盐干基计）/%	≥	5.0		3.5
灰分（除盐干基计）/%	≤	15.0		
氯化钠/%	≤	50		
pH		4.5~7.5		
铵盐（以氮计，除盐干基计）/%	≤	1.5		

5.3 卫生要求

应符合国家有关规定。

6 试验方法

本标准所用的水，在未注明其他要求时，均指蒸馏水或去离子水。

本标准所用的试剂，在未注明规格时，均指分析纯（AR）。

本标准的溶液，在未注明用何种溶液配制时，均指水溶液。

6.1 感官检验

取适量样品，放入无色、洁净、干燥的玻璃杯（或50mL烧杯）中，置于明亮处，在自然光下用肉眼观察其形态、色泽，嗅其气味，检查有无正常视力可见杂质等，并将样品配成2%的溶液，品尝其滋味。

6.2 水分

6.2.1 原理

样品于103℃±2℃直接干燥，所失质量的百分数即为样品的水分。

6.2.2 仪器

6.2.2.1 电热干燥箱：控温精度±1℃。

6.2.2.2 分析天平：感量0.1mg。

6.2.2.3 称量皿：50mm×30mm。

6.2.2.4 干燥器：用变色硅胶做干燥剂。

6.2.3 分析步骤

称取试样2g（精确至0.01g）于烘干至恒重的称量瓶皿中，然后放入103℃±2℃电热干燥箱内，烘6h后，加盖取出移入干燥器内冷却，30min后称量。

6.2.4 结果计算

水分的含量按式（1）计算，其数值以%表示。

$$X_1 = \frac{m_1 - m_2}{m_1 - m} \times 100 \tag{1}$$

式中：X_1——样品的水分含量,%；

m_1——烘干前称量皿加样品的质量，单位为克（g）；

m_2——烘干后称量皿加样品的质量，单位为克（g）；

m——称量皿的质量，单位为克（g）。

6.2.5 精密度

在重复性条件下获得的两次独立测定结果的绝对差值应不超过算术平均值的5%。

6.3 氯化钠

6.3.1 原理

样品溶液经处理，以铬酸钾作指示剂，用硝酸银标准溶液滴定，测定氯化钠含量。

6.3.2 仪器

6.3.2.1 容量瓶：250mL。

6.3.2.2 移液管：25mL。

6.3.2.3 酸式滴定管：25mL。

6.3.3 试剂和溶液

6.3.3.1 硝酸银标准滴定溶液（0.1mol/L）：按GB/T 601配制和标定。

6.3.3.2 铬酸钾溶液（100g/L）：称取铬酸钾10g，用水溶解，并定容到100mL。

6.3.3.3 乙酸铅饱和溶液（200g/L）：称取乙酸铅［$Pb(CH_3COO)_2$］50g，用水溶解，并定容到250mL。

6.3.3.4 磷酸氢二钠溶液（100g/L）：称取磷酸氢二钠（Na_2HPO_4）50g，用水溶解，并定容到500mL。

6.3.4 样品处理

蛋白质能吸附银的化合物而影响测定结果。因此，高蛋白质的样品溶液在测氯化钠前应先除去蛋白质。

蛋白质的除去：称取样品5.0g（精确至0.0001g），溶解后移入250mL容量瓶，加入乙酸铅饱和溶液（6.3.3.3）15mL，摇匀静置5min，加入磷酸氢二钠溶液（6.3.3.4）20mL，摇匀，加蒸馏水稀释至刻度。

6.3.5 滴定

将处理后的样品过滤，弃去初滤液，取滤液25mL，加人铬酸钾溶液（6.3.3.2）0.5mL~1.0mL，用硝酸银标准滴定溶液（6.3.3.1）滴定至终点。同时做空白试验。

6.3.6 结果计算

氯化钠含量按式（2）计算，其数值以%表示。

$$X_2=\frac{c\times(V-V_0)\times0.05845}{m\times25/250}\times100 \tag{2}$$

式中：X_2——样品的氯化钠含量，%；

c——硝酸银标准滴定溶液的摩尔浓度，单位为摩尔每升（mol/L）；

V——样品滴定时消耗硝酸银标准滴定溶液的体积，单位为毫升（mL）；

V_0——空白滴定时消耗硝酸银标准滴定溶液的体积，单位为毫升（mL）；

0.05845——与1.00mL浓度为1.0000mol/L的硝酸银标准溶液相当的以克表示的氯化钠的质量；

m——称取样品的质量，单位为克（g）。

6.4 总氮

6.4.1 原理

酵母抽提物经加硫酸酸化使蛋白质分解，其中氮素与硫酸化合生成硫酸铵，然后加碱蒸馏使氨游离，用硼酸液吸收后，再用盐酸或硫酸标准溶液滴定，根据盐酸或硫酸溶液的消耗量，计算总氮。

6.4.2 仪器

6.4.2.1 凯氏定氮仪：成套仪器或自行组装的仪器。

6.4.2.2 分析天平：感量0.1mg。

6.4.2.3 滴定管：50mL。

6.4.3 试剂和溶液

以下试剂均用不含氨的蒸馏水配制。

6.4.3.1 浓硫酸：98%。

6.4.3.2 氢氧化钠溶液（400g/L）：称取氢氧化钠400g，溶于1L水中，静置，吸取上层清液于带橡皮塞的瓶内。

6.4.3.3 硼酸溶液（30g/L）：称取硼酸3g，用水溶解，并定容至100mL。

6.4.3.4 混合催化剂：a）将硫酸钾、硫酸铜（$CuSO_4 \cdot 5H_2O$）按97∶3的比例混合，或b）用硒粉、硫酸钾按0.1∶100的比例混合。

6.4.3.5 盐酸标准滴定溶液［c（HCl）= 0.1mol/L］：按GB/T 601配制与标定。

6.4.3.6 溴甲酚绿混合指示液：将溴甲酚绿乙醇溶液（1g/L）和甲基红乙醇溶液（1g/L）按10∶4混合。

6.4.4 分析步骤

成套仪器按使用说明书进行样品测定。自行组装的仪器按下述方法进行操作。

6.4.4.1 样品消化

称取适量样品（相当于含氮30mg~40mg），小心转移到已干燥的凯氏烧瓶中，加入混合催化剂［6.4.3.4a）5g或6.4.3.4b）2.5g］，缓缓加入浓硫酸20mL，摇匀，小心加热，待内容物全部炭化，泡沫完全停止后，加强火力，并保持瓶内液体微沸，至液体呈蓝绿色澄清透明后，再继续加热30min。

6.4.4.2 蒸帽

待消化液冷却后，缓缓加入水250mL，摇匀，冷却，并加入几块小瓷片。连接凯氏烧瓶与蒸馏装置馏出管的尖端插入盛有25mL硼酸溶液（6.4.3.3）和4滴溴甲酚绿混合指示液（6.4.3.6）的锥形瓶中，馏出管尖端应在液面之下。通过加液漏斗加入70mL氢氧化钠溶液（6.4.3.2）于凯氏烧瓶中，轻轻摇匀，使内容物混匀，然后加热蒸馏。待馏出液达到180mL时，停止蒸馏。

6.4.4.3 滴定

用盐酸标准滴定溶液（6.4.3.5）滴定馏出液，颜色由绿色消失转变为灰红色即为终点。记录消耗盐酸标准滴定溶液的毫升数。

按上述操作同时进行空白试验。

6.4.5 结果计算

总氮含量按式（3）计算，其数值以%表示。

$$X_3=\frac{(V_2-V_1)\times c\times 0.014}{m\times\frac{100-X_2-X_1}{100}}\times 100 \tag{3}$$

式中：X_3——样品的总氮含量，%；

V_2——样品滴定时消耗盐酸标准滴定溶液的体积，单位为毫升（mL）；

V_1——空白滴定时消耗盐酸标准滴定溶液的体积，单位为毫升（mL）；

c——盐酸标准滴定溶液的浓度，单位为摩尔每升（mol/L）；

0.014——与1.00mL盐酸标准溶液［c（HCl）=1.000mol/L］相当的以克表示的氮的质量；

m——样品的质量，单位为克（g）；

X_2——样品的氯化钠含量,%；

X_1——样品的水分含量,%。

所得结果表示至一位小数。

6.4.6 精密度

在重复性条件下获得的两次独立测定结果的绝对差值应不超过算术平均值的2%。

6.5 氨基酸态氮

6.5.1 原理

氨基酸为两性电介质。在接近中性的水溶液中，全部解离为双极离子。当甲醛溶液加入后，与中性的氨基酸中的非解离型氨基反应，生成单羟甲基和二羟甲基诱导体，此反应完全定量进行。此时放出氢离子可用标准碱液滴定，根据碱液的消耗量，计算出氨基态氮的含量。

6.5.2 试剂和溶液

6.5.2.1 氢氧化钠标准滴定溶液［c（NaOH）=0.05mol/L］：按GB/T 601配制与标定。

6.5.2.2 甲醛溶液（36%）。

6.5.3 仪器

6.5.3.1 酸度计：直接读数，测量范围（0~14）pH，精度±0.02pH。

6.5.3.2 电磁搅拌器。

6.5.3.3 碱式滴定管。

6.5.4 分析步骤

称取样品5g（精确至0.0002g），加水溶解并定容至100mL。

吸取样品溶液5.0mL于100mL烧杯中，加入55mL水，用氢氧化钠标准滴定溶液（6.5.2.1）滴定至pH=8.20，并保持1min不变，此结果为游离酸度，不予计量体积。慢慢加入甲醛溶液（6.5.2.2）10mL，放置1min后，用氢氧化钠标准滴定溶液（6.5.2.1）滴定至pH=9.20，记录消耗氢氧化钠标准滴定溶液的毫升数。同时做空白试验，记录加入甲醛溶液后，空白试验所消耗氢氧化钠标准滴定溶液的毫升数。

6.5.5 结果计算

氨基酸态氮的含量按式（4）计算，其数值以%表示。

$$X_4=\frac{c\times(V_2-V_1)\times 20\times 0.014}{m\times\frac{100-X_1-X_2}{100}}\times 100 \tag{4}$$

式中：X_4——样品的氨基酸态氮的含量，%；

c——氢氧化钠标准滴定溶液的浓度，单位为摩尔每升（mol/L）；

V_2——加入甲醛溶液后，滴定样品消耗氢氧化钠标准滴定溶液的体积，单位为毫升（mL）；

V_1——加入甲醛溶液后，空白试验时消耗氢氧化钠标准滴定溶液的体积，单位为毫升（mL）；

20——样品稀释倍数；

0.014——与1.00mL氢氧化钠标准溶液［c（NaOH）=1.000mol/L］相当的以克表示的氨基酸态氮的质量；

m——样品的质量，单位为克或毫升（g或mL）；

X_1——样品的水分含量，%；

X_2——样品的氯化钠含量，%。

所得结果表示至一位小数。

6.5.6　精密度

在重复性条件下获得的两次独立测定结果的绝对差值应不超过算数平均值的5%。

6.6　氨基酸态氮转化率

6.6.1　原理

根据样品中的氨基酸态氮含量和总氮含量的比值，求得氨基酸态氮转化率。

6.6.2　结果计算

氨基酸态氮转化率按式（5）计算，其数值以%表示。

$$X_5=\frac{X_4}{X_3} \tag{5}$$

式中：X_5——样品氨基酸态氮转化率，%；

X_4——氨基酸态氮含量，%；

X_3——总氮含量，%。

6.7　pH

6.7.1　位器

酸度计（pH计）。

6.7.2　分析步骤

称取试样2g（精确至0.02g），加100mL水溶解，用酸度计测定溶液pH。

6.7.3　允许差

在重复性条件下获得的两次独立测定结果的绝对差值应不超过0.04pH。

6.8 灰分

6.8.1 原理

样品经 550℃灼烧后所残留的物质，以百分数表示，即为该样品的灰分。

6.8.2 位器

6.8.2.1 高温炉：温度 550℃±20℃。

6.8.2.2 分析天平：感量 0.1mg。

6.8.2.3 瓷坩埚：50mL。

6.8.2.4 干燥器：用变色硅胶作干燥剂。

6.8.3 分析步骤

称取样品 1g（精确至 0.0002g）于灼烧至恒重的坩埚中，先在电炉上缓缓加热，小心炭化，直至无烟，移入高温炉内，在 550℃±25℃灼烧 4h 后，炉温降至 200℃左右，取出坩埚，加盖，放入干燥器中，冷却至室温，称量。然后，再移入高温炉内灼烧 1h，取出，冷却，称量，直至恒重。

6.8.4 结果计算

灰分含量按式（6）计算，其数值以%表示。

$$X_6=\frac{(m_2-m)/(m_1-m)\ -\dfrac{X_2}{100}}{\dfrac{100-X_2-X_1}{100}}\times 100 \tag{6}$$

式中：X_6——样品的灰分含量，%；

m_2——灼烧至恒重，坩埚加残渣的质量，单位为克（g）；

m——坩埚的质量，单位为克（g）；

m_1——灼烧前坩埚加样品的质量，单位为克（g）；

X_2——样品的氯化钠含量，%；

X_1——样品的水分含量，%。

所得结果表示至一位小数。

6.8.5 精密度

在重复性条件下获得的两次独立测定结果的绝对差值应不超过算术平均值的 5%。

6.9 铵盐

6.9.1 仪器

同 6.4.2。

6.9.2 试剂

同 6.4.3。

6.9.3 分析步骤

预先在接收瓶中加入 25mL 硼酸（30g/L）以及 1 滴~2 滴溴甲酚绿混合指示

液，并使冷凝管的下端伸入液面下。

称取样品 1.0g~2.0g，用少量水溶解并无损地转移到凯氏定氮装置的反应室中。将 10mL 氢氧化钠溶液（400g/L）倒入小玻杯中，提起玻塞使其缓缓流入反应室，立即将玻塞塞紧，并加水于小玻杯内以防漏气。夹紧螺旋夹，开始蒸馏。蒸馏 5min，移动接收瓶，液面离开冷凝管下端，在蒸馏 1min。然后用少量水冲洗冷凝管下端外部。

取下接收瓶，用盐酸标准滴定溶液滴定至绿色消失转变为灰红色为终点。

同时做空白试验，使用 2g 蔗糖代替样品。

6.9.4　结果计算

铵盐含量按式（7）计算，其数值以%表示。

$$X_7=\frac{c\times(V-V_2)\times 0.014}{m\times\frac{100-X_1-X_2}{100}}\times 100 \tag{7}$$

式中：X_7——样品中铵盐的含量（以氮计），%；

c——盐酸标准滴定溶液的浓度，单位为摩尔每升（mol/L）；

V_1——样品消耗盐酸标准滴定溶液的体积，单位为毫升（mL）；

V_2——试剂空白消耗盐酸标准滴定溶液的体积，单位为毫升（mL）；

0.014——与 1.00mL 盐酸［c（HCl）= 1.000mol/L］相当的以克表示的氮的质量；

m——样品的质量，单位为克（g）；

X_1——样品的水分含量，%；

X_2——样品的氯化钠含量，%。

所得结果保留至两位小数。

6.9.5　精密度

在重复性条件下获得的两次独立测定结果的绝对差值应不超过算术平均值的 10%。

6.10　钾

按 GB/T 5009.91 规定的方法测定。

6.11　不溶物

6.11.1　仪器

6.11.1.1　三角瓶：250mL。

6.11.1.2　G3 玻璃坩埚过滤器。

6.11.1.3　电热干燥箱：控温精度±1℃。

6.11.1.4　分析天平：感量±0.0001g。

6.11.1.5　干燥器：用变色硅胶作干燥剂。

6.11.2 分析步骤

称取样品5g（精确至0.01g）于250mL三角瓶中，加75mL水，充分溶解。盖上表面皿，微沸2min，用已知重量的G3玻璃坩埚过滤器过滤，将G3玻璃坩埚过滤器过滤连同滤渣置于105℃干燥1h，取出放入干燥器内，冷却后称量。

6.11.3 结果计算

不溶物的含量按式（8）计算，其数值以%表示。

$$X_8 = \frac{m_1 - m_2}{m} \times 100 \tag{8}$$

式中：X_8——样品的不溶物含量，%；

m_1——烘干后坩埚加样品的质量，单位为克（g）；

m_2——坩埚的质量，单位为克（g）；

m——样品的质量，单位为克（g）。

6.12 谷氨酸

6.12.1 原理

使用离子交换氨基酸分析仪，样品经色谱柱分离后与（水合）茚三酮试剂混合，通过记录仪连续不断地自动测量反应产物在570nm的吸光度。

6.12.2 仪器

6.12.2.1 离子交换氨基酸分析仪。

6.12.2.2 容量瓶：100mL、1000mL。

6.12.2.3 分析天平：感量±0.0001g。

6.12.2.4 滤膜：0.2μm。

6.12.3 试剂和溶液

6.12.3.1 盐酸溶液［c（HCl）=0.02mol/L］：量取1.8mL浓盐酸，注入1000mL的高纯水中，摇匀。

6.12.3.2 谷氨酸标准储备溶液：称取0.7356g谷氨酸于100mL容量瓶，用盐酸溶液（6.12.3.1）溶解，并稀释至刻度。该溶液含谷氨酸0.05mol/L。

6.12.3.3 谷氨酸标准使用溶液：吸取谷氨酸标准储备溶液1mL，用盐酸溶液（6.12.3.1）稀释至1000mL。每50μL该溶液含有2.5nmol的谷氨酸，相当于50μL该溶液含有谷氨酸367.83ng。

6.12.4 分析步骤

6.12.4.1 样品制备

称取样品1g（精确至0.0001g），加入40mL盐酸溶液（6.12.3.1），充分搅拌溶解后，全部转移至100mL容量瓶中，并用盐酸溶液（6.12.3.1）稀释至刻度。

取上述溶液1.00mL，用盐酸溶液（6.12.3.1）稀释至100mL，再用滤膜过滤。该溶液为样品待测液。

注：当谷氨酸含量大于7%时，应适当减少称样量。

6.12.4.2 测定

分别取50μL的谷氨酸标准使用溶液和样品待测液上机测定。仪器最佳条件选择和操作方法依照设备制造商的操作说明。根据获得的色谱图，比较标准溶液和样品溶液的保留时间来鉴别谷氨酸所产生的峰。记录样品中谷氨酸的峰面积为A_u，标准溶液中谷氨酸的峰面积为A_s。

6.12.5 结果计算

谷氨酸的含量按式（9）计算，其数值以%表示。

$$X_9=\frac{\frac{A_u}{A_s}\times m_s\times\frac{100\times10^3}{50}\times\frac{100}{1}\times10^{-9}}{m}\times100=\frac{\frac{A_u}{A_s}\times m_s}{50\times m} \tag{9}$$

式中：X_9——样品中谷氨酸的含量，%；

A_u——50μL样品待测液在仪器上产生的峰面积；

A_s——50μL谷氨酸标准使用溶液在仪器上产生的峰面积；

m_s——50μL谷氨酸标准使用溶液中含有谷氨酸的质量，单位为纳克（ng）；

m——样品的质量，单位为克（g）。

6.13 IMP，GMP，CMP，UMP，I+G（以钠盐水合物计，以干基计）

6.13.1 原理

同一时间进入色谱柱的各组分，由于在流动相和固定相之间溶解、吸附、渗透或离子交换等作用的不同，随流动相在色谱柱两相之间进行反复多次的分配，由于各组分在色谱柱中的移动速度不同，经过一定长度的色谱柱后，彼此分离开来，按顺序流出色谱柱，进入信号检测器，在记录仪或数据处理装置上显示出各组分的谱峰数值，根据保留时间用归一化法或外标法定量。

6.13.2 仪器

6.13.2.1 高效液相色谱仪（配有紫外检测器和柱恒温系统）。

6.13.2.2 色谱柱：C_{18}柱（如：如 intersil C_{18}250mm×4.6mm），也可采用其他等同性能的分析柱。

6.13.2.3 过滤装置：1000mL真空抽滤器，0.2μm或0.45μm滤膜。

6.13.2.4 真空抽滤脱气装置。

6.13.2.5 容量瓶：100mL。

6.13.2.6 分析天平：感量0.1mg。

6.13.2.7 微量进样器。

6.13.3 试剂溶液

6.13.3.1 高纯水。

6.13.3.2 磷酸二氢铵溶液：0.02mmol/L，pH=5.4。准确称取 2.30g 磷酸二氢氨，用高纯水溶解，加水至 900mL，用 0.1mol/L 氢氧化钠调节 pH 为 5.40±0.10，定容到 1L。

6.13.3.3 甲醇：色谱级。

6.13.3.4 5′-肌苷酸二钠（IMP）：分子式为 $C_{10}H_{11}N_4Na_2O_8P$，纯度≥98%。

6.13.3.5 5′-鸟苷酸二钠（GMP）：分子式为 $C_{10}H_{12}N_5Na_2O_8P$，纯度≥98%。

6.13.3.6 5′-尿苷酸二钠（UMP）：分子式 $C_9H_{11}N_2Na_2O_9P$，纯度≥98%。

6.13.3.7 5′-胞苷酸二钠（CMP）：分子式 $C_9H_{12}N_3Na_2O_8P$，纯度≥98%。

6.13.3.8 核苷酸标准储备溶液：分别准确称取在 120℃±2℃ 干燥 4h 的 IMP、GMP、UMP、CMP 各 0.0200g，用高纯水溶解，定容到 100mL，分别制成浓度为 200μg/mL 的标准储备溶液。

6.13.4 分析步骤

6.13.4.1 色谱条件：见表 5。

表 5　色谱条件

时间/min	甲醇/%	0.02mmol/L 磷酸二氢铵/%	流速/（mL/min）	波长/nm
0	0	100	0.5	254
10	5	95	0.5	254
15	5	95	0.5	254
15.01	0	100	0.5	254
25	0	100	0.5	254

6.13.4.2 样品制备：称取样品 1g～2g（精确至 0.0001g），加水溶解，移入 100mL 容量瓶中并用水定容至刻度。根据样品中核苷酸的对溶液进行适当的稀释（稀释倍数为 F）。用 0.45μm 水相微孔膜过滤，滤液备用。

6.13.4.3 标准系列溶液的准备：见表 6。

表 6　标准系列溶液的准备

序号	标准储备溶液去用量	定容体积/mL	每种核苷酸的浓度/(μg/mL)
1	吸取 IMP、GMP、UMP、CMP 各 0mL	200	0
2	吸取 IMP、GMP、UMP、CMP 各 10mL	200	10
3	吸取 IMP、GMP、UMP、CMP 各 20mL	200	20
4	吸取 IMP、GMP、UMP、CMP 各 30mL	200	30
5	吸取 IMP、GMP、UMP、CMP 各 40mL	200	40
6	吸取 IMP、GMP、UMP、CMP 各 50mL	200	50

6.13.4.4 测定：将制备好混标系列和样品溶液分别进样，进样量为 20μL，根据标准品的保留时间定性样品中 IMP、GMP、UMP、AMP 的色谐峰。根据样品的峰面积，以外标法计算各组分的百分含量。

6.13.5 结果计算

IMP/CMP/UMP/CMP 的含量按式（10）计算，其数值以%表示。

$$X_{10}=\frac{A\times F}{m\times\frac{V_2}{V_1}\times1000\times1000\times\frac{100-X_1}{100}}\times100 \qquad (10)$$

式中：X_{10}——样品中 IMP/GMP/UMP/CMP 的含量,%；

A——进样体积中 IMP/GMP/UMP/CMP 的质量，单位为微克（μg）；

F——稀释因子；

m——称取样品质量，单位为克（g）；

V_2——进样体积，单位为毫升（mL）；

V_1——样品定容体积，单位为毫升（mL）；

X_1——样品的水分含量,%。

结果保留至小数点后两位。

I+G 的含量按式（11）计算，其数值以%表示。

$$X_{11}=(X_{12}+X_{13})\times1.3 \qquad (11)$$

式中：X_{11}——样品中 I+G 的含量（以钠盐水合物计，以干基计）,%；

X_{12}——样品中 IMG 的含量,%；

X_{13}——样品中 GMG 的含量,%。

6.13.6 精密度

在重复性条件下获得的两次独立测定结果的绝对差值不得超过算术平均值的 10%。

7 检验规则

7.1 组批

同原料、同配方、同工艺生产的，同一包装线当天包装出厂（或入库）的，具有同样质量检验报告单的产品为一批。

7.2 抽样

7.2.1 按表 7 抽取样本。

表 7 抽样表

批量/箱或桶	样本大小/袋或桶
1~50	2
51~500	3
>500	5

7.2.2 将抽取的样本分为两份，一份作感官和理化分析，另一份保留备查。当抽取的样本总量少于 200g 时，应适当加大抽样比例。

7.3 检验分类

7.3.1 出厂检验

7.3.1.1 产品出厂前，应由生产厂的质量监督检验部门按本标准规定逐批进行检验，检验合格，并附上质量合格证明的，方可出厂。

7.3.1.2 检验项目：感官要求、水分、总氮、氨基酸态氮（纯品型）、氯化钠、I+G 含量（I+G 型）、pH、菌落总数。

7.3.2 型式检验

7.3.2.1 检验项目：本标准中全部要求项目。

7.3.2.2 一般情况下，同一类产品的型式检验每年至少进行一次，有下列情况之一者，亦应进行：

a）原辅材料有较大变化时；

b）更改关键工艺或设备时；

c）新试制的产品或正常生产的产品停产 3 个月后，重新恢复生产时；

d）出厂检验与上次型式检验结果有较大差异时；

e）国家质量监督检验机构按有关规定需要抽检时。

7.4 判定规则

7.4.1 验收项目均合格时，判为整批产品合格。

7.4.2 如有一项指标不合格，应重新自同批产品中抽取两倍量样品进行复验，以复验结果为准。若仍有一项不合格，则判整批产品为不合格。

8 标志、包装、运输和贮存

8.1 标志

8.1.1 销售产品的标签应符合 GB 7718 的有关规定，并标明产品所属类型。

8.1.2 外包装箱上应标明产品名称、生产日期（批号）、厂名、厂址、净重。

8.1.3 储运图示的标志应符合 GB/T 191 的有关规定。

8.2 运输

8.2.1 运输工具应保持清洁、干燥，无外来气味和污染物。

8.2.2 产品在运输时，箱子上不应压重物，保持干燥、洁净，不得与有毒、有害、有腐蚀性物品混装混运，避免日晒和雨淋。

8.2.3 货物装卸时应轻拿轻放。

8.3 贮存

8.3.1 成品不得露天堆放，不得与有霉变、有毒、有异味、有腐蚀性物质存放在一起。

8.3.2 成品仓库要保持阴凉、干燥、通风（最适温度<25℃，相对湿度<75%）。仓库内应有防潮湿、防霉烂、防鼠虫害、防变质设施，并定期检查。

附录五　GB 31644—2018《食品安全国家标准 复合调味料》

1　范围

本标准适用于复合调味料，包括调味料酒、酸性调味液产品等。

本标准不适用于水产调味品。

2　术语和定义

2.1　复合调味料

用两种或两种以上的调味料为原料，添加或不添加辅料，经相应工艺加工制成的可呈液态、半固态或固态的产品。

3　技术要求

3.1　原料要求

原料应符合相应的食品标准和有关规定。

3.2　感官要求

感官要求应符合表1的规定。

表1　感官要求

项目	要求	检验方法
色泽	具有产品应有的色泽	取适量试样置于洁净的烧杯（液态产品）或洁净的白色瓷盘（半固态或固态产品）中，在自然光下观察色泽和状态。闻其气味，用温开水漱口，品其滋味
滋味、气味	具有产品应有的滋味和气味，无异味，无异嗅	
状态	具有产品应有的状态，无霉变，无正常视力可见外来异物	

3.3　污染物限量

污染物限量应符合 GB 2762 的规定。

3.4　微生物限量

致病菌限量应符合 GB 29921 的规定。

3.5　食品添加剂

食品添加剂的使用应符合 GB 2760 的规定。

参考文献

[1] 江玉祥．关于酱油的起源和传播［J］．四川烹饪高等专科学校学报，2013，(5)：4-7.

[2] 欧阳珊．淀粉质原料焙炒对酱油品质影响的研究［D］．华南理工大学，2013.

[3] 谢媛利，高听明，孔军平．酱油灭菌与氨基酸含量及风味保持研究［J］．安徽农学通报，2014，20（03-04）：125-128.

[4] 康文丽，陈亮，贺博，吴灿，周尚庭．高盐稀态酿造酱油中香气活性成分在灭菌前后的变化［J］．食品科学，2019，40（18）：253-258.

[5] 包启安．酱油科学与酿造技术［M］．北京：中国轻工业出版社，2011.

[6] 高献礼．高盐稀态酱油在发酵和巴氏杀菌过程中风味物质形成和变化的研究［D］．华南理工大学，2010.

[7] Sun-Lim Kim，Mark Alan Berhow，Jung-Tae Kim，Hee-Youn Chi，Sun-Joo Lee，Ill-Min Chung. Evaluation of soyasaponin，isoflavone，protein，lipid，and free sugar accumulation in developing soybean seeds［J］. Journal of Agricultural and Food Chemistry，2006，54（26）：10003-10010.

[8] Young-Sook Cho，Se-Kwon Kim，Chang-Bum Ahn，Jae-Young Je. Preparation，characterization，and antioxidant properties of gallic acid-grafted-chitosans［J］. Carbohydrate Polymers，2011，83（4）：1617-1622.

[9] Juana Frias，Young Soo Song，Cristina Martínez-Villaluenga，Elvira González De Mejia. Immunoreactivity and amino acid content of fermented soybean products［J］. Journal of Agricultural and Food Chemistry，2008，56（1）：99-105.

[10] 陈杰，徐婧婷，郭顺堂．豆粕热处理对酱曲中蛋白酶活性和酱油中氨基态氮含量的影响［J］．大豆科学，2009，28（5）：889-893.

[11] 张欢欢，耿予欢，李国基．黄豆酱油与黑豆酱油抗氧化活性及风味物质的比较［J］．现代食品科技，2018，34（6）：97-106.

[12] 梁亮，胡锋．高盐稀态酿造蚕豆酱油的工艺研究［J］．现代食品科技，2010，26（7）：734-735.

[13] 彭铭烨．双菌种耦合酿造橘皮酱油的研究［D］．湖北工业大学，2017.

[14] Mingye Peng，Jingyi Liu，Zhijie Liu，Bin Fu，Yong Hu，Mengzhou Zhou，Caixia Fu，Bing Gao，Chao Wang，Dongsheng Li，Ning Xu. Effect of citrus peel on phenolic compounds，organic acids and antioxidant activity of soy sauce［J］. LWT-Food Science and Techndogy，2018，90：627-635.

［15］张艳芳，陶文沂．低盐固态发酵酱油中挥发性风味物质的分析［J］．精细化工，2008，25（3）：260-263.

［16］Yunzi Feng，Yu Cai，Guowan Su，Haifeng Zhao，Chenxia Wang，Mouming Zhao. Evaluation of aroma differences between high-salt liquid-state fermentation and low-salt solid-state fermentation soy sauces from China［J］. Food Chemistry，2014，145：126-134.

［17］Jia Zheng，Chong-De Wu，Jun Huang，Rong-Qing Zhou，Xue-Pin Liao. Analysis of volatile compounds in Chinese soy sauces moromi cultured by different fermentation processes［J］. Food Science and Biotechnology，2013，22（3）：605-612.

［18］Xianrui Chen，Zhaoyue Wang，Xuena Guo，Sha Liu，Xiuping He. Regulation of general amino acid permeases Gap1p，GATA transcription factors Gln3p and Gat1p on 2-phenylethanol biosynthesis via Ehrlich pathway［J］. Journal of Biotechnology，2017，242：83-91.

［19］陈海燕，姜梅．美拉德反应及其在咸味香精生产中的应用［J］．中国调味品，2008，10：38-41.

［20］田红玉，孙宝国，张洁，黄明泉．α-二羰基类化合物与 L-亮氨酸组成模型体系的 Strecker 降解反应研究［J］．食品科学，2010，31（4）：24-27.

［21］曹小红，张斌，鲁梅芳，王春玲．离子注入诱变米曲霉及酱油优良生产菌株的快速筛选［J］．中国调味品，2007，5：26-30.

［22］Xianli Gao，Ermeng Liu，Yiyun Yin，Lixin Yang，Qingrong Huang，Sui Chen，Chi-Tang Ho. Enhancing activities of salt-tolerant proteases secreted by *Aspergillus oryzae* using atmospheric and room-temperature plasma mutagenesis［J］. Joural of Agricultural and Food Chemistry，2020，68（9）：2757-2764.

［23］Catrinus van der Sluis，Johannes Tramper，René H Wijffels. Enhancing and accelerating flavour formation by salt-tolerant yeasts in Japanese soy-sauce processes［J］. Trends in Food Science and Technology，2001，12（9）：322-327.

［24］Jacky de Montigny，Marie-Laure Straub，Serge Potier，Fredj Tekaia，Bernard Dujon，Patrick Wincker，Francois Artiguenave，Jean-Luc Souciet. Genomic exploration of the hemiascomycetous yeasts：8. *Zygosaccharomyces rouxii*［J］. FEBS Letters，2000，487（1）：52-55.

［25］The Génolevures Consortium，Jean-Luc Souciet，Bernard Dujon，et al. Comparative genomics of protoploid *Saccharomycetaceae*［J］. Genome Research，2009，19（10）：1696-1709.

［26］Jonathan L. Gordon，Kenneth H. Wolfe. Recent allopolyploid origin of *Zygosaccharomyces rouxii* strain ATCC 42981［J］. Yeast，2008，25（6）：449-456.

［27］Atsushi Sato，Kenichiro Matsushima，Kenshiro Oshima，Masahira Hattori，Yasuji Koyama. Draft genome sequencing of the highly halotolerant and allopolyploid yeast *Zygosaccharomyces rouxii* NBRC 1876［J］. Genome Announcements，2017，5

(7): e01610-01616.

[28] Lihua Hou, Lin Guo, Chunling Wang, Cong Wang. Genome sequence of *Candida versatilis* and comparative analysis with other yeast [J]. Journal of Industrial Microbiology and Biotechnology, 2016, 43 (8): 1131-1138.

[29] Xiaohong Cao, Lihua Hou, Meifang Lu, Chunling Wang. Improvement of soy-sauce flavour by genome shuffling in *Candida versatilis* to improve salt stress resistance [J]. International Journal of Food Science and Technology, 2010, 45 (1): 17-22.

[30] Jian Guo, Wen Luo, Xue-ming Wu, Jun Fan, Wen-xue Zhang, Taikei Suyama. Improving RNA content of salt-tolerant *Zygosaccharomyces rouxii* by atmospheric and room temperature plasma (ARTP) mutagenesis and its application in soy sauce brewing [J]. World Journal of Microbiology and Biotechnology, 2019, 35 (12): 180.

[31] 吴惠玲，魏鲁宁，高向阳，潘海朋，袁国新，颜喆，周紫琦，胡文锋. 甘油与鲁氏酵母共固定在高盐稀态酱油酿造中的应用 [J]. 现代食品科技，2013，29 (8): 1938-1942.

[32] 施安辉，曲品，路光东. 产酯酵母固定化改善酱油风味的研究 [J]. 微生物学通报，1993，20 (2): 94-97.

[33] 雷锦成，李志军，周俊，戴浩林. 活性干酵母在酱油中的应用 [J]. 中国酿造，2012，31 (6): 162-165.

[34] Kinji UCHIDA. Diversity and ecology of salt tolerant lactic acid bacteria: *Tetragenococcus halophilus* in soy sauce fermentation [J]. Japanese Journal of Lactic acid bacteria, 2000, 11 (2): 60-65.

[35] A. Justé, S. Van Trappen, C. Verreth, I. Cleenwerck, P. De Vos, B. Lievens, K. A. Willems. Characterization of *Tetragenococcus* strains from sugar thick juice reveals a novel species, *Tetragenococcus osmophilus* sp. nov., and divides *Tetragenococcus halophilus* into two subspecies, *T. halophilus* subsp. *halophilus* subsp. nov. and *T. halophilus* subsp. *flandriensis* subsp. nov [J]. International Journal of Systematic and Evolutionary Microbiology, 2012, 62 (1): 129-137.

[36] Somboon Tanasupawat, Jaruwan Thongsanit, Sanae Okada, Kazuo Komagata. Lactic acid bacteria isolated from soy sauce mash in Thailand [J]. The Journal of General and Applied Microbiology, 2002, 48 (4): 201-209.

[37] 刘卓. 耐盐乳酸菌对酱油风味的影响 [D]. 天津科技大学，2009.

[38] Shangjie Yao, Rongqing Zhou, Yao Jin, Jun Huang, Chongde Wu. Effect of co-culture with *Tetragenococcus halophilus* on the physiological characterization and transcription profiling of *Zygosaccharomyces rouxii* [J]. Food Research International, 2019, 121 348-358.

[39] Jianan Zhang, Dongxiao Sun-Waterhouse, Guowan Su, Mouming Zhao. New insight into umami receptor, umami/umami-enhancing peptides and their deriva-

tives：A review [J]. Trends in Food Science and Technology，2019，88：429-438.

[40] Nuri Andarwulan，Lilis Nuraida，Siti Madanijah，Hanifah N. Lioe，Zulaikhah. Free glutamate content of condiment and seasonings and their intake in Bogor and Jakarta，Indonesia [J]. Food and Nutrition Sciences，2011，2 (7)：7239.

[41] 武彦文，欧阳杰．氨基酸和肽在食品中的呈味作用 [J]．中国调味品，2001，1 (1)：19-22.

[42] 张颂红．味精的鲜度评价 [J]．中国调味品，2001，1 (1)：19-22.

[43] Lijie Zhang，Ling Zhang，Yan Xu. Effects of *Tetragenococcus halophilus* and *Candida versatilis* on the production of aroma-active and umami-taste compounds during soy sauce fermentation [J]. Journal of the Science of Food and Agriculture，2020，doi. org/10. 1002/jsfa. 10310.

[44] Shizuko Yamaguchi，Chikahito Takahashi. Interactions of monosodium glutamate and sodium chloride on saltiness and palatability of a clear soup [J]. Journal of Food Science，1984，49 (1)：82-85.

[45] Zumin Shi，Baojun Yuan，Anne W. Taylor，Eleonora Dal Grande，Gary A. Wittert. Monosodium glutamate intake increases hemoglobin level over 5 years among Chinese adults [J]. Amino Acids，2012，43 (3)：1389-1397.

[46] Yonggan Zhao，Min Zhang，Sakamon Devahastin，Yaping Liu. Progresses on processing methods of umami substances：A review [J]. Trends in Food Science and Technology，2019，93：125-135.

[47] 崔桂友．呈味核苷酸及其在食品调味中的应用 [J]．中国调味品，2001，10：25-29.

[48] Ole G. Mouritsen，Himanshu Khandelia. Molecular mechanism of the allosteric enhancement of the umami taste sensation [J]. The FEBS Journal，2012，279 (17)：3112-3120.

[49] 蒋关昌．呈味核苷酸在酱油中的应用 [J]．中国调味品，1998，11：10-12.

[50] 周秀琴．呈味核苷酸促进调料工业新发展 [J]．发酵科技通讯，2010，39 (1)：53-56.

[51] Yin Zhang，Longyi Zhang，Chandrasekar Venkitasamy，Zhongli Pan，Huan Ke，Siya Guo，Di Wu，Wanxia Wu，Liming Zhao. Potential effects of umami ingredients on human health：Pros and cons [J]. Journal of Critical Reviews in Food Sciecne and Nutrition，2019，1-9.

[52] 王莺颖，郭兴凤．鲜味肽的呈味机制及制备方法研究进展 [J]．粮食加工，2016，(6)：36-41.

[53] Mingzhu Zhuang，Mouming Zhao，Lianzhu Lin，Yi Dong，Huiping Chen，Mengying Feng，Dongxiao Sun-Waterhouse，Guowan Su. Macroporous resin purification of peptides with umami taste from soy sauce [J]. Food Chemistry，2016，190 338-344.

[54] 刘义，赵钺沁，周怡梅，肖钧木，米梁波，黄金龙，陈祥贵，孙伟峰．

鲜味肽的研究进展［J］. 西华大学学报（自然科学版），2016，35（3）：21-25.

［55］Yang Yang，Yue Deng，Yulan Jin，Yanxi Liu，Baixue Xia，Qun Sun. Dynamics of microbial community during the extremely long-term fermentation process of a traditional soy sauce［J］. Journal of the Science of Food and Agriculture，2017，97（10）：3220-3227.

［56］Yasushi Tanaka，Jun Watanabe，Yoshinobu Mogi. Monitoring of the microbial communities involved in the soy sauce manufacturing process by PCR-denaturing gradient gel electrophoresis［J］. Food Microbiology，2012，31（1）：100-106.

［57］Vasileios Pothakos，Luc De Vuyst，Sophia Jiyuan Zhang，Florac De Bruyn，Marko Verce，Julio Torres，Michael Callanan，Cyril Moccand，Stefan Weckx. Temporal shotgun metagenomics of an Ecuadorian coffee fermentation process highlights the predominance of lactic acid bacteria［J］. Current Research in Biotechnology，2020，2：1-15.

［58］Rob Knight，Alison Vrbanac，Bryn C. Taylor，et al. Best practices for analysing microbiomes［J］. Nature reviews microbiology，2018，16（7）：410-422.

［59］Sang Eun Jeong，Byung Hee Chun，Kyung Hyun Kim，Dongbin Park，Seong Woon Roh，Se Hee Lee，Che Ok jeon. Genomic and metatranscriptomic analyses of *Weissella koreensis* reveal its metabolic and fermentative features during kimchi fermentation［J］. Food Microbiology，2018，76 1-10.

［60］傅若农．固相微萃取（SPME）近几年的发展［J］. 分析试验室，2015，34（5）：602-620.

［61］王夫杰，鲁绯，赵俊平，渠岩，陈彬．酱油风味及其检测方法的研究进展［J］. 中国酿造，2010，8：1-4.

［62］陈亮，贺博，康文丽，吴灿，周尚庭．酱油风味物质检测方法研究进展［J］. 食品与发酵工业，2019，45（16）：293-298.

［63］孟宪军，李亚东，李斌，冯颖，张琦，吴林．中国小浆果深加工技术［M］. 北京：中国轻工业出版社，2012.

［64］王鲁峰，张韵，徐晓云，潘思轶．食品风味物质分离分析技术进展［J］. 安徽农业科学，2009，37（2）：463-465.

［65］高献礼，赵谋明，崔春，曹鸣凯，李丹．高盐稀态酱油挥发性风味物质的分离与鉴定术［J］. 理工大学学报（自然科学版），2009，37（10）：117-123.

［66］冯笑军，吴惠勤，黄晓兰，李琳，高月明．气相色谱-质谱对天然酿造酱油与配制酱油香气成分的分析比较［J］. 分析测试学报，2009，28（6）：661-665.

［67］王林祥，刘杨岷，王建新．酱油风味成分的分离与鉴定［J］. 中国调味品，2005，1：45-48.

［68］刘巍，刘娜，吕丽．固相微萃和同时蒸馏萃取分析酱油挥发性组分的

比较 [J]. 中国调味品，2015，40（12）：114-117.

[69] 赵谋明，许瑜，苏国万，陈子杰，冯云子．不同淀粉质原料对高盐稀态酱油香气品质的影响 [J]. 现代食品科技，2018，34（6）：130-142.

[70] 熊芳媛，蔡明招，吴惠勤．酱油香气成分的研究-头油和生抽香气成分的比较 [J]. 中国酿造，2008，9：51-55.

[71] 罗龙娟，高献礼，冯云子，赵海锋，赵谋明．中式酱油和日式酱油香气物质的对比研究 [J]. 中国酿造，2011，5：150-155.

[72] 朱志鑫，吴惠勤，黄晓兰．酱油香气成分 GC/MS 分析 [J]. 食品研究与开发，2007，28（12）：135-138.

[73] Wolfgang Engel，Wolfgang Bahr，P. Schieberle. Solvent assisted flavour evaporation-a new and versatile technique for the careful and direct isolation of aroma compounds from complex food matrices [J]. European Food Research and Technology，1999，209（3-4）：237-241.

[74] 白佳伟，陈亮，周尚庭，孙宝国，刘玉平．特级高盐稀态酿造酱油中关键香气物质的分析 [J]. 中国酿造，2019，11：179-185.

[75] 周莉，陈双，王栋，徐岩．正相色谱技术结合气相色谱-闻香技术解析中国传统晒露酱油香气活性成分 [J]. 食品与发酵工业，2019，45（16）：237-244.

[76] 严留俊，张艳芳，陶文沂，王利平，吴胜芳．顶空固相微萃取-气相色谱-质谱法快速测定酱油中的挥发性风味成分 [J]. 色谱，2008，26（3）：285-291.

[77] 徐伟，石海英，朱奇，彭向前，薛勇，薛长湖．低盐鱼酱油挥发性成分的固相微萃取和气相色谱-质谱法分析 [J]. 食品工业科技，2010，3：102-105.

[78] Qi，Meng，Tomoka Kakuta，Etusko Sugawara. Quantification and odor contribution of volatile thiols in Japanese soy sauce [J]. Food Science and Technology Research，2012，18（3）：429-436.

[79] 周朝晖，陈子杰，李铁桥，关沛坚，卢丽玲．面粉对发酵酱油品质的影响研究 [J]. 现代食品科技，2019，10：218-224.

[80] 姬晓悦．4 种市售酱油挥发性成分研究 [J]. 安徽农业科学，2018，28：172-175，190.

[81] 张青，王锡昌，刘源．GC-O 法在食品风味分析中的应用 [J]. 食品科学，2009，30（3）：284-287.

[82] 李雪，苏平，应丽亚．GC-O—食品风味化合物检测技术及其应用 [J]. 食品与发酵工业，2010，36（8）：140-144.

[83] 刘翔，邓冲，侯杰，周其洋．酱油香气成分分析研究进展 [J]. 中国酿造，2019，6：1-6.

[84] 陈晓水，侯宏卫，边照阳，唐纲岭，胡清源．气相色谱-串联质谱（GC-MS/MS）的应用研究进展 [J]. 2013，34（5）：308-320.

[85] 冯杰，詹晓北，周朝晖，张丽敏，郑志永，吴剑荣．两种膜过滤生产的纯生酱油风味物质比较［J］．食品与生物技术，2010，29（1）：33-39.

[86] 宋国新，余应新，王林祥．香气分析技术与实例［M］．北京：化学工业出版社，2008.

[87] 肖雪，吴惠勤，陈啸天，郭鹏然，宋化灿，向章敏．全二维气相色谱在食品风味化学成分分析中的应用［J］．分析测试学报，2019，1：122-128.

[88] 李俊，王震，郭晓关，杜楠，蔡滔，张艺骥．基于全二维气相飞行时间质谱联用法分析贵州酱香型白酒挥发性风味成分［J］．酿酒科技，2016，36（12）：102-106.

[89] 刘志鹏，车富红，李善文，冯声宝，陈双，徐岩．全二维气相色谱-飞行时间质谱法分析不同季节酿造的青稞酒挥发性组分特征［J］．食品与发酵工业，2019，45（15）：218-226.

[90] 常宇桐，罗云敬，钱承敬，杨永坛，史晓梅．全二维气质技术解析馥郁香型白酒风味与质量品评关系［J］．食品科学技术学报，2019，6：64-70，93.

[91] 李伟丽，袁旭，刘玉淑，伍小宇，唐勇，林洪斌，刘平，丁文武，车振明，吴韬．郫县豆瓣酱风味成分的全二维气相色谱-飞行时间质谱分析［J］．食品科学，2019，40（06）：261-265.

[92] Jianxin Zhao，Xiaojun Dai，Xiaoming Liu，Hao Zhang，Jian Tang，Wei Chen. Comparison of aroma compounds in naturally fermented and inoculated Chinese soybean pastes by GC-MS and GC-Olfactometry analysis［J］. Food Control，2011，22（6）：1008-1013.

[93] 吴容，陶宁萍，刘源，王锡昌．GC-O-AEDA 法在食品风味分析中的应用［J］．食品与机械，2011，（4）：163-168.

[94] Shu Kaneko，Kenji Kumazawa，Osamu Nishimura. Comparison of key aroma compounds in five different types of Japanese soy sauces by aroma extract dilution analysis（AEDA）［J］. Journal of Agricultural and Food Chemistry，2012，60（15）：3831-3836.

[95] 赵谋明，蔡宇，冯云子，崔春，赵海峰．HS-SPME-GC-MS/O 联用分析酱油中的香气活性化合物［J］．现代食品科技，2014，30（11）：204-212.

[96] Mahdi Ghasemi-Varnamkhasti，Constantin Apetrei，Jesus Lozano，Amarachukwu Anyogu. Potential use of electronic noses，electronic tongues and biosensors as multisensor systems for spoilage examination in foods［J］. Trends in Food Science and Technology，2018，80 71-92.

[97] 李露芳．电子舌技术在酱油滋味评价中的应用研究［D］．华南理工大学，2019.

[98] 杨荣华，金燕，赵华杰，王宏海，戴志远．市售酱油中呈味核苷酸的测定［J］．市售酱油中呈味核苷酸的测定，2010，36（07）：131-134.

[99] 林耀盛，刘学铭，于丰玺，陈智毅，杨春英，杨荣玲，赵晓丽．30 种

酱油中基本成分和呈味核苷酸的高效液相色谱法分析研究［J］. 中国调味品，2012，10：69-74.

［100］黄毅. 酱油中氨基酸和香气的分析及质量评价［D］. 河北农业大学，2012.

［101］Hanifah N. Lioe，Anton Apriyantono，Kensaku Takara，Koji Wada，Hideo Naoki，Masaaki Yasuda. Low molecular weight compounds responsible for savory taste of Indonesian soy sauce［J］. Journal of Agricultural and Food Chemistry，2004，52（19）：5950-5956.

［102］苏国万，赵炫，张佳男，赵谋明，吴进卫，吴军. 酱油中鲜味二肽的分离鉴定及其呈味特性研究［J］. 现代食品科技，2019，35（5）：7-15.

［103］黄文武，冯纬，黄光荣. 反相高效液相色谱法测定酱油中的呈味核苷酸［J］. 中国调味品，2019，1：150-153.

［104］Mingzhu Zhuang，Lianzhu Lin，Mouming Zhao，Yi Dong，Dongxiao Sun-Waterhouse，Huiping Chen，Chaoying Qiu，Guowan Su. Sequence，taste and umami-enhancing effect of the peptides separated from soy sauce［J］. Food Chemistry，2016，206，174-181.

［105］易宇文，胡金祥，刘阳，彭毅秦，邓静，吴华昌，乔明锋. 电子鼻和电子舌联用技术在评价酱油风味中的应用［J］. 食品研究与开发，2019，14：155-161.

［106］倪海晴. 提高酱油大曲酶活和改善酱油发酵效果的研究［D］. 江南大学，2010.

［107］张海珍，蒋予箭，陈敏. 多菌种制曲与发酵在酿造酱油中的应用现状［J］. 中国酿造，2008，17：1-3.

［108］王瑞，何涛. 苯甲酸钠对酱油中产膜菌抑制作用的研究［J］. 中国调味品，2014，39（6）：13-16.

［109］姚玉静，何叶容，康波. 浅淡我国酱油的生产现状及对策［J］. 江苏调味副食品，2009，26（2）：1-4.

［110］张毓秀. 酱油胀包问题的研究［D］. 天津科技大学，2018.

［111］谢选贤，黄蓉. 采用乙酸钠和乳酸防止酱油胀气的研究［J］. 中国调味品，2016，41（1）：98-101.

［112］吕昱，王立雄，严敏，田仁奎. 气质联用法测定市售酱油中氨基甲酸乙酯的含量［J］. 科技创新与应用，2017，33：67-68.

［113］耿予欢，李国基. 关于酿造酱油中氨基甲酸乙酯的探讨［J］. 中国酿造，2003，1：31-33.

［114］黄秋婷，王成龙，王宇，戚平，宋安华. 基于 QuEChERS-四级杆/静电场轨道阱高分辨质谱法测定酱油类调味品中的氨基甲酸乙酯［J］. 中国调味品，2019，6：168-171，176.

［115］张继冉，方芳，陈坚，堵国成. 鲁氏接合酵母对酱油中氨基甲酸乙酯前体物的代谢［J］. 微生物学报，2016，56（6）：956-963.

［116］张梦寒，李巧玉，周朝晖，卢丽玲，堵国成，陈坚，方芳．解淀粉芽孢杆菌诱变育种及其突变株在降低酱油中氨基甲酸乙酯的应用［J］．微生物学报，2017，57（12）：1817-1826.

［117］王新南．发酵豆制品中生物胺含量研究进展［J］．中国调味品，2019，9：188-190.

［118］杨明泉，滑欢欢，梁亮，余雪婷，陈穗，高献礼．嗜盐片球菌在减少酱油二次沉淀和生物胺中的应用［J］．现代食品科技，2019，7：205-210.

［119］徐清萍．酱油生产技术问答［M］．北京：中国纺织出版社，2011.

［120］赵俊平，鲁绯．市售酱油中焦糖色使用情况的调查分析［J］．蚌埠学院学报，2012，1（1）：12-14.

［121］李平凡，陈海峰，赵谋明．焦谷氨酸含量的测定［J］，食品工业科技，2006，27（02）：177，180.

［122］Monice M. Fiume，Wilma F. Bergfeld，Donald V. Belsito，et al. Safety assessment of PCA（2-pyrrolidone-5-carboxylic acid）and its salts as used in cosmetics［J］. International Journal of Toxicology，2019，38（2_suppl）：5S-11S.

［123］杨铭铎，于洋．复合调味料的研究进展［J］．黑龙江科学，2017，21：156-159.

［124］王明明．中式烹饪中复合调味料发展的研究［J］．中国调味品，2018，9：192-196.

［125］谭卓．川菜复合调味品制备工艺优化及其贮存稳定性研究［D］．西华大学，2018.

［126］鲁肇元，杨立苹，李月．复合调味料及其产品开发［J］．中国酿造，2004，3：1-5.

［127］张凤英，胡继红，刘延岭，李俊儒，张彩，王静雯．气相色谱-质谱对天然酿造酱油与配制酱油香气成分的分析比较［J］．中国调味品，2019，7：133-137.

［128］顾艳君．鲜味科学与鸡精调味料工艺概论［M］．上海：上海科学普及出版社，2017.

［129］乐敏，邓萌柯，畅国杰．鉴真东渡弘法［M］．北京：五洲传播出版社，2010.

［130］王慧．小麦与面粉［M］．成都：西南交通大学出版社，2014.

［131］黑婷婷．低盐固态工艺原料中添加玉米对酱油风味影响［D］．天津科技大学，2010.

［132］张胜友．新法栽培草菇［M］．武汉：华中科技大学出版社，2010.

［133］李幼筠．酱油生产实用技术［M］．北京：化学工业出版社，2015.

［134］何天鹏，赵镭，钟葵，史波林，崔莹，张璐璐，刘龙云，谢苒，汪厚银．气相色谱-嗅闻/质谱联用分析酵母菌发酵酱油中香气物质［J］．食品工业科技，2020.

［135］廖力夫．分析化学［M］．湖北：华中科技大学出版社，2008：291-

292.

[136] 张文清. 分离分析化学 [M]. 2 版. 上海：华东理工大学出版社，2016：57-58.

[137] 何世伟. 色谱仪器 [M]. 浙江：浙江大学出版社，2012.

[138] 郭明. 实用仪器分析教程 [M]. 浙江：浙江大学出版社，2013.

[139] 夏之宁. 色谱分析法 [M]. 重庆：重庆大学出版社，2012.

[140] 朱明华. 仪器分析 [M]. 3 版. 北京：高等教育出社，2000.

[141] 冯涛. 食品风味化学 [M]. 北京：中国质检出版社，2013.

[142] 夏之宁. 色谱分析法 [M]. 重庆：重庆大学出版社，2012.

[143] 刘约权. 现代仪器分析 [M]. 北京：高等教育出版社，2015.

[144] 高义霞，周向军. 食品仪器分析实验指导 [M]. 成都：西南交大出版社，2016.

[145] 卢士香，齐美玲，张慧敏，曹洁，邵清龙. 仪器分析实验 [M]. 北京：北京理工大学出版社，2017.

[146] 汪卓，陈楚锐，许立锵，庄沛锐，周文斯，崔春. pH 值对酱油中呈味肽种类和呈味特性的影响 [J]. 食品科学，2019.

[147] 郑友军，姜燕，郑向军，鲁秀文. 调味品生产工艺与配方 [M]. 北京：中国轻工业出版社，1998.

[148] KeShun Liu. 大豆功能食品与配料 [M]. 李次力，刘颖，韩春然，译. 北京：中国轻工业出版社，2009.

[149] 于林，陈义伦，吴澎，李洪涛. 我国史籍记载的酱及酱油历史起源研究 [J]. 山东农业大学学报：社会科学版，2015，(01)：14-17+22.

[150] 朱海涛，董贝森. 调味品及其应用 [M]. 山东：山东科学技术出版社，1999.

[151] 彭增起，刘承初，邓尚贵. 水产品加工学 [M]. 北京：中国轻工业出版社，2010.

[152] Elisa Tripoli，Maurizio La Guardia，Santo Giammanco，Danila Di Majo，Marco Giammanco. Citrus flavonoids：Molecular structure，biological activity and nutritional properties：A review [J]. Food Chemistry，2007，104 (2)：466-479.

[153] 陈林林，米强，辛嘉英. 柑橘皮精油成分分析及抑菌活性研究 [J]. 食品科学，2010，31 (17)：25-28.

[154] 张胜友. 新法栽培草菇 [M]. 武汉：华中科技大学出版社，2010.

[155] Kyung Eun Lee，Sang Mi Lee，Yong Ho Choi，Byung Serk Hurh，Young-Suk Kim. Comparative volatile profiles in soy sauce according to inoculated microorganisms [J]. Bioscience，Biotechnology，and Biochemistry，2013，77 (11)：2192-2200.

[156] 朱莉，许长华. 酱油关键风味物质及其功能与发酵工艺研究进展 [J]. 食品与发酵工业，2018，44 (06)：292-297.

[157] Putu Virgina Partha Devanthi，Konstantinos Gkatzionis. Soy sauce fermen-

tation: Microorganisms, aroma formation, and process modification [J]. Food research international, 2019, 120: 364-374.

[158] 刘婷婷，蒋雪薇，周尚庭，赵龙，刘永乐．高盐稀态发酵与低盐固态发酵酱油中次生菌群分析 [J]. 食品与机械，2010，26 (6)：19-23.

[159] 冯云子．高盐稀态酱油关键香气物质的变化规律及形成机理的研究 [D]. 华南理工大学，2015.

[160] Guozhong Zhao, Lihua Hou, Meifang Lu, Yonghua Wei, Bin Zeng, Chunling Wang, Xiaohong Cao. Construction of the mutant strain in *Aspergillus oryzae* 3.042 for abundant proteinase production by the N+ ion implantation mutagenesis [J]. International Journal of Food Science & Technology, 2012, 47 (3): 504-510.

[161] Masayuki Machida, Kiyoshi Asai, et al. Genome sequencing and analysis of *Aspergillus oryzae* [J]. Nature, 2005, 438: 1157-1161.

[162] Guozhong Zhao, Yunping Yao, Wei Qi, Chunling Wang, Lihua Hou, Bin Zeng, Xiaohong Cao. Draft genome sequence of *Aspergillus oryzae* strain 3.042 [J]. Eukaryotic Cell, 2012, 11 (9): 1178.

[163] Guozhong Zhao, Yunping Yao, Lihua Hou, Chunling Wang, Xiaohong Cao. Draft genome sequence of *Aspergillus oryzae* 100-8, an increased acid protease production strain [J]. Genome Announcements, 2014, 2 (3): e00548-00514.

[164] Guozhong Zhao, Yunping Yao, Chunling Wang, Lihua Hou, Xiaohong Cao. Comparative genomic analysis of *Aspergillus oryzae* strain 3.042 and RIB40 for soy sauce fermentation [J]. International Journal of Food Microbiology, 2013, 164 (2): 148-154.

[165] Guozhong Zhao, Yunping Yao, Lihua Hou, Chunling Wang, Xiaohong Cao. Comparison of the genomes and transcriptomes associated with the different protease secretions of *Aspergillus oryzae* 100-8 and 3.042 [J]. Biotechnology Letters, 2014, 36 (10): 2053-2058.

[166] Hana Sychrova, Valerie Braun, Serge Potier, Jean-Luc Souciet. Organization of specific genomic regions of *Zygosaccharomyces rouxii* and *Pichia sorbitophila*: comparison with *Saccharomyces cerevisiae* [J]. Yeast, 2000, 16: 1377-1385.

[167] Tiziana Populin, Sabrina Moret, Simone Truant, Lanfranco S. Conte. A survey on the presence of free glutamic acid in foodstuffs, with and without added monosodium glutamate [J]. Food Chemistry, 2007, 104: 1712-1717.

[168] Guozhong Zhao, Yunping Yao, Xiaohua Wang, Lihua Hou, Chunling Wang, Xiaohong Cao. Functional properties of soy sauce and metabolism genes of strains for fermentation [J]. International Journal of Food Science & Technology, 2013, 48 (5): 903-909.

[169] Hanifan Nuryani Lioe, Kensaku Takara, Masaaki Yasuda. Evaluation of peptide contribution to the intense umami taste of Japanese soy sauces [J]. Journal of Food Science, 2006, 71: S277-S283.

[170] 章银良 . 食品风味学 [M]. 宁夏：宁夏人民出版社，2000.

[171] Guozhong Zhao，Li-Li Ding，Hadiatullah Hadiatullah，Shu Li，Xiaowen Wang，Yunping Yao，Jinyu Liu，Shengping Jiang. Characterization of the typical fragrant compounds in traditional Chinese-type soy sauce [J]. Food Chemistry，2020，312：126054.

[172] Guozhong Zhao，Qidou Gao，Yifei Wang，Jianbiao Gao，Shu Li，Zhenjia Chen，Xiaowen Wang，Yunping Yao. Characterisation of sugars as the typical taste compounds in soy sauce by silane derivatisation coupled with gas chromatography -mass spectrometry and electronic tongue [J]. International Journal of Food Science and Technology，2020，55 (6)：2599-2607.

[173] 王青华，范桂强，张咚咚 . 酱油中生物胺的形成机制及其测定 [J]. 中国调味品，2018，43 (10)：143-146.

[174] 林祖申 . 酱油生产技术问答 [M]. 北京：中国轻工业出版社，2000.

[175] 孟颖 . 焦糖色素着色食品中甲基咪唑测定方法的研究及应用 [D]. 山西大学，2014.

[176] 刘芸，丁涛，费晓庆，林宏，沈崇钰，吴斌，张睿，谭梦茹 . 高效液相色谱-四极杆/静电场轨道阱高分辨率质谱检测酱油中的 4-甲基咪唑与 2-甲基咪唑 [J]. 分析测试学报，2015，34 (4)：381-387.

[177] 黄晓雯，冯笑军 . 固相萃取-高效液相色谱法测定酱油专用焦糖中 5-羟甲基糠醛和糠醛 [J]. 中国酿造，2014，33 (01)：133-136.

[178] 宋凯，朱圻琳 . 山梨酸钾和苯甲酸钠防腐比较 [J]. 科教导刊（电子版），2018，35：292-293.